"十四五"时期国家重点出版物出版专项规划项目

水文资料短缺地区洪水预报预警

关键技术研究与应用

张建云　刘艳丽　金君良　关铁生◎著

河海大学出版社
HOHAI UNIVERSITY PRESS
·南京·

图书在版编目(CIP)数据

水文资料短缺地区洪水预报预警关键技术研究与应用/
张建云等著. -- 南京：河海大学出版社，2024.3
ISBN 978-7-5630-8919-2

Ⅰ. ①水… Ⅱ. ①张… Ⅲ. ①洪水预报—研究 Ⅳ.
①P338

中国国家版本馆 CIP 数据核字(2024)第 058045 号

书　　名	**水文资料短缺地区洪水预报预警关键技术研究与应用**
	SHUIWEN ZILIAO DUANQUE DIQU HONGSHUI YUBAO YUJING GUANJIAN JISHU YANJIU YU YINGYONG
书　　号	ISBN 978-7-5630-8919-2
责任编辑	章玉霞　陈晓灵
特约校对	姚　婵
装帧设计	徐娟娟
出版发行	河海大学出版社
地　　址	南京市西康路 1 号(邮编：210098)
网　　址	http://www.hhup.com
电　　话	(025)83737852(总编室)
	(025)83722833(营销部)
经　　销	江苏省新华发行集团有限公司
排　　版	南京布克文化发展有限公司
印　　刷	广东虎彩云印刷有限公司
开　　本	787 毫米×1092 毫米　1/16
印　　张	20.5
字　　数	499 千字
版　　次	2024 年 3 月第 1 版
印　　次	2024 年 3 月第 1 次印刷
定　　价	198.00 元

前 言
Preface

以气候变暖为主要特征的全球变化已成为当前世界最重要的环境科学问题之一。《气候变化 2021：自然科学基础》指出：2020 年全球平均温度较工业化前(1850—1900 年)平均值高出 1.2 ℃,2011—2020 年是 1850 年以来最暖的 10 年,到 2040 年,地球温升将超过 1.5 ℃。根据世界气象组织发布的《2022 年全球气候状况》报告,2022 年全球平均表面温度比工业化前平均值高出 1.15 ℃,过去 8 年是自 1850 年有完整观测气象记录以来最暖的 8 个年份。受全球气候变暖影响,极端降水事件强度和频率增加,导致洪水事件更加频繁和严重。在高强度人类活动共同作用下,极端气象和水文事件时空格局发生了变异,极端洪水发生的频次和强度加剧,21 世纪全球年度洪水威胁较 20 世纪增加了 4～14 倍,洪涝灾害进入了多发、群发时期。

洪水预报预警是防洪减灾的重要手段,洪水预报模型是进行洪水预报预警的基础。洪水预报模型是对洪水形成和发展过程通过一些具有物理概念的参数进行概括,而模型参数通常需要长期水文观测资料进行率定。随着全球变化,水文资料短缺地区的洪水预报面临巨大的挑战。在实际应用中,一些需要洪水预报的地区,没有实测水文监测资料,或者原有的一些有资料的流域受下垫面等环境变化的影响导致历史资料丧失一致性,原有的资料不具有代表性。随着气候变化和人类活动影响的加剧,这一问题日益严重,水文资料短缺地区也成为防洪减灾的薄弱环节和关键短板。因此,加大对水文资料短缺地区洪水预报预警关键技术研究,不仅是自然灾害防御研究的重点和国际水科学的前沿问题,也是防洪减灾工作的现实需求。

国际水文科学协会(International Association of Hydrological Sciences,IAHS)于 2003 年提出无观测资料流域的水文预报(Predictions in Ungauged Basins,PUB)计划。PUB 计划研究的方法主要为三类:一是把有资料地区的水文响应推广到无资料地区;二是借助 3S 技术(遥感、地理信息系统、全球定位系统)获取无资料地区与水文模型具有密切关系的地理、地形、地质以及土地利用等方面的资料,建立下垫面要素与模型参数之间的关系;三是发展和完善具有物理机制的水文模型,减少参数率定对实测资料的依赖程度。近年来,随着 3S 技术尤其是遥感技术的发展,遥感降水等信息已在水文资料短缺地区洪水预报中得到广泛的应用,遥感信息、地面观测资料、流域下垫面条件等不同信息的多源数据同化融合,已成为解决水文资料短缺地区洪水预报的重要途径。同时,随着多源数据的丰富,基于数据挖掘和深度学习的智能模型在洪水预报中的作用也凸显出来。

本书针对中小河流、高原高寒区、城市化流域等典型水文资料短缺或者观测不足地区,在系统梳理水文资料短缺地区洪水预报方法的基础上,探讨了卫星、遥感、气象预报、实时监测等不同信息条件下多源数据在支撑洪水预报方面的作用,提出了基于流域气候特征和下垫面条件的参数区域化方法,构建了可充分考虑不同信息条件下多源数据的网格化的洪水预报模型与校正方法,建立了气象水文集合预报方法,并研究了洪水预报不确定性及预警方法。本书是对水文资料短缺地区洪水预报预警关键技术的系统梳理,也是对变化环境下新型水文资料短缺地区洪水预报预警关键技术的重要创新。

本书共分九章:第一章叙述了本书的研究背景和意义,总结了国内外水文资料短缺地区洪水预报预警的相关研究进展,指出通过耦合流域下垫面条件、应用多源数据产品和改进水文模型结构等方法进行水文资料短缺地区洪水预报预警的发展方向。第二章阐述了中小河流、高原高寒区、城市化流域等水文资料短缺地区的特征及其面临的主要问题,梳理了水文资料短缺地区洪水预报方法。第三章提出了卫星、遥感等多源降水数据产品精度评估与融合方法,针对不同区域研究了主要降水数据产品的适用性,并开展了多源数据融合研究。第四章、第五章针对中小河流洪水预报问题,分别从产汇流过程空间相似性、参数区域化问题和不同信息条件下中小河流网格化洪水预报问题展开了系列研究,创新了中小河流洪水预报与实时校正方法。第六章探讨了气象水文集合预报及其不确定性,重点讨论了气象水文耦合预报的可行性,并从模型输入、模型参数和模型结构全要素角度分析气象水文耦合预报全过程的不确定性。第七章、第八章针对高原高寒区、城市化流域等其他水文资料短缺地区洪水预报问题进行了研究。第九章重点阐述了洪水预报不确定性及预警应用等方面的问题,提出了不确定性预警方法。第十章展望了今后的工作方向。

在本书的研究和撰写过程中,得到了河海大学李巧玲副教授,淮阴师范学院王怀军副教授,南京水利科学研究院马昱斐博士、舒章康博士、王国庆正高级工程师、贺瑞敏正高级工程师、刘翠善正高级工程师、鲍振鑫正高级工程师,北京师范大学珠海校区唐雄朋博士,辽宁省河库管理服务中心(辽宁省水文局)姜曦博士,河海大学葛诗阳硕士和汤梓杰博士,浙江水利水电学院宋明明博士,以及英国纽卡斯尔大学 Enda O'Connell 教授、Greg O'Donnell 教授、Luis-Felipe Duque 博士等的大力支持和帮助,在此一并感谢。

本书得到了国家重点研发计划(2022YFC3201701)、国家自然科学基金项目(52325902、52361145889、U2240203、52279018、52079079、52121006)资助,得到了南京水利科学研究院出版基金的资助,还得到了河海大学水安全与水科学协同创新中心和长江保护与绿色发展研究院的支持,在此表示衷心的感谢!

由于时间紧迫,仓促成稿,书中错误和不妥之处在所难免,敬请各位专家和广大读者批评指正。

作　者

2023 年 12 月

目 录
Contents

第一章 绪论 ……………………………………………………………………… 1

1.1 研究背景 ……………………………………………………………… 3

1.2 国内外研究现状 ……………………………………………………… 4

    1.2.1 流域洪水预报及水文资料短缺处理 …………………………… 4

    1.2.2 水文相似性与参数区域化 ……………………………………… 7

    1.2.3 无资料地区产汇流理论 ……………………………………… 12

    1.2.4 多源降水数据及其在洪水预报中的应用 …………………… 13

1.3 目前 PUB 研究存在的主要问题 ………………………………… 15

参考文献 ………………………………………………………………… 16

第二章 水文资料短缺地区洪水预报方法 ……………………………… 27

2.1 水文资料短缺地区洪水预报面临的问题 ……………………… 29

2.2 水文资料短缺地区洪水预报方法 ………………………………… 30

    2.2.1 基于水文模型的洪水预报方法 …………………………… 30

    2.2.2 基于现代智能算法的洪水预报方法 ……………………… 31

    2.2.3 水文分区与参数区域化方法 ……………………………… 32

2.3 本章小结 ……………………………………………………………… 37

参考文献 ………………………………………………………………… 38

第三章 多源降水数据适用性评估与融合 ……………………………… 45

3.1 精度评估与融合方法 ……………………………………………… 47

    3.1.1 精度评估指标 ……………………………………………… 47

    3.1.2 降雨产品偏差校正框架 …………………………………… 48

3.2 多源降水数据产品适用性评估 …………………………………… 50

    3.2.1 雅鲁藏布江流域卫星降水数据产品适用性评估 ………… 50

    3.2.2 澜沧江—湄公河流域遥感再分析降水产品精度评估 …… 60

3.3 多源降水数据融合 ………………………………………………… 73

    3.3.1 雅鲁藏布江流域多源降水数据融合 ……………………… 73

    3.3.2 澜沧江—湄公河流域遥感再分析降水产品偏差校正 …… 79

3.4　本章小结 ··· 89

参考文献 ·· 89

第四章　中小河流产汇流过程模拟 ·································· 93
　4.1　中小河流气候和下垫面与产汇流关系 ······················· 95
　　4.1.1　中小河流气候和下垫面因子特征分析 ···················· 95
　　4.1.2　基于 GR4J 模型的水文模拟 ···························· 100
　　4.1.3　产汇流参数与环境因子的关联分析 ····················· 103
　4.2　基于水文相似性的资料短缺地区参数确定性方法 ············· 106
　　4.2.1　研究区域、数据与方法 ······························· 106
　　4.2.2　流域气候和径流变化 ································· 110
　　4.2.3　水文相似性及参数区域化 ····························· 112
　4.3　缺资料地区洪水预估效率分析 ···························· 117
　　4.3.1　区域化效率影响要素分析 ····························· 117
　　4.3.2　缺资料地区洪水计算 ································· 118
　4.4　本章小结 ··· 119

参考文献 ·· 120

第五章　中小河流洪水预报实时校正方法 ·························· 123
　5.1　洪水预报校正方法 ··· 125
　　5.1.1　K 均值聚类分析方法 ································· 125
　　5.1.2　集合卡尔曼滤波校正方法 ····························· 127
　　5.1.3　KNN 校正方法 ······································· 128
　　5.1.4　主成分分析方法 ····································· 128
　5.2　网格化洪水预报校正方法 ··································· 130
　　5.2.1　网格化新安江模型 ··································· 130
　　5.2.2　基于 KNN 和集合卡尔曼滤波的网格化联合校正方法 ········ 131
　　5.2.3　网格尺度下的洪水预报实时校正 ······················· 132
　　5.2.4　流域尺度下的洪水预报实时校正 ······················· 132
　5.3　洪水过程模拟与校正应用实例 ···························· 133
　　5.3.1　屯溪流域 ··· 133
　　5.3.2　北辛店流域 ······································· 140
　　5.3.3　千河流域 ··· 146
　　5.3.4　大理河流域 ······································· 153
　　5.3.5　高庄流域 ··· 159
　5.4　本章小结 ··· 164

参考文献 ·· 165

第六章　气象水文集合预报及其不确定性分析 ······················· 167

6.1　基于 TIGGE 多模式产品的气象水文耦合预报 ·················· 170

　　6.1.1　研究区域及数据概况 ································· 170

　　6.1.2　不同模型耦合预报效果的对比 ······················ 171

　　6.1.3　不同模式耦合预报和水文模型模拟径流的对比分析 ········ 173

6.2　不确定性分析方法 ·· 174

　　6.2.1　GLUE 参数不确定性分析 ··························· 174

　　6.2.2　贝叶斯模型加权平均法 ····························· 174

　　6.2.3　不确定性评估指标 ································· 177

6.3　水文模型的不确定性分析 ··································· 177

　　6.3.1　模型参数不确定性 ································· 177

　　6.3.2　模型结构不确定性 ································· 180

　　6.3.3　模型结构和参数不确定性 ·························· 182

6.4　水文气象集合预报及不确定性分析 ····························· 183

　　6.4.1　多种降水数值预报产品下新安江模型集合预报 ··········· 183

　　6.4.2　GR4J 模型集合预报 ······························ 186

　　6.4.3　SIMHYD 模型集合预报 ···························· 189

　　6.4.4　VIC 模型集合预报 ······························· 192

　　6.4.5　不同水文集合模型对比分析 ························· 194

6.5　气象水文耦合预报全过程的不确定性分析 ······················· 196

　　6.5.1　模型输入和结构的不确定性 ························· 196

　　6.5.2　模型输入和参数的不确定性 ························· 199

　　6.5.3　模型输入和水文模型的不确定性 ····················· 204

　　6.5.4　气象水文预报多源不确定性的综合对比分析 ············· 207

6.6　本章小结 ··· 208

参考文献 ·· 209

第七章　高原高寒区洪水预报 ····································· 211

7.1　基于融合降水的雅鲁藏布江流域径流模拟 ······················· 213

　　7.1.1　研究流域及数据 ·································· 213

　　7.1.2　SWAT 水文模型原理 ······························ 215

　　7.1.3　SWAT 水文模型评估指标 ·························· 217

　　7.1.4　雅鲁藏布江 SWAT 水文模型的构建 ··················· 218

　　7.1.5　融合降水产品的水文适用性 ························· 219

7.2　基于深度学习算法的黄河源区径流模拟 ························· 222

　　7.2.1　研究区概况与研究数据 ····························· 222

　　7.2.2　研究方法 ······································· 223

　　7.2.3　模型参数率定 ···································· 228

　　　7.2.4　结果与分析 ·························· 229
　7.3　气候变化与人类活动背景下澜沧江—湄公河流域径流影响模拟 ·········· 232
　　　7.3.1　研究流域与数据 ····················· 232
　　　7.3.2　研究方法 ························· 235
　　　7.3.3　澜沧江流域径流变化归因分析 ·············· 239
　　　7.3.4　湄公河流域径流变化归因分析 ·············· 249
　7.4　本章小结 ··························· 257
　参考文献 ···························· 258

第八章　城市洪水预报 ························· 261
　8.1　南京市典型区城市洪涝模拟 ··················· 264
　　　8.1.1　南京市典型区——建邺区河西新城的沙洲圩区 ······ 264
　　　8.1.2　SWMM 模型简介 ···················· 265
　　　8.1.3　SWMM 模型搭建 ···················· 267
　　　8.1.4　模型参数率定 ····················· 270
　　　8.1.5　模拟结果与分析 ···················· 270
　　　8.1.6　不同设计暴雨下的内涝模拟情况 ············· 272
　8.2　杭州市典型区城市洪涝模拟 ··················· 276
　　　8.2.1　杭州市典型区 ····················· 276
　　　8.2.2　MIKE 模型简介 ···················· 277
　　　8.2.3　MIKE 模型构建及模拟 ················· 278
　　　8.2.4　内涝模拟及风险分析 ·················· 280
　8.3　本章小结 ··························· 293
　参考文献 ···························· 293

第九章　不确定性预警 ························· 295
　9.1　洪水预警及指标 ························· 297
　　　9.1.1　洪水预警方法 ····················· 297
　　　9.1.2　动态临界雨量 ····················· 298
　9.2　洪水预报不确定性下的预警 ··················· 300
　　　9.2.1　洪水预警中的不确定性 ················· 300
　　　9.2.2　洪水预报预警不确定性下的城市洪涝管理 ········ 302
　9.3　本章小结 ··························· 309
　参考文献 ···························· 310

第十章　展望 ····························· 313
　10.1　变化环境下缺资料地区洪水预报面临的挑战 ··········· 315
　10.2　变化环境下洪水预报方法的七点转变 ·············· 316

第一章

绪 论

1.1 研究背景

我国大部分地区隶属于东亚季风性气候区,年内降雨十分不均匀,降雨大多集中于4—9月份。夏季降雨受季风活动影响明显,其间雨量充沛,暴雨多发,这种气候条件使得我国成为世界上受洪水影响最大的国家之一。另外,我国地形地貌条件复杂,大约有三分之二的土地为山区,山地、丘陵、高原等地形广布。此外,我国山区人口众多,约占全国人口的三分之一,且山区居民居住地多为沿河地带,这又加剧了山区中小流域洪水灾害对我国人民经济财产和生命安全的威胁(陈国阶,2006)。我国山区中小流域通常缺乏长期的降雨和径流等监测资料,站网密度低,且观测站容易在山洪中遭受破坏,因此我国山区广泛存在水文资料短缺流域,导致洪水预报业务受阻。

洪水预报作为防洪减灾的重要非工程措施之一,是流域洪水预报预警系统的重要组成部分(王文川等,2011;李红霞等,2014;Miao等,2016;Gourley等,2017),在流域防洪减灾中一直起到了非常关键的支撑作用。山区流域主要为大江大河发源地,具有流域面积小、河道比降大、水流汇集快等特点,再加上局地短历时强降雨、地形起伏大等因素作用,造就了山区暴雨洪水具有陡涨陡落、历时短、峰高量小和产汇流非线性显著的特点,给山丘区中小河流(一般指流域面积在 $200\sim3\,000\ \mathrm{km^2}$)洪水预报带来了很大的技术难度和不确定性(陈真莲,2014;赵刚等,2016)。然而,受到水文科学发展水平和水文站网建设的限制,我国江河水系的水文观测覆盖率较低(约 20%),尤其是我国西部地区近 60% 的河流没有观测站点(何惠,2010),这些地区的水文预报面临资料短缺难题。1949 年以来,我国大江大河的洪水治理工作取得了长足进步,洪水预报水平明显提高,重大洪水灾害频次和受灾程度明显降低(刘宁,2018);但我国数量众多、分布广泛的中小河流,存在着水文资料缺乏、洪水预报精度低等难题和不足(刘志雨等,2021),提高中小河流水文预报水平是当前江河洪水防控的重点。水文相似理论为水文资料和水文模型参数的移用提供了理论依据,是解决水文资料缺乏难题的有效手段(祝冰洁等,2020)。目前,我国山洪灾害预报预警方法、中小河流洪水预报技术等仍处于探索研究阶段,预报精度仍无法满足防洪减灾工作的实际需求,有待进一步提高。如何有效提升山丘区中小河流的洪水预报水平,是我国山洪灾害防治的重要任务之一。

传统的水文预报是基于事先获得的流域降雨、蒸发等输入资料,水位、流量等输出资料,通过在输出与输入之间建立关系或模型,再按当前或估计的输入预报未来输出的过程。流域输入、输出资料系列较短,不足以建立关系或模型;或者没有输入或(和)输出资料的流域,统称为资料短缺流域。中国是世界上最大的发展中国家,陆地总面积约960万 $\mathrm{km^2}$,但水文站点相对偏少,全国只有 3 155 个国家基本水文站点(来自《国家基本水文站名录》),而且站点分布不尽合理,多集中在经济较为发达、人口较多的中东部地区,而西部地区作为众多大江、大河的源头和上游区域(如青藏高原、横断山脉),站点密度仍非常低(Liu,1994)。因此,研究资料缺乏地区洪水预报预警方法具有重要意义。

1.2 国内外研究现状

1.2.1 流域洪水预报及水文资料短缺处理

应用水文模型模拟降雨径流过程是进行洪水预报的主要方法之一。大多数实时洪水预报系统,例如美国国家气象局的河流预报系统 National Weather Service River Forecast System(Morris,1975),欧洲的洪水预警系统 The European Flood Alert System(Alfieri 等,2012),以及中国的国家洪水预报系统(张建云,2010;刘志雨,2009;刘金平和张建云,2005),都是基于水文或水力学模型,计算给定河道断面的流量(水位)从而进行洪水预警。各种模型都需要水文数据(流量或流速)来率定模型参数,然而大多数山洪发生的流域都是无观测站点的。

用于洪水预报的水文模型可分为集总式水文模型和分布式水文模型两类。集总式水文模型主要包括日本的水箱模型(Tank Model)(Sugawara,1979)、我国的新安江模型(XAJ)(赵人俊,1984)等。它们将流域当作一个整体来看待,这一类水文模型通常用概念性或经验性方程来描述水文过程,模型的参数通常是根据实测资料率定得到的,其水文输入、输出及参数在整个流域内都是统一的,不能反映模型参数和状态变量空间分布的不均匀性。这一类模型在下垫面和气候条件等变化不显著的流域可以得到较好的模拟精度,但由于山区中小河流下垫面不均匀性问题突出,资料系列代表性较差,大多山区无水文观测站,无法率定模型参数或模型参数代表性差,因此其在山区中小河流洪水预报中的应用受到很大限制。

分布式水文模型的特征在于它能够考虑各种水文参数的空间变异性。在具有物理机制的水文模型中,用于描述水文过程的方程通常是局限于小尺度的,必须考虑参数的空间变异性,因此通常属于分布式水文模型;当然也有一些概念性水文模型也可以是分布式水文模型,例如分布式的新安江模型(姚成,2007)等。国外的分布式水文模型发展较早,如英国、法国、丹麦三国科学家开发的 MIKE-SHE 模型(Abbott 等,1986)、基于地形指数的 TOPMODEL 模型(Beven 等,1979)等。我国的分布式水文模型发展相对较晚,但近年来应用较多,例如:刘志雨(2004)的研究表明,改进后的分辨率为 1 km 的 TOPKAPI 模型在淮河上游息县以上流域(约 10 000 km^2)具有较好的应用效果;许继军(2007)构建了整个长江流域上游 10 km 分辨率的分布式水文模型 GBHM,探讨了分布式水文模型在大尺度流域水资源管理及洪水预报中的应用;雷晓辉等(2010)开发了一种面向业务化运用的 EasyDHM 模型,扩展了模型的通用性。

目前,中小河流洪水预报模型和方法大多借鉴大流域的预报模型和方法,部分学者提出或改进了适合中小流域洪水预报的模型(迟明,2015)。常用于中小河流洪水预报的模型包括水文模型、水文水动力学耦合模型、数据驱动模型等,其中水文模型包括新安江模型系列集总式模型(Zhao,1992),TOPMODEL 等半分布式模型(Beven 等,1979)以及 HEC-HMS 模型、TOPKAPI 模型、流溪河模型等分布式模型(Bennett,1998);水文水动力学耦合模型一般采用一维或二维水动力学模型耦合单位线模型(杨甜甜等,2017;

Bellos 等,2016);数据驱动模型以人工神经网络模型为代表(王建金等,2016)。李致家等(2017)以正交网格降雨径流模型研究为基础,在新安江模型基础上提出了用于洪水预报的精细化基于网格蓄满与超渗空间组合的降雨径流模型,结果表明模型在湿润流域和半湿润流域均能取得良好的模拟预报精度。陈洋波等(2017)针对中小河流缺乏河道断面资料而无法实际应用分布式水文模型的问题,采用卫星遥感影像估算河道断面尺寸,提出了适用于中小河流洪水预报的流溪河改进模型,结果表明模型可应用于中小河流实时洪水预报。李昂(2018)对比分析了 HEC-HMS 模型和双超模型的模拟效果,结果表明双超模型对大、中型洪水的模拟精度整体较 HEC-HMS 模型高,而 HEC-HMS 模型对小型洪水的模拟精度则较双超模型高。杨甜甜等(2017)在大伙房流域模型基础上耦合水动力学模型,建立水文水动力学耦合洪水预报模型,在一定程度上弥补了集总式水文模型不能考虑河道内复杂水流运动的不足。Bellos 等(2016)提出了一种基于物理的二维水动力模型耦合水文模型的方法,并在希腊雅典的小流域进行模拟,其模拟速度快且取得了良好的模拟结果。王建金等(2016)以海南省定安河小流域为例,采用基于多时段综合算法和修匀算法的深层前向 BP 神经网络,提高了洪水预报精度。

我国水系众多,受资金、地形和气候等条件限制,许多区域不具备设置雨量站和水文站进行水文要素监测的条件,这使资料短缺或无资料地区的洪水预报工作陷入艰难的境地。目前资料短缺地区水文预报方法研究进展主要包括以下几点:

(1) 引入遥感卫星及雷达测雨数据。随着航空航天技术的发展、高性能卫星传感器的应用和遥感反演算法的进步,卫星遥感降雨反演技术取得较快的发展,从早期主要依赖被动遥感到现在的主动遥感,从单一传感器到多传感器联合反演,出现了大量如 TMPA (The TRMM Multi-satellite Precipitation Analysis)、CMORPH(CPC MORPHing technique)、IMERG(Integrated Multi-satellite Retrievals for GPM)、GSMaP(Global Satellite Mapping of Precipitation)等不同反演原理、不同观测分辨率的卫星降雨产品。与此同时,经过 20 余年的发展,截至 2023 年,我国已布设了由 540 余部天气雷达组成的全球规模最大的观测网,成为世界上拥有灾害天气监测雷达最多的国家之一,初步形成了覆盖全国的雷达观测网络。因此目前除了通过雨量站观测降雨,还可以通过卫星遥感反演降雨、雷达回波估测降雨获取降雨信息。中小流域研究利用雷达数据与遥感数据,可以补充中小流域资料的缺漏,包括气象观测数据、雨量观测资料以及遥感蒸散发分析数据等,进而利用土壤水分和地温间接进行模型参数率定,为建立资料短缺地区的水文模型提供方便(Hrachowitz 等,2013)。例如 Immerzeel 等(2008)利用遥感数据计算得到的实际蒸散发率定 SWAT 模型来模拟蒸散发,并利用历史实测径流数据对径流模拟进行了验证,结果表明引入遥感蒸散发数据可以提高无资料地区的径流模拟效果。

(2) 建立基于 GIS 的具有物理基础的分布式水文模型或对资料要求较低的模型。由于分布式水文模型可结合地理信息系统获取数字高程模型(Digital Elevation Model, DEM)关于流域地形地貌的相关信息,具有一定物理意义的模型参数可通过 GIS 系统分析获取,减少模型对实测数据率定的依赖(Hrachowitz 等,2013)。通过关联流域地形地貌与流域水文响应削弱模型对资料的依赖,目前应用较多的主要有推理公式法、地区综合单位线法和地貌瞬时单位线法等。推理公式法可通过对流域产汇流过程进行概化和均化来推求洪峰流量,一直被广泛应用于无资料地区洪水计算(张建云等,1998),如美国农业部水土保持局(SCS)通过分析大量实测降雨、径流资料,得到初损后损法经验公式用于产流计算,但相比大流域更适用于流域面积为 $30\sim300\ km^2$ 的情况。地区综合单位线法是一种对实测水文资料要求不高的汇流方法,Snyder(1938)为计算美国资料短缺地区谢尔曼(Sherman)单位线,统计了单位线滞时、峰值、历时等特征与流域大小、汇流长度等参数间的关系以建立经验公式。Nash(1960)则通过分析流域特征属性和水动力响应作用对单位线的影响,改进了纳什(Nash)瞬时单位线使其可以应用于资料短缺地区汇流计算。与前述统计途径不同,Rodríguez-Iturbe 等(1979)基于地貌成因理论和概率论量化流域的水文响应过程建立了地貌瞬时单位线理论;Maidment 等(1996)根据汇流路径、地形坡度与流速间的关系建立了分布式单位线;孔凡哲等(2011)通过考虑坡地和河道的水力差异进一步完善了分布式单位线。但单位线推求过程较为烦琐,且对下垫面、土地利用等资料需求较多,因此目前在资料短缺地区应用较少。

(3)模型参数区域化方法。通过某种方式将有资料地区水文模型的参数推求到无资料地区,其中参数移植法是选择与研究流域相似的有资料流域作为参证流域,然后将有资料流域的参数移植到无资料地区,该方法包括距离相近法和属性相似法。参数回归法是建立大量有资料流域参数与流域属性之间的回归关系,进而通过无资料流域的属性推求无资料地区的水文参数(毛能君等,2016;Merz 等,2004)。Zhang 等(2009)采用空间相似法证明了新安江模型和 SIMHYD 模型可提高澳大利亚资料短缺地区的洪水预报;Xu(1999)在比利时地区采用回归法取得了满意的模拟结果。为研究不同气候、地形条件流域对不同参数区域化方法的适用性,国内外研究者进行了大量的计算分析和比较研究。Oudin 等(2008)基于空间邻近、属性相似、参数回归这三种模型参数区域化方法和 GR4J、TOPMODEL 两种模型,在法国 913 个流域中进行适用性研究,其中空间邻近法表现最佳。Parajka 等(2013)通过对文献中涉及的 3 874 个流域共 34 项研究进行分析,发现在湿润地区空间邻近法的效果最好,而在干旱集水区参数回归方法的效果略胜一筹。对于河网发达的区域,基于空间邻近法和物理属性进行参数移植要比对模型参数进行简单回归分析更好。

多年来,许多研究致力于提升资料短缺地区的洪水预报精度。张建云等(1998)提出一种应用地理信息系统分析得出的流域地理参数进行降雨径流模拟的水文模型,并在爱尔兰 Dodder 河流域应用,取得较好的效果。谈戈等(2004)总结了中国过去在无资料流域洪水预报研究中取得的成果,指出今后无资料流域水文预报应结合计算机和遥感技术,并分析分布式水文模型、空间插值等技术在无资料地区洪水预报中的应用意义。刘苏峡等(2010)总结国内外研究成果,将无资料水文预报的研究方法分为移植法、替代法和生成法三类,并对每类根据资料获取条件进行细化分类,为无资料地区的水文预报提供新思路。叶金印等(2013)采用降雨径流相关法和地形地貌参数相关的 Nash 汇流模型对资料短缺的中小河流进行产汇流计算,结果表明,该方法可以规避大量的资料分析工作,并且可以取得较好的模拟效果。伍远康等(2015)收集浙江省 978 场暴雨洪水资料,对模型产汇流参数进行敏感性分析,分别采用均值等方法对产汇流参数进行地区综合,提出了适用于全省无资料流域的洪水预报方法,并经检验,预报精度可以满足防洪预警要求。Merz 等

(2004)使用不同回归方法来分析参数在无资料地区的适用性,结果表明,空间邻近法优化得到的参数表现更好。Young(2006)为获取英国无资料地区的径流资料,提出基于回归分析和基于邻近原则两种分区方法,结果表明,基于回归分析的方法表现更好,可以为水资源管理提供更好的指导。Castellarin 等(2007)提出一种流量-持续时间曲线的随机指数流模型,结果表明,与传统的区域模型相比,该模型在长期估算流量方面具有同样或更高的可靠性。Jones 等(2007)采用区分不确定性来源的方法估算无资料地区洪水频率曲线的不确定性,结果表明,该方法可以降低无资料流域洪水频率估计的不确定性。Goswami 等(2007)提出了一种基于分区和多模型的方法,用于无资料地区的水文模拟,成功优选出其中效果最好的方法。Ecrepont 等(2019)采用基于地貌的水文置换技术应用于加拿大无资料地区的流量预测中,结果显示,该技术整体表现不如传统的基于流量比率的水文置换技术,但在某些流域表现良好,揭示出环境、流域大小、置换供受体流域的物理距离和季节都对会预测结果产生影响。

1.2.2　水文相似性与参数区域化

在无资料地区水文预报研究中,基于水文相似理论的参数移植(或称参数区域化)是最常用的方法(彭安帮等,2020)。该方法认为相似流域的水文响应特征(通常用水文模型参数表示)也具有相似性,从而可以将在有资料流域率定好的模型参数按照一定转换方法移用到无资料流域(Ragettli 等,2017)。参数移植中一般从流域的距离相似和属性相似两种方法考虑水文相似性,距离相似法认为邻近流域的环境和气候特征相似,属性相似法认为物理属性相似的流域之间的水文规律相似(于瑞宏等,2016)。这两种相似类型的共同点是认为"特征"相似的流域具有相似的水文规律,然而难以给出水文相似的定义,具体选定的"特征"指标则因人而异。正是由于水文相似缺乏清晰的定义,水文相似理论体系的发展也不完善,甚至导致不同方法的适用性研究出现相反的结论(Oudin 等,2008)。水文模型及参数的不确定性也是水文模拟的重要挑战之一(苟娇娇等,2022),研究参数的演变与分布规律是获取无资料流域水文模型参数的重要方法。因此,了解和发展水文相似理论是合理应用参数移植方法的前提,也是推动无资料流域水文预报研究的有效途径。

1. 水文相似理论体系及其应用

基于水文相似性的流域分类框架是水文相似理论的重要基础,旨在揭示流域及其相似性的基本特性,从而提高水文相似区识别的效果。Wagener 等(2007)基于流域功能提出了涵盖流域结构、水文气候区、流域功能响应 3 个方面的流域相似性分类框架,并指出了流域形态和功能的关系,为后续水文相似性研究提供了方向。该框架在 Sawicz 等(2011)研究中得到了验证,研究表明从降水、气温、径流数据信息中构建 6 个水文响应特征指标即可实现水文相似分类。Sivakumar 等(2011)认为水文系统的复杂性是分类框架的基础,提出了基于非线性动力学方法的流域分类框架用于识别水文系统的复杂性,将各流域径流序列分为低维、中维、高维和无法识别四类,结果表明该分类方法能够反映流域之间的相似性。Janssen 等(2021)通过大样本水文学研究发现流域物理特征和流量特征之间的关联很弱,并认为流域气候和物理属性、流域交互式气候指数、流域交互式功能指数 3 个框架可用于描述流域水文功能。嵌套流域通常被认为具有水文相似性(祝冰洁等,

2020)，Betterle 等（2021）通过研究对比表明，距离较远的嵌套流域的径流相关性比非嵌套流域更低，即流域嵌套不一定更具有水文相似性，其主要原因是嵌套流域的尺度和高程差异明显，导致了水文过程的空间异质性。分类框架决定了分类方法所能考虑的相似性维度，也影响着流域分类结果所能反映的分组，其完善程度体现了人们认识水文相似性的深度。目前的分类框架在结构上还存在一定差异，对水文相似性构成（即不同的相似性类型及重要性）的统一还缺乏研究。

在水文相似性指标方面，流域物理属性和水文特征参数是两类常用相似性指标，如范梦歌等（2015）采用流域长度、流域宽度、河长、河流比降、流域平均坡度、流域形状系数，以及多年平均 1 h、3 h、6 h 和 12 h 面最大降水等 10 个指标进行相似流域聚类，认为相似流域组内年最大洪峰和年最大平均 1 h、3 h、6 h 和 12 h 洪量具有较大相似性，这表明所选的相似性指标具有一定合理性。Yaeger 等（2012）将降水季节指数、干旱指数、最大降水时间、最大径流时间用于评价流域在气候季节性和水文规律方面的相似性。以上两类相似性指标在应用中属于较直接的途径，但是在指标选择方面存在一定的主观性，且不同指标的定义有待厘清。

自基于地形指数相似的概念提出以来，与其相关的指数常被用作流域相似评判指标，这类指标一般通过间接的方式反映水文响应特征。孔凡哲等（2003）认为地形指数空间分布特征相似的流域具有水文相似性，基于地形指数的相似流域之间的参数移植效果较好。Loritz 等（2019）从径流能量成因的角度重新解释了 HAND（Height Above the Nearest Drainage）指数，并提出 rDUNE 指数（reduced Dissipation per Unit Length Index），论证了 rDUNE 指数比 HAND 指数和 TWI 指数（Topographic Wetness Index）更适合流域分类。Jochen 等（2000）研究了地貌与降雨径流过程的关系，得出土壤类型和流域形态显著影响径流过程，流域土壤、地貌类型有助于大尺度流域分类和水文分布式模拟。李巧玲等（2015）发现距离较远的 3 个流域具有共同的降雨径流关系且下垫面条件相似，这表明降雨径流关系可以作为判别流域相似性的指标，尤其是在湿润地区有明显的区域性规律。金亦等（2017）分析了地形指数与退水速率特征的关系，发现地形指数的均值和标准差能够反映流域调蓄作用，直接影响洪水退水过程，属于描述水文相似性的重要指标。多数研究主要考虑流域物理属性、流域地貌形态或水文响应特征方面的相似，但 Hale 等（2016）研究表明存在上述相似性的流域，其汇流、赋存、地下径流等方面可能存在较大差异，这说明水文相似性须关注水文产汇流过程的多个方面。

从以上分析不难看出，每个指标仅反映某一方面的水文相似性，无法反映其他方面的相似性。相似性指标的选择取决于水文相似性的结构（即哪些方面具有相似性），无论是单一性指标还是综合性指标，是直接性指标还是间接性指标，其各自的优劣尚无定论。鉴于水文相似性的复杂性、综合性、未知性，应用各指标时应根据具体需求进行选择，利用结果验证指标的适用性。

水文相似度评价是选择相似流域的主要途径，水文相似度是度量两个流域相似性特征集合的相似程度的指标，是相似性指标的综合评价，常用于相似流域的识别和选择。邓红霞等（2006）采用联系度作为相似度指标，提出了相似流域选择的集对分析方法。针对不同流域特征值的重要性差异问题，胡海英等（2007）提出一种非平权距离系数法用于度量流域相似性,张明等(2012)提出了基于信息熵理论的最大熵优选模型,宋亚娅等(2015)提出了层次分析法加权灰关联度的灰加权关联度模型。宋亚娅等(2014)针对水文比拟法主观性和流域相似概念模糊性的问题,提出了基于相对优属度的模糊加权识别法。Betterle等(2019)提出径流序列的空间相关性评价流域相似性,发现其效果优于空间相似法。

随着对水文物理规律认识的加深,人们逐渐发现相似度指标与流域物理属性及水文响应特征相关。李巧玲等(2015)构建基于高程和坡度的相似性指标评价半湿润半干旱流域下垫面,发现其效果劣于相对均方根误差和地形指数分布曲线,这表明相似性指标具有流域适用性差异。Li等(2018)将流量历时曲线(FDC)的均方根误差作为相似度,发现相似流域的水文响应具有相似性,同一水文相似区的流域有共同的降雨径流相关图,这表明FDC相似性可在一定程度上反映水文相似性。Wang等(2021)基于水文、气候、下垫面等特征的主成分信息构建了物理性水文相似指数(Hydrological Similarity Index,HSI),HSI能够有效识别出相似流域,且参数传递效果与HSI呈正相关,这表明HSI在一定程度上反映了水文响应特征。

水文相似度的意义类似于水文模拟中的"目标函数",均可用于评价两个变量(一维或多维)的接近程度。如同目标函数的选择会影响参数率定结果一样,水文相似度的选择也会存在一定的差异,目前还少见相关研究。水文相似度大多属于无量纲概念,且相似性本身也是相对的、模糊的,这导致水文相似度的比较缺乏实际意义,相似度的大小与相似性的关联是模糊的,即相似度应达到多少才称得上相似是无定论的。尤其在相似流域选择中,选择最相似的流域其实是一种妥协,其原因在于缺乏相似度阈值。

目前水文相似性理论主要用于流域水文相似性识别,选出合适的参证流域(相对于目标流域),实现水文规律或水文参数的移用。王旭升(2016)利用降雨径流关系的相似性结合径流的尺度效应用于估算出山径流。余江游等(2016)以年最大径流序列的变差系数和偏态系数作为相似性指标,采用模糊聚类方法进行分区,推求了各水文分区的洪水频率曲线。Vivoni等(2004)应用地形湿度指数的相似性优化不规则三角网,提高了计算效率。Estacio等(2021)以土壤、地质、地形和流域形状等地貌因子为相似性指标,并以加权欧氏距离的倒数为相似度,发现若能找到一个相似流域即可获得较好的资料短缺流域径流预测结果,且更大的流域(相比资料短缺流域)通常是较理想的参数供体流域。Tegegne等(2018)构建了径流响应相似度,研究表明降雨径流响应关系相似的流域之间的水文模型参数相似,同时该方法优于平均法、物理相似法、距离相近法等常用的区域化方法。Trancoso等(2016)利用8个基于流量统计指标的相似性指标进行流域聚类,提出流域的径流相似度由干燥指数、有效光合辐射比例、饱和水力传导度、土壤深度、最大坡度和木本覆盖度6个指标解释。可见,由于缺乏一致的相关研究结论和科学参考信息,在应用水文相似理论时采用的相似性指标和相似度各不相同。目前水文相似理论的应用研究集中在单一相似性指标和相似度的应用(Wu等,2023),关于不同相似性指标和相似度的横向对比研究还较少。未来应加强不同相似性指标的组合方案及其与不同相似度的组合对相似性评估的影响对比研究,全面掌握相似性指标与相似度的适用条件,提高水文相似理论的应用价值。多源数据、人工智能等技术手段的发展为水文相似性研究特别是资料匮乏地区的水文模拟研究提供了支撑,如基于降水、气温、地形、土壤、土地覆盖、植被等遥感数据的相似性指标体系构建(祝冰洁等,2020),以及基于物理相似法的水文模型参数区域化(Guo等,2021)等。

水文相似性评价和流域分类方法均可用于相似流域识别和选择,但是在思路上有差异。水文相似度方法属于"主动型"的方法,主要根据多个参证流域与目标流域之间的水文相似度排序进行相似流域选择。而流域分类方法属于"被动型"方法,主要根据多个流域的属性特征差异进行分类,然后从目标流域所在的类别中选择相似流域。两种方法均有不足,水文相似度方法无法反映所选的相似流域间的类别同一性(即同质性),而流域分类方法无法反映相似流域之间的相似程度(属性、水文响应等)。因此,在应用中宜将两种方法进行结合和相互检验。

2. 参数区域化方法的最新进展

不同的区域化方法均涉及参证流域的选择问题,而流域特征因子是回归法、属性相似法中参证流域选择的主要参考因素,也是回归法中计算参数的自变量。杨雪等(2021)总结了属性相似法中常用的流域特征因子,这些因子主要涉及地形、地貌、土壤、植被、土地利用、气候、水文等多方面。于瑞宏等(2016)总结了区域化研究中常用的流域特征因子,包括地形特性、气象因子、水文因子、土地利用及土壤。无论采用哪种因子,其目的都是刻画流域的物理特征,尤其是决定水文响应特征与类型的流域属性特征。面对众多已知以及未知的流域特征因子,因子的选择依据和方法至关重要(Razavi等,2013)。事实上,不同流域特征因子对水文响应的影响一直是水文研究中的热点和难点,未来还需要加强流域特征因子选择对区域化应用效果的影响研究。

目前研究中采用的流域特征因子主要有两类,一类是如前文所述的流域物理属性因子,这也是研究中应用最早和最广泛的(Seibert,1999);另一类是流域水文响应特征指标,如径流量、洪峰流量、FDC、径流系数等流量特征指标(Kayan等,2021;Kult等,2014)。FDC通常被认为是流域水文响应特征的重要指标,因而研究案例较多,如 Mohamoud(2008)构建了基于地貌、土壤、基岩、气候、水文等因子的 FDC 重建方法,展现了该方法在 PUB 应用的良好前景;Panthi 等(2021)构建 FDC 上 17 个百分位流量与流域面积、年平均降水量、年平均温度、平均坡度、森林覆盖率和土壤深度六个流域特征因子的幂律关系,从而构建了资料缺乏流域的 FDC,并分析了参证流域的距离与特征对结果的影响。这两类指标在应用中通常并不严格区分,而是按需组合应用。Yadav 等(2007)组合高流量指标、低流量指标、径流系数、FDC 等多个流域水文响应指标进行参数区域化研究,结果显示组合指标具有更好的适用性。Zhang 等(2008)构建了考虑更大范围和数量的流域特征的多目标框架,在区域化中采用智能优化算法优选流域特征因子,该研究将 PUB 区域化问题转化为流域水文响应特征指标的优选识别和多目标搜索问题,降低不确定性的同时也拓展了区域化的研究思路。

参数区域化研究所用的模型包括集总式模型、半分布式模型、分布式模型和数据驱动模型。于瑞宏等(2016)总结了区域化研究中常用的水文模型及其参数,包括集总式模型(TATE、GR4J、PDM、IHACRE、SIMHYD)、半分布式模型(TOPMODEL、HSPF、HBV、PREVAH、SWAT、新安江模型)和分布式模型(VIC),并指出集总式模型因参数较少而应用较多,分布式及半分布式模型因参数较多而存在计算困难。由于参数个数与模型直接关联,基于不同水文模型结果的比较很难将差异归因于参数个数(Oudin 等,2008),因此参数个数对区域化研究的影响还缺乏直接的证据。在模型应用方面,不同模型对区域化效果影响的相关结论较少。集总式、概念性模型通常因参数较少而易于应用,忽略流域空间差异以及模型结构所带来的影响是该方法面临的重要问题(李巧玲等,2015)。分布式、半分布式模型则因物理基础而受到青睐,但面临庞大参数集的可移植性(Huang 等,2019)、参数对水文响应特征的指示能力(Garambois 等,2015)等问题。Yang 等(2020)对比 GR4J、WASMOD、HBV 和 XAJ 四个模型发现参数平均方案和结果平均方案的差异与参数个数正相关,参数最多的 XAJ 模型结果最好,因而参数个数的影响有待进一步论证。Goswami 等(2007)研究了区域化方法和水文模型方案,表明不同的组合方案的模拟效果具有明显差异。

在参数研究方面,Kokkonen 等(2003)认为仅仅利用参数与流域属性之间的定量关系无法保证参数区域化效果,参数整体移植与单个参数分别处理之间还存在一定的争议,如参数分别处理可能打破了水文模型参数的整体性,未来需要更多关注参数之间的整体协同关系及其与流域特性之间的关系。Carrillo 等(2011)在构建气候和流域特征与水文响应的关系时发现,仅有少数几个参数与流域特征相关。Athira 等(2016)则放弃对参数本身的移植,转而构建流域参数的概率分布与流域属性之间的回归关系,进而利用无资料流域参数的概率分布进行径流集合预报。Cibin 等(2014)的研究表明移植参数概率分布的方法更易于处理预测的不确定性,如利用似然函数值确定参数范围可以降低参数不确定性。Bulygina 等(2009)通过基流指数率定无资料流域的参数空间,这种根据参数物理背景推求参数的方法为研究参数的地理分布规律提供了思路。龚珺夫等(2021)通过对比不同方法区域化新安江模型参数发现,回归法仅适用于参数 CS(河网水流消退系数)和 L(河网汇流滞时),物理属性相似法适用于参数 CS 和 KI(壤中流出流系数),充分反映了不同参数空间分布规律的差异性和区域化方法对参数的适用性差异。

在不确定性研究方面,Götzinger 等(2007)构建流域特征与参数的传递函数,并通过改变条件形成四种区域化方法,发现均不适用于重度改造或调节的流域,表明非一致性问题对参数区域化效果有影响。Samaniego 等(2010)构建了 K 最近邻算法(K-Nearest Neighbor, KNN)参数区域化方法的不确定性度量方法,提出基于 Copula 的距离识别方法大大减小了径流预测的不确定性。Wagener 等(2006)从参数可辨识性、流域特征对区域化影响、模型不确定性的影响以及参数不确定性的传递方法四个方面探讨了不确定性问题,发现序列区域化可提高参数可辨识性,模型结构误差会影响区域化效果,加权回归法有助于量化参数的不确定性传递过程。Sellami 等(2014)提出了一种参数区域化不确定性传播分析方法,发现基于相同气候地理区域的流域之间具有相似的水文特征,预测的不确定性与流域属性差异成正比,且参证流域的不确定性会随参数转移到目标流域。Lane 等(2021)利用蒙特卡洛方法对多个区域化方法的参数进行采样,从而量化多尺度参数区域化(Multiscale Parameter Region,MPR)方法的不确定性,识别了流域的关键属性特征,提高了区域化效果。Seibert 等(2015)论证了软数据(非直接用于率定的观测数据)的应用、软硬数据的结合对提高径流模拟的价值,未来也可探索参数区域化和软数据应用的结合。Parajka 等(2005)提出一种同时率定多个流域的迭代率定方法(Iterative Regional Calibration, IRC),考虑了参数之间的空间相关性,降低了参数不确定性,提高了径流模拟效果。Bastola 等(2008)针对直接率定无法解释建模不确定性的问题,提出了一种将参数的后验概率分布区域化的方法,考虑了参数之间的相互依赖性,并量化了预测的确定性。

参数区域化存在的主要问题是水文过程(参数)的空间分布规律不清。Beck 等(2020)利用 4 229 个流域构建了参数和气候与地表特征之间的传递函数关系;王怀军等(2021)研究了流域分类、模型效率、产汇流参数分别受到不同气候和下垫面因素的影响;郭良等(2019)研究了全国小流域单位线特征值综合公式,反映了洪水过程特性的地理分布规律,较好地呈现了参数的空间变化模式。王怀军等(2021)、郭良等(2019)也对产汇流参数的地理分布规律进行了量化研究,发现即使是在同一水文分区中也存在差异(林炳青等,2013),目前对这种同水文分区内出现差异的规律和原因尚不明确。Ye 等(2014)通过分析 50 个流域的退水曲线特征,构建流域属性与退水曲线参数的回归关系,导出了蓄水量和暴雨地下出流量的参数化方案。Terribile 等(2011)研究发现土壤信息和水文过程之间存在密切的交互影响,表明合理度量土壤信息的空间变化有利于水文过程的描述。

1.2.3 无资料地区产汇流理论

国外对无资料地区的水文研究工作开展较早,积累了较为丰富的经验。1991 年美国研究院水科学局出版了《水文学的机遇》专著,得出"水文学是一门资料贫乏或不完全的学科"的结论(Vodel,1995)。此外,英国等一些发达国家对无资料地区的水文研究工作也比较突出,在英国通常考虑采用超定量系列、流域特征值法或者移植法来计算设计无资料流域年最大洪水中值(童杨斌,2008)。Usul 等(2002)用地理信息系统的 Clark 瞬时单位线法进行汇流计算,此方法采用 SCS 方程式推求汇流时间,用观测的洪水过程线推求水库蓄水系数,并得到较好的结果,但此方法必须建立在有实测洪水过程数据的基础上。21 世纪初期,Mwakalila(2003)、Hapuarachchi 等(2004)运用了考虑流域物理特性的水文模型参数对选出的无资料流域进行产汇流过程参数的确定。Young(2006)将产汇流计算参数区域化,进行子流域的洪水预报。Hunukumbura 等(2007)构建了细胞单元模型推求 Sri Lanka 流域的汇流过程,该方法是将流域划分为流域单元和网格单元,用 S 曲线推求单位过程线,考虑了地表汇流和地下汇流的物理过程。Jones 等(2007)通过与 Snyder 的综合单位过程法相比,发现此方法在该流域的模拟结果更好。Wagener 等(2007)回顾了定义水文相似性和流域分类的方法,此方法能够确定流域功能和水文气象等时空上的不确定性和变异性,为无资料地区的产汇流计算提出了新的思考方向。

我国对无资料地区的产汇流模型的研究和国外相比起步较晚。张建云等(1998)对无资料地区采用 SCS 径流曲线法建立产流模型,运用改进的三角形单位线法建立汇流模型,结合地理信息技术确定模型参数,并对爱尔兰 Dodder 河进行了洪水预报。张文华等(2007)考虑降雨的时空变异性和地形地貌特征,推导了考虑降雨重心位置和降雨强度影响的 S 曲线,运用 S 曲线推求出时段单位线,该方法既具有谢尔曼经验单位线的简单性,又具有实用性,但为了进一步提高模拟效率系数和预报精度,需要分析更多场次的洪水资料,从而准确构建 S 曲线参数与影响因素的关系,为无资料地区的汇流计算提供了基础。闫彦(2008)利用小流域汇流经验公式、暴雨产汇流公式,将经验汇流时间和流域滞时的平均值作为流域汇流时间,进而进行了阿尔金山北坡无资料地区设计洪水的计算。李红霞(2009)运用了区域化方法推求无资料地区的水文预报,并比较了空间接近法、属性相似法和回归法的预测效果。杨邦等(2009)用基因算法率定了无资料地区的产汇流参数,并分析了参数的不确定性。芮孝芳等(2010)构建了水文过程与地形地貌过程相互作用的定量关系,达到由地形地貌参数推求水文过程、降低水文预报对水文资料的依赖性的目的,这也是 PUB 十年计划的重要内容之一。甘衍军等(2010)采用径流系数法对 SCS 产流模型在无资料地区的模拟精度进行了验证,结果证明,SCS 在无资料地区对洪水的模拟结果可靠。叶金印等(2013)提出了在大别山区大沙河流域,采用降雨径流相关法进行产流计算、运用 Nash 汇流模型进行汇流计算的山洪预警计算方法,建立了地形地貌参数与 Nash 汇流模型参数的数学关系,通过确定参数关系,减少模型参数率定的不确定性,得到较好的模拟结果,该方法完全避开了大量的降雨径流资料的分析和处理,对大洪水的涨落过程模拟较好,但对较小洪水或历时较长的洪水模拟误差较大。

地貌瞬时单位线是一种适用于无资料地区的汇流计算方法(Hallema 等,2014)。流域地形地貌作为下垫面中最为关键的因素,对产汇流过程都存在着至关重要的影响,降雨落至地面直至汇集到流域出口,其流动路径都受限于坡面沟壑与河道沟谷(瞿思敏等,2003),因此基于地形地貌因子对降雨径流进行研究,从物理机理上讲是科学合理的。Nash(1960)、Rosso(1984)都先后对纳什单位线参数 n、K 与地形地貌参数之间的关系进行研究,并得到经验关系公式,其缺点在于缺乏物理基础的支撑。Rodríguez-Iturbe 等(1979)基于地形地貌特征对流域内水文响应进行分析,通过概率学归纳,首次提出了地貌瞬时单位线理论。Gupta 等(1980)在此基础上推导出流域瞬时单位线等价于水质点持留时间概率密度函数,其优点在于能从本质上反映出地形对径流的约束作用,物理机制更为明确,更加切合实际流域特征,并且能够摆脱传统汇流计算对水文资料的依赖性。文康等(1988)对地貌单位线的计算公式进行了归纳推导,并对理论中的流速因子确定方法进行探究。近年来,空间信息技术的发展使得通过遥感资料获取流域地貌特征变得更加方便。芮孝芳(2003)基于 DEM 通过流路长度分布和坡度分布对沿渡河流域地貌瞬时单位线进行研究。纪小敏等(2018)利用地貌瞬时单位线对江苏省山区无资料流域进行径流模拟研究,且模拟结果精度较高。现阶段,地貌瞬时单位线作为解决水文资料短缺地区水文计算的一个有效途径,在南方湿润地区已经取得了广泛应用,且适用性普遍较好,而在北方半干旱半湿润地区的应用研究尚少。

1.2.4 多源降水数据及其在洪水预报中的应用

降水是水文系统中的首要输入量(Nijssen 等,2004)。不论是降雨径流模拟方法还是基于临界雨量的预警方法,其先决条件都是能够在合适的时空尺度获取具有一定精度的、可信的降水观测或预报。山洪通常是由高强度的局地、短历时暴雨引起的,准确地进行山洪预警预报,首先需要获得准确的山区降水观测。然而山区复杂的地形地貌显著影响了区域降雨的时空分布,使得中小尺度的天气系统极易发生改变。同时地形抬升导致的地形雨使得山区极易形成局地暴雨中心(彭乃志等,1995)。因此,准确观测山区降雨过程是一项具有重要意义但同时十分困难的任务。目前,降水观测的主要手段包括地面站点观测、雷达降水观测以及卫星降水观测三种手段。

传统上,降水是通过地面观测站来获取的。这种方法是最直接的方法,单点观测精度较高,但它的空间分辨率较低,且面临代表性的问题(Kidd 等,2011)。人们通常采用各种空间插值手段将点尺度的雨量观测扩展到面尺度或是将数据网格化(李新等,2000),包括泰森多边形法(芮孝芳,2004)、距离方向反比插值法(New 等,2000)、普通克里金方法(Goovaerts,1997)等,但这些插值方法都具有显著的不确定性。世界气象组织(WMO)建议山区至少每 250 km^2 具有一个雨量观测站点(Mishra 等,2009),我国的雨量站网分布十分不均匀,并且存在较多缺测区,总体上不能满足我国山丘区小流域的洪水预警预报需求。此外,雨量站点通常需要良好的维护,而它在洪水过程中又面临损坏的风险。因此,越来越多的山洪预警系统逐渐转向依靠雷达和遥感手段观测降雨。

天气雷达是一种基于主动微波的遥感观测降水手段,它在一定程度上克服了雨量站观测的空间分辨率过低的问题,能够观测数十甚至数百千米的降水。天气雷达降水观测技术的主要原理是根据雨滴对微波的反射的衰减特征来推求降雨强度,但它容易受到各种因素的影响,例如周围环境的地物杂波影响、降雨反射率的不确定性关系等(杨扬等,2000;Germann 等,2004;Hu 等,2014)。因此,在使用雷达观测降水时,通常需要经过质量控制、降雨量经验转换、产品生成及后处理等一系列过程,才能提供相对准确的降水产品。目前已有许多研究根据地面站点观测降雨来实时校正雷达降水,取得了较好的结果(Smith 等,1991;杨扬等,2000;Mazzetti 和 Todini,2003;杨文宇等,2015)。全球许多地区已布设了雷达装置,例如美国的新一代天气雷达(NEXRAD)观测网(Zhang 等,2011)能够提供全美国范围的实时定量降水产品;欧洲的雷达拼接图也能够提供大陆尺度的实时定量降水产品(Huuskonen 等,2014)。我国从 20 世纪 80 年代开始,引进开发美国 S 波段雷达 WSR-88D 构建气象雷达监测网,后期建设改为 C 波段。目前全国已布设约 270 部雷达,其中约 80 部雷达完成双偏振改造,监测精度明显提高;监测半径 200～250 km,雷达测雨信息已业务化运用到日常的防汛减灾工作中。

卫星观测降水提供了另一种从空中观测降水的手段。在过去的几十年间,人们发展应用并评估了多种卫星降水产品,如 PERSIANN(Sorooshian 等,2000)、CMORPH(Joyce 等,2004)、PERSIANN-CCS(Hong 等,2004)、NRL-Blend(Turk 等,2005)、TMPA(Huffman 等,2007)和 GSMap 产品(Kubota 等,2007)等。表 1.1 归纳了上述卫星降水产品的时空分辨率、覆盖范围及信息发布时滞。可以看到,上述卫星产品的时空分辨率大多与山洪的时间空间尺度不匹配,难以直接应用到山洪实时预报预警中。例如,Nikolopoulos 等(2013)将 TRMM 3B42RT、CMORPH 和 PERSIANN 应用到意大利北部 623 km^2 的小流域中,发现尽管卫星降雨虽然在一定程度上能刻画降雨过程,但不能很好地捕捉山洪过程中的水文特征,只有将模型参数重新率定至较为不合理数值时才能获得相对较好的结果。此外,卫星降水存在不同程度的偏差,刘少华等(2016)评价了 TRMM 卫星降水在中国大陆地区的应用效果,发现它与地面站点观测资料的一致性尚可,但在大多数区域有着随区域不同而异的系统性偏差。

表 1.1 常见的准实时卫星降水产品的时空分辨率及发布延迟时间

产品名称	时空分辨率	覆盖时空范围	发布延迟时间
CMORPH	3 h/0.25°或 0.5 h/8 km	60°S～60°N，2002 年至今	3 h
TMPA	3 h/0.25°	60°S～60°N，2002 年至今	9 h
PERSIANN	3 h/0.25°	60°S～60°N，2000 年至今	2 d
PERSIANN-CCS	0.5 h/0.04°	60°S～60°N，2003 年至今	2 d
NRL-Blend	1 h/0.25°	60°S～60°N，2000 年至今	3 h
GSMaP	11 h/0.10°	60°S～60°N，1998 年至今	4 h

在 TRMM 卫星降水产品之后，GPM 降水产品是现阶段最具代表性、使用最为广泛的卫星降水产品，相较于 TRMM 卫星降水产品，GPM 卫星加上了新的 Ka 波段的降水雷达以及高频微波仪，提高了数据的时间分辨率，同时空间覆盖也更广，与水文模型的结合效果更好。吴崇玮(2018)以老挝境内湄公河和中国汉江流域为研究对象，对 GPM 降水产品的实时洪水预报潜力进行探讨，结果表明 GPM 降水数据在研究区域内驱动水文模型模拟效果良好，对缺乏地面实测降水数据地区具有实时预报的潜力。杨国范等(2020)以辽宁地区实测雨量站点降水数据为基准，对比分析 GPM 降水数据与 TRMM 降水数据在辽宁地区的适用性，结果表明 GPM 降水数据精度更高，适用性更好。刘兆晨等(2020)选择 GPM 降水数据与 TRMM 降水数据对比分析，以地面雨量站观测数据为基准，对各种降水数据在黄河源及周边区域的适用性进行评价，GPM 3 种日降水数据对不同雨强的探测能力均优于 TRMM 降水数据。

Ryu 等(2021)采用高斯混合模型聚类分析方法分析了 GPM 降水数据双频降水雷达反演的质量加权平均直径，归一化了大雨的雨滴尺寸截距参数，结果表明平均直径和截距的平均值、标准偏差与各种地面观测结果吻合良好。Zhu 等(2021)为了揭示地理特征与卫星降水量估算误差模式之间的潜在联系，为 GPM 降水数据多卫星综合反演误差的时空模式提供一个新的视角，基于 2012—2018 年中国大陆地区合并降水量进行分析，IMERG 卫星具有捕获中国大陆地区降水时空格局的能力，但在东南地区相对高估。Tang 等(2021)采用误差分解法对 GPM 降水数据的季节性误差源进行分析和跟踪，结果表明数据对四川盆地西北部地区所有的估计值都有严重的高估，误差源主要是漏报和空报降水。

1.3 目前 PUB 研究存在的主要问题

根据 PUB 的定义，无资料和资料不可用的地区都称为缺资料地区（Hrachowitz 等，2013)，资料的短缺加剧了中小流域洪水模拟的困难(刘志雨等，2021；包红军等，2021；李鑫等；2022)。近年来，我国北方流域径流受人类活动干扰较大(张建云等，2007，2020；魏晓婷等，2019；李敏，2022；苏贤保等，2021；任立良等，2001)，水库的调度和河渠的灌溉使得水文站点的实测观测数据难以代表天然的径流过程，或者环境的变化导致历史资料不可用,无法用于模型的率定与验证,水文预报面临严峻的挑战和不确定性。我国历来重视大江大河的防洪减灾,包括水文监测站网建设和预报系统建设,但大多数的中小流域没有建立完善的监测站网和洪水预警系统。中小河流源短流急,突发性和致灾性比较强。据统计,一般年份中小河流洪涝灾害损失约占全国洪涝灾害的 70%,导致的伤亡人数约占 80%,集中反映出中小河流是我国防灾减灾体系的薄弱环节(刘志雨等,2021)。2023 年 7 月水利部印发《中小河流治理建设管理办法》,进一步推进以提升防洪减灾能力为主要内容的流域面积 $200 \sim 3\,000\ \mathrm{km}^2$ 的中小河流治理项目。因此,由于下垫面变化而引起的资料代表性缺失以及以中小河流为代表的缺资料地区的洪水预报成为亟待解决的问题。

区域化方法是无资料地区水文预报的主要方法,其预报结果常常受到参证流域和目标流域间特征、气候、植被、地形、下垫面等特征相似度的影响,不确定性较大,并且很多模型物理机制不清晰,判定模型参数和流域特征之间的相关性存在较多困难。

近年来,新的理论、观测手段(卫星、环境示踪)、先进数据处理技术以及一些可视化技术被运用到无资料地区的水文研究中,各种水文模型和一些新的思路被提出,为无资料地区的产汇流计算及洪水预报的进一步发展提供了良好的契机。其中卫星降水观测提供了另一种从空中观测降水的新手段,并在水文模拟上取得了较好效果,但是受限于测量技术,卫星降水精度,特别是短历时、低强度的降水监测精度,还有待提高。Li 等(2021)对 GPM IMERG 降水数据在中国大陆地区小雨的精度进行评估,研究发现 GPM IMERG 降水数据对降雨强度在 5 mm/d 以下的探测能力有限,同时与大气污染较严重地区降水和冬季降水匹配精度不够。大多卫星降水数据采用反演估算的方法,虽能反映空间上的分布,但具体站点数据与实测数据还是有差异。利用地面实测站点数据对卫星降水数据进行校正,是解决无资料和缺资料地区的有效手段。

因此,本书聚焦水文资料短缺地区的洪水预报预警问题,首先对数值天气预报产品、卫星降水数据、遥感再分析降水产品等多源降水数据进行适用性评估,发展多源降水数据融合技术;其次,针对中小河流洪水预报问题,构建全面、可计算的气候和下垫面指标体系,发展物理水文相似度构造方法和网格化洪水预报实时校正方法;然后,开展考虑不同来源不确定性的气象水文耦合径流集合预报与不确定性研究;接着,基于融合降水、深度学习算法,考虑气候变化与人类活动的高原高寒区径流模拟,以及城市典型区的洪涝模拟;最后发展洪水预报不确定性的预警方法,为解决无资料地区的洪水预报问题提供技术支撑。

参考文献

[1] ABBOTT M B, BATHURST J C, CUNGE J A, et al. An introduction to the European Hydrological System—Systeme Hydrologique European, "SHE", 1: History and philosophy of a physically-based distributed modelling system[J]. Journal of Hydrology, 1986, 87(1-2): 45-59.

[2] ALFIERI L, SALAMON P, PAPPENBERGER F, et al. Operational early warning systems for water-related hazards in Europe[J]. Environmental Science & Policy, 2012, 21: 35-49.

[3] ATHIRA P, SUDHEER K P, CIBIN R, et al. Predictions in ungauged basins: An approach for

regionalization of hydrological models considering the probability distribution of model parameters[J]. Stochastic Environmental Research and Risk Assessment，2016，30：1131-1149.

［4］CASTELLARIN A，CAMORANI G，BRATH A. Predicting annual and long-term flow-duration curves in ungauged basins[J]. Advances in Water Resources，2007，30(4)：937-953.

［5］BASTOLA S，ISHIDAIRA H，TAKEUCHI K. Regionalisation of hydrological model parameters under parameter uncertainty：A case study involving TOPMODEL and basins across the globe[J]. Journal of Hydrology，2008，357(3-4)：188-206.

［6］BECK H E，PAN M，LIN P，et al. Global fully distributed parameter regionalization based on observed streamflow from 4，229 headwater catchments[J]. Journal of Geophysical Research：Atmospheres，2020，125(17)：e2019JD031485.

［7］BETTERLE A，BOTTER G. Does catchment nestedness enhance hydrological similarity？[J]. Geophysical Research Letters，2021，48(13)：e2021GL094148.

［8］BETTERLE A，SCHIRMER M，BOTTER G. Flow dynamics at the continental scale：Streamflow correlation and hydrological similarity[J]. Hydrological Processes，2019，33(4)：627-646.

［9］BELLOS V，TSAKIRIS G. A hybrid method for flood simulation in small catchments combining hydrodynamic and hydrological techniques[J]. Journal of Hydrology，2016，540：331-339.

［10］BENNETT T H. Development and application of a continuous soil moisture accounting algorithm for the HEC-HMS[D]. California：University of California，1998.

［11］BEVEN K J，KIRKBY M J. A physically based，variable contributing area model of basin hydrology/Un modèle à base physique de zone d' appel variable de l' hydrologie du bassin versant[J]. Hydrological Sciences Bulletin，1979，24(1)：43-69.

［12］BULYGINA N，MCINTYRE N，WHEATER H. Conditioning rainfall-runoff model parameters for ungauged catchments and land management impacts analysis[J]. Hydrology and Earth System Sciences，2009，13(6)：893-904.

［13］CARRILLO G，TROCH P A，SIVAPALAN M，et al. Catchment classification：Hydrological analysis of catchment behavior through process-based modeling along a climate gradient[J]. Hydrology and Earth System Sciences，2011，15(11)：3411-3430.

［14］LIU C M. Sustainability and possibilities for water conservation in North China Plain[R]. Biospheric Aspect of Hydrological Cycle(BAHC)，1994：26-30.

［15］CIBIN R，ATHIRA P，SUDHEER K P，et al. Application of distributed hydrological models for predictions in ungauged basins：A method to quantify predictive uncertainty[J]. Hydrological Processes，2014，28(4)：2033-2045.

［16］YAEGER M，COOPERSMITH E，YE S，et al. Exploring the physical controls of regional patterns of flow duration Curves-Part 3：A catchment classification system based on regime curve indicators[J]. Hydrology and Earth System Sciences，2012，16(11)：4483-4493.

［17］ECREPONT S，CUDENNEC C，ANCTIL F，et al. PUB in Québec：A robust geomorphology-based deconvolution-reconvolution framework for the spatial transposition of hydrographs [J]. Journal of Hydrology，2019，570：378-392.

［18］ESTACIO A B S，COSTA A C，FILHO F A S，et al. Uncertainty analysis in parameter regionalization for streamflow prediction in ungauged semi-arid catchments[J]. Hydrological

Sciences Journal, 2021, 66(7): 1132-1150.

[19] GARAMBOIS P A, ROUX H, LARNIER K, et al. Parameter regionalization for a process-oriented distributed model dedicated to flash floods[J]. Journal of Hydrology, 2015, 525: 383-399.

[20] GERMANN U, JOSS J. Operational measurement of precipitation in mountainous terrain [M]// MEISCHNER P. Weather radar: Principles and advanced applications. Berlin, Heidelberg: Springer Berlin Heidelberg, 2004: 52-77.

[21] GOOVAERTS P. Geostatistics for natural resources evaluation [M]. Oxford: Oxford University Press, 1997.

[22] GOSWAMI M, O'CONNOR K M, BHATTARAI K P. Development of regionalisation procedures using a multi-model approach for flow simulation in an ungauged catchment[J]. Journal of Hydrology, 2007, 333(2-4): 517-531.

[23] GÖTZINGER J, BÁRDOSSY A. Comparison of four regionalisation methods for a distributed hydrological model[J]. Journal of Hydrology, 2007, 333(2-4): 374-384.

[24] GOURLEY J J, FLAMIG Z L, VERGARA H, et al. The FLASH project: Improving the tools for flash flood monitoring and prediction across the United States [J]. Bulletin of the American Meteorological Society, 2017, 98(2): 361-372.

[25] GUO Y, ZHANG Y, ZHANG L, et al. Regionalization of hydrological modeling for predicting streamflow in ungauged catchments: A comprehensive review [J]. Wiley Interdisciplinary Reviews: Water, 2021, 8(1): e1487.

[26] GUPTA V K, WAYMIRE E, WANG C T. A representation of an instantaneous unit hydrograph from geomorphology[J]. Water Resources Research, 1980, 16(5): 855-862.

[27] HALE V C, MCDONNELL J J. Effect of bedrock permeability on stream base flow mean transit time scaling relations: 1. A multiscale catchment intercomparison[J]. Water Resources Research, 2016, 52(2): 1358-1374.

[28] HALLEMA D W, MOUSSA R. A model for distributed GIUH-based flow routing on natural and anthropogenic hillslopes[J]. Hydrological Processes, 2014, 28(18): 4877-4895.

[29] HAPUARACHCHI H A P, KIEM A, TAKEUCHI K, et al. Applicability of the BTOPMC model for predictions in ungauged basins [C]//Proceeding of the International Conference on Sustainable Water Resources Management in Changing Environment of Monsoon Region, Colombo, Sri Lanka, 2004.

[30] HONG Y, HSU K L, SOROOSHIAN S, et al. Precipitation estimation from remotely sensed imagery using an artificial neural network cloud classification system[J]. Journal of Applied Meteorology, 2004, 43(12): 1834-1853.

[31] HRACHOWITZ M, SAVENIJE H H G, BLÖSCHL G, et al. A decade of Predictions in Ungauged Basins (PUB)—a review[J]. Hydrological Sciences Journal, 2013, 58(6): 1198-1255.

[32] HU Q, YANG D, LI Z, et al. Multi-scale evaluation of six high-resolution satellite monthly rainfall estimates over a humid region in China with dense rain gauges[J]. International Journal of Remote Sensing, 2014, 35(4): 1272-1294.

[33] HUANG S, EISNER S, MAGNUSSON J O, et al. Improvements of the spatially distributed hydrological modelling using the HBV model at 1 km resolution for Norway[J]. Journal of Hydrology, 2019, 577: 123585.

［34］ HUFFMAN G J，BOLVIN D T，NELKIN E J，et al. The TRMM multisatellite precipitation analysis（TMPA）：Quasi-global，multiyear，combined-sensor precipitation estimates at fine scales［J］. Journal of Hydrometeorology，2007，8(1)：38-55.

［35］ HUUSKONEN A，SALTIKOFF E，HOLLEMAN I. The operational weather radar network in Europe［J］. Bulletin of the American Meteorological Society，2014，95(6)：897-907.

［36］ HUNUKUMBURA P B，WEERAKOON S B，HERATH S. Development of a cell-based model to derive direct runoff hydrographs for ungauged mountainous basins［J］. Journal of Mountain Science，2007，4：309-320.

［37］ IMMERZEEL W W，DROOGERS P. Calibration of a distributed hydrological model based on satellite evapotranspiration［J］. Journal of Hydrology，2008，349(3-4)：411-424.

［38］ JANSSEN J，AMELI A A. A hydrologic functional approach for improving large-sample hydrology performance in poorly gauged regions［J］. Water Resources Research，2021，57(9)：e2021WR030263.1- e2021WR030263.28.

［39］ JONES D A，KAY A L. Uncertainty analysis for estimating flood frequencies for ungauged catchments using rainfall-runoff models［J］. Advances in Water Resources，2007，30(5)：1190-1204.

［40］ JOCHEN S，KIRSTEN H，RICHARD D. Scales and similarities in runoff processes with respect to geomorphometry［J］. Hydrological Processes，2000,14：1963-1979.

［41］ JOYCE R J，JANOWIAK J E，ARKIN P A，et al. CMORPH：A method that produces global precipitation estimates from passive microwave and infrared data at high spatial and temporal resolution［J］. Journal of Hydrometeorology，2004，5(3)：487-503.

［42］ KAYAN G，RIAZI A，ERTEN E，et al. Peak unit discharge estimation based on ungauged watershed parameters［J］. Environmental Earth Sciences，2021，80：1-10.

［43］ KIDD C，LEVIZZANI V. Status of satellite precipitation retrievals［J］. Hydrology and Earth System Sciences，2011，15(4)：1109-1116.

［44］ KOKKONEN T S，JAKEMAN A J，YOUNG P C，et al. Predicting daily flows in ungauged catchments：Model regionalization from catchment descriptors at the Coweeta Hydrologic Laboratory，North Carolina［J］. Hydrological Processes，2003，17(11)：2219-2238.

［45］ KUBOTA T，SHIGE S，HASHIZUME H，et al. Global precipitation map using satellite-borne microwave radiometers by the GSMaP project：Production and validation［J］. IEEE Transactions on Geoscience and Remote Sensing，2007，45(7)：2259-2275.

［46］ KULT J M，FRY L M，GRONEWOLD A D，et al. Regionalization of hydrologic response in the Great Lakes basin：Considerations of temporal scales of analysis［J］. Journal of Hydrology，2014，519：2224-2237.

［47］ LANE R A，FREER J E，COXON G，et al. Incorporating uncertainty into multiscale parameter regionalization to evaluate the performance of nationally consistent parameter fields for a hydrological model［J］. Water Resources Research，2021，57(10)：e2020WR028393.

［48］ LI Q，LI Z，ZHU Y，et al. Hydrological regionalisation based on available hydrological information for runoff prediction at catchment scale［J］. Proceedings of the International Association of Hydrological Sciences，2018，379：13-19.

［49］ LI X，SUNGMIN O，WANG N，et al. Evaluation of the GPM IMERG V06 products for light rain over Mainland China［J］. Atmospheric Research，2021，253：105510.

［50］LORITZ R，KLEIDON A，JACKISCH C，et al. A topographic index explaining hydrological similarity by accounting for the joint controls of runoff formation［J］. Hydrology and Earth System Sciences，2019，23(9)：3807-3821.

［51］MAIDMENT D R，OLIVERA F，CALVER A，et al. Unit hydrograph derived from a spatially distributed velocity field［J］. Hydrological Processes，1996，10(6)：831-844.

［52］MAZZETTI C，TODINI E. Combining raingauges and radar measurements：An application to the upper Reno river closed at Casalecchio（Italy）［C］//EGS-AGU-EUG Joint Assembly，2003：12611.

［53］MERZ R，BLÖSCHL G. Regionalisation of catchment model parameters［J］. Journal of Hydrology，2004，287(1-4)：95-123.

［54］MORRIS D G. The use of a multizone hydrologic model with distributed rainfall and distributed parameters in the National Weather Service River Forecast System［R］. United States，Office of Hydrology，1975.

［55］MOHAMOUD Y M. Prediction of daily flow duration curves and streamflow for ungauged catchments using regional flow duration curves［J］. Hydrological Sciences Journal，2008，53(4)：706-724.

［56］MIAO Q H，YANG D W，YANG H B，et al. Establishing a rainfall threshold for flash flood warnings in China's mountainous areas based on a distributed hydrological model［J］. Journal of Hydrology，2016，541(Part A)：371-386.

［57］MISHRA A K，COULIBALY P. Developments in hydrometric network design：A review［J］. Reviews of Geophysics，2009，47(2)：RG2001.

［58］MWAKALILA S. Estimation of stream flows of ungauged catchments for river basin management［J］. Physics and Chemistry of the Earth，Parts A/B/C，2003，28(20-27)：935-942.

［59］NASH J E. A unit hydrograph study，with particular reference to British catchments［J］. Proceedings of the Institution of Civil Engineers，1960，17(3)：249-282.

［60］NEW M，HULME M，JONES P. Representing twentieth-century space—time climate variability. Part II：Development of 1901-96 monthly grids of terrestrial surface climate ［J］. Journal of Climate，2000，13(13)：2217-2238.

［61］NIJSSEN B，LETTENMAIER D P. Effect of precipitation sampling error on simulated hydrological fluxes and states：Anticipating the Global Precipitation Measurement satellites ［J］. Journal of Geophysical Research：Atmospheres，2004，109(D2)：D02103.

［62］NIKOLOPOULOS E I，ANAGNOSTOU E N，BORGA M. Using high-resolution satellite rainfall products to simulate a major flash flood event in northern Italy［J］. Journal of Hydrometeorology，2013，14(1)：171-185.

［63］OUDIN L，ANDRÉASSIAN V，PERRIN C，et al. Spatial proximity，physical similarity，regression and ungaged catchments：A comparison of regionalization approaches based on 913 French catchments［J］. Water Resources Research，2008，44(3)：W03413-1-W03413-15.

［64］PANTHI J，TALCHABHADEL R，GHIMIRE G R，et al. Hydrologic regionalization under data scarcity：Implications for streamflow prediction［J］. Journal of Hydrologic Engineering，2021，26(9)：05021022.

［65］PARAJKA J，MERZ R，BLÖSCHL G. A comparison of regionalisation methods for catchment model parameters［J］. Hydrology and Earth System Sciences，2005，9(3)：157-171.

[66] PARAJKA J，VIGLIONE A，ROGGER M，et al. Comparative assessment of predictions in ungauged basins—Part 1：Runoff hydrograph studies[J]. Hydrology and Earth System Sciences Discussions，2013，10(1)：375-409.

[67] RAGETTLI S，ZHOU J，WANG H，et al. Modeling flash floods in ungauged mountain catchments of China：A decision tree learning approach for parameter regionalization[J]. Journal of Hydrology，2017，555：330-346.

[68] RAZAVI T，COULIBALY P. Streamflow prediction in ungauged basins：Review of regionalization methods[J]. Journal of Hydrology Engineering，2013,18(8)：958-975.

[69] RODRÍGUEZ-ITURBE I，VALDÉS J B. The geomorphologic structure of hydrologic response[J]. Water Resources Research，1979，15(6)：1409-1420.

[70] ROSSO R. Nash model relation to Horton order ratios[J]. Water Resources Research，1984，20(7)：914-920.

[71] RYU J，SONG H J，SOHN B J，et al. Global distribution of three types of drop size distribution representing heavy rainfall from GPM/DPR measurements[J]. Geophysical Research Letters，2021，48(3)：e2020GL090871.

[72] SAMANIEGO L，BÁRDOSSY A，KUMAR R. Streamflow prediction in ungauged catchments using copula-based dissimilarity measures[J]. Water Resources Research，2010，46(2)：W02506. 1-W02506. 22.

[73] SAWICZ K，WAGENER T，SIVAPALAN M，et al. Catchment classification：Empirical analysis of hydrologic similarity based on catchment function in the eastern USA[J]. Hydrology and Earth System Sciences，2011，15(9)：2895-2911.

[74] SEIBERT J. Regionalisation of parameters for a conceptual rainfall-runoff model [J]. Agricultural and Forest Meteorology，1999，98：279-293.

[75] SEIBERT J，MCDONNELL J J. Gauging the ungauged basin：Relative value of soft and hard data[J]. Journal of Hydrologic Engineering，2015，20(1)：A4014004.

[76] SELLAMI H，LA JEUNESSE I，BENABDALLAH S，et al. Uncertainty analysis in model parameters regionalization：A case study involving the SWAT model in Mediterranean catchments (Southern France)[J]. Hydrology and Earth System Sciences，2014，18(6)：2393-2413.

[77] SIVAKUMAR B，SINGH V P. Hydrologic system complexity and nonlinear dynamic concepts for a catchment classification framework[J]. Hydrology and Earth System Sciences Discussions，2011，8：4427-4458.

[78] SMITH J A，KRAJEWSKI W F. Estimation of the mean field bias of radar rainfall estimates[J]. Journal of Applied Meteorology and Climatology，1991，30(4)：397-412.

[79] SNYDER F F. Synthetic unit-graphs[J]. Transactions—American Geophysical Union，1938，19(1)：447-454.

[80] SOROOSHIAN S，HSU K L，GAO X，et al. Evaluation of PERSIANN system satellite-based estimates of tropical rainfall[J]. Bulletin of the American Meteorological Society，2000，81(9)：2035-2046.

[81] SUGAWARA M. Automatic calibration of the tank model/L'étalonnage automatique d'un modèle à cisterne[J]. Hydrological Sciences Bulletin，1979，24(3)：375-388.

[82] TANG S，LI R，HE J，et al. Seasonal error component analysis of the GPM IMERG version 05 precipitation estimations over Sichuan basin of China[J]. Earth and Space Science，2021，8(1)：

e2020EA001259.

［83］TEGEGNE G，KIM Y O．Modelling ungauged catchments using the catchment runoff response similarity［J］．Journal of Hydrology，2018，564：452-466.

［84］TERRIBILE F，COPPOLA A，LANGELLA G，et al．Potential and limitations of using soil mapping information to understand landscape hydrology［J］．Hydrology and Earth System Sciences，2011，15(12)：3895-3933.

［85］TRANCOSO R，LARSEN J R，MCALPINE C，et al．Linking the Budyko framework and the Dunne diagram［J］．Journal of Hydrology，2016，535：581-597.

［86］TURK F J，MILLER S D．Toward improved characterization of remotely sensed precipitation regimes with MODIS/AMSR-E blended data techniques［J］．IEEE Transactions on Geoscience and Remote Sensing，2005，43(5)：1059-1069.

［87］USUL N，YILMAZ M．Estimation of instantaneous unit hydrograph with Clark's Technique in GIS［C］//22nd International of ESRI user conference，ESRI on-line．San Diego：2002.

［88］VIVONI E R，IVANOV V Y，BRAS R L，et al．Generation of triangulated irregular networks based on hydrological similarity［J］．Journal of Hydrologic Engineering，2004，9(4)：288-302.

［89］VODEL R．Contribution in Hydrology［R］．U. S．National Report to IUGG，AGU，1995.

［90］WAGENER T，SIVAPALAN M，TROCH P，et al．Catchment classification and hydrological similarity［J］．Geography Compass，2007，1(4)：901-931.

［91］WAGENER T，WHEATER H S．Parameter estimation and regionalization for continuous rainfall-runoff models including uncertainty［J］．Journal of Hydrology，2006，320(1-2)：132-154.

［92］WANG H，CAO L，FENG R．Hydrological similarity-based parameter regionalization under different climate and underlying surfaces in ungauged basins［J］．Water，2021，13 (18)：2508.

［93］WU H，ZHANG J，BAO Z，et al．Runoff modeling in ungauged catchments using machine learning algorithm-based model parameters regionalization methodology［J］．Engineering，2023，28：93-104.

［94］XU C Y．Estimation of parameters of a conceptual water balance model for ungauged catchments［J］．Water Resources Management，1999，13(5)：353-368.

［95］YADAV M，WAGENER T，GUPTA H．Regionalization of constraints on expected watershed response behavior for improved predictions in ungauged basins［J］．Advances in Water Resources，2007，30(8)：1756-1774.

［96］YANG X，MAGNUSSON J，HUANG S，et al．Dependence of regionalization methods on the complexity of hydrological models in multiple climatic regions［J］．Journal of Hydrology，2020，582：124357.

［97］YE S，LI H Y，HUANG M，et al．Regionalization of subsurface stormflow parameters of hydrologic models：Derivation from regional analysis of streamflow recession curves［J］．Journal of Hydrology，2014，519：670-682.

［98］YOUNG A R．Stream flow simulation within UK ungauged catchments using a daily rainfall-runoff model［J］．Journal of Hydrology，2006，320(1-2)：155-172.

［99］ZHANG Z，WAGENER T，REED P，et al．Reducing uncertainty in predictions in ungauged basins by combining hydrologic indices regionalization and multiobjective optimization［J］．Water Resources Research，2008，44(12)：W00B04.

[100] ZHANG Y，CHIEW F H S. Relative merits of different methods for runoff predictions in ungauged catchments[J]. Water Resources Research，2009，45(7)：W07412.

[101] ZHANG J，HOWARD K，LANGSTON C，et al. National Mosaic and Multi-Sensor QPE（NMQ）system：Description，results，and future plans［J］. Bulletin of the American Meteorological Society，2011，92(10)：1321-1338.

[102] ZHAO R J. The Xin'anjiang model applied in China［J］. Journal of Hydrology，1992，135(1-4)：371-381.

[103] ZHU S，SHEN Y，MA Z. A new perspective for charactering the spatio-temporal patterns of the error in GPM IMERG over mainland China［J］. Earth and Space Science，2021，8(1)：2020EA001232.

[104] 包红军,曹勇,曹爽,等.基于短时临近降水集合预报的中小河流洪水预报研究[J].河海大学学报（自然科学版）,2021,49(3):197-203.

[105] 陈洋波,覃建明,王幻宇,等. 基于流溪河模型的中小河流洪水预报方法[J]. 水利水电技术,2017,48(7):12-19+27.

[106] 陈国阶. 中国山区发展研究的态势与主要研究任务[J]. 山地学报,2006(5)：531-538.

[107] 陈真莲. 小流域山洪灾害成因及防治技术研究[D]. 广州:华南理工大学,2014.

[108] 迟明. 山东省中小河流洪水预报系统设计与实现[D]. 济南:山东大学,2015.

[109] 邓红霞,李存军,张少文,等. 基于集对分析的相似流域选择方法[J]. 人民黄河,2006(7)：3-4+20.

[110] 范梦歌,刘九夫. 基于聚类分析的水文相似流域研究[J]. 水利水运工程学报,2015(4)：106-111.

[111] 何惠. 中国水文站网[J]. 水科学进展,2010,21(4)：460-465.

[112] 甘衍军,李兰,杨梦斐. SCS模型在无资料地区产流计算中的应用[J]. 人民黄河,2010,32(5)：30-31.

[113] 龚珺夫,陈红兵,朱芳,等. 新安江模型在资料匮乏的长江中下游山区中小流域洪水预报应用[J].湖泊科学,2021,33(2)：581-594+650.

[114] 苟娇娇,缪驰远,徐宗学,等. 大尺度水文模型参数不确定性分析的挑战与综合研究框架[J]. 水科学进展,2022,33(2)：327-335.

[115] 郭良,翟晓燕,刘荣华,等. 全国小流域分布式单位线综合分析[J]. 中国水利水电科学研究院学报,2019,17(4)：252-261.

[116] 胡海英,包为民,胡宇新. 基于非平权距离系数法的相似流域研究[J]. 水力发电,2007(12)：15-17.

[117] 纪小敏,陈颖冰,谢海文,等. 江苏省无资料山丘区洛阳河流域径流模拟方法探讨[J]. 水文,2018,38(3)：57-61.

[118] 金亦,张文平,刘金涛,等. 地形指数与流域退水特征的关系分析[J]. 人民长江,2017,48(13)：23-25+53.

[119] 孔凡哲,芮孝芳. 基于地形特征的流域水文相似性[J]. 地理研究,2003(6)：709-715.

[120] 孔凡哲,韩继伟,赵磊,等. 分布式单位线分析方法的对比分析[J]. 人民黄河,2011,33(1)：28-30.

[121] 雷晓辉,廖卫红,蒋云钟,等. 分布式水文模型 EasyDHM（Ⅰ）:理论方法[J]. 水利学报,2010,41(7)：786-794.

[122] 李新,程国栋,卢玲. 空间内插方法比较[J]. 地球科学进展,2000(3):260-265.

[123] 李巧玲,李致家,陈利者,等. 半湿润半干旱流域降雨径流关系及下垫面相似性[J]. 河海大学学报(自然科学版),2015,43(2):95-99.

[124] 李昂. 基于 HEC-HMS 和双超模型的小流域洪水预报研究与应用[D]. 太原:太原理工大学,2018.

[125] 李红霞,覃光华,王欣,等. 山洪预报预警技术研究进展[J]. 水文,2014,34(5):12-16.

[126] 李红霞. 无径流资料流域的水文预报研究[D]. 大连:大连理工大学,2009.

[127] 李敏. 潘家口水库流域环境变化下径流非一致性分析计算问题研究[D]. 天津:天津大学,2022.

[128] 李鑫,刘艳丽,朱士江,等. 基于新安江模型和 BP 神经网络的中小河流洪水模拟研究[J]. 中国农村水利水电,2022(1):93-97.

[129] 李致家,姚成,张珂,等. 基于网格的精细化降雨径流水文模型及其在洪水预报中的应用[J]. 河海大学学报(自然科学版),2017,45(6):471-480.

[130] 林炳青,陈莹,陈兴伟. SWAT 模型水文过程参数区域差异研究[J]. 自然资源学报,2013,28(11):1988-1999.

[131] 刘金平,张建云. 中国水文预报技术的发展与展望[J]. 水文,2005(6):1-5+64.

[132] 刘宁. 大江大河防洪关键技术问题与挑战[J]. 水利学报,2018,49(1):19-25.

[133] 刘苏峡,刘昌明,赵卫民. 无测站流域水文预测(PUB)的研究方法[J]. 地理科学进展,2010,29(11):1333-1339.

[134] 刘志雨,刘玉环,孔祥意. 中小河流洪水预报预警问题与对策及关键技术应用[J]. 河海大学学报(自然科学版),2021,49(1):1-6.

[135] 刘志雨. 基于 GIS 的分布式托普卡匹水文模型在洪水预报中的应用[J]. 水利学报,2004(5):70-75.

[136] 刘志雨. 我国洪水预报技术研究进展与展望[J]. 中国防汛抗旱,2009,19(5):13-16.

[137] 刘少华,严登华,王浩,等. 中国大陆流域分区 TRMM 降水质量评价[J]. 水科学进展,2016,27(5):639-651.

[138] 刘兆晨,杨梅学,王学佳,等. GPM 和 TRMM 卫星日降水数据在黄河源区的适用性分析[J]. 冰川冻土,2020,42(2):575-586.

[139] 毛能君,夏军,张利平,等. 参数区域化在乏资料地区水文预报中应用研究综述[J]. 中国农村水利水电,2016(12):88-92.

[140] 任立良,张炜,李春红,等. 中国北方地区人类活动对地表水资源的影响研究[J]. 河海大学学报(自然科学版),2001(4):13-18.

[141] 彭安帮,刘九夫,马涛,等. 辽宁省资料短缺地区中小河流洪水预报方法[J]. 水力发电学报,2020,39(8):79-89.

[142] 彭乃志,傅抱璞,于强,等. 我国地形与暴雨的若干气候统计分析[J]. 气象科学,1995(3):288-292.

[143] 瞿思敏,包为民,李清生,等. 由 DEM 确定 R-V 地貌瞬时单位线的研究[J]. 水文,2003(1):6-9.

[144] 芮孝芳,蒋成煜. 流域水文与地貌特征关系研究的回顾与展望[J]. 水科学进展,2010,21(4):444-449.

[145] 芮孝芳. 由流路长度分布律和坡度分布律确定地貌单位线[J]. 水科学进展,2003(5):602-606.

[146] 芮孝芳. 水文学原理[M]. 北京:中国水利水电出版社,2004.

[147] 宋亚娅,王涛,张振. 基于灰加权关联度模型的相似流域优选[J]. 人民黄河,2015,37(1):30-33.

[148] 宋亚娅,张振,黄振平. 基于模糊加权识别模型的相似流域优选研究[J]. 人民长江,2014,45(21):54-57.

[149] 苏贤保,李勋贵,张建香,等. 气候变化和人类活动对黄河上游径流影响的时空差异[J]. 兰州大学学报(自然科学版),2021,57(3):285-293.

[150] 孙周亮,刘艳丽,陈鑫,等. 水文模型参数区域化方法研究进展[J]. 水文,2023,43(4):1-7.

[151] 谈戈,夏军,李新. 无资料地区水文预报研究的方法与出路[J]. 冰川冻土,2004(2):192-196.

[152] 童杨斌. 无资料地区洪水计算与不确定性研究[D]. 杭州:浙江大学,2008.

[153] 王文川,和吉,邱林. 我国山洪灾害防治技术研究综述[J]. 中国水利,2011(13):35-37.

[154] 王建金,石朋,瞿思敏,等. 改进 BP 神经网络算法在中小流域洪水预报中的应用研究[J]. 西安理工大学学报,2016,32(4):475-480.

[155] 王怀军,张建云,王国庆,等. 中国中小河流气候和下垫面与产汇流过程关系研究[J]. 地理科学,2021,41(1):109-120.

[156] 王金星,张建云,李岩,等. 近 50 年来中国六大流域径流年内分配变化趋势[J]. 水科学进展,2008,19(5):656-661.

[157] 王旭升. 祁连山北部流域水文相似性与出山径流总量的估计[J]. 北京师范大学学报(自然科学版),2016,52(3):328-332.

[158] 文康,李琪,陆卫鲜. R-V 地貌单位线通用公式及其应用[J]. 水文,1988(3):20-25.

[159] 魏晓婷,黄生志,黄强,等. 定量分解气候变化与人类活动对季节径流变异的贡献率[J]. 水土保持学报,2019,33(6):182-189.

[160] 吴崇玮. 基于 GPM 卫星降水产品的流域实时洪水预报潜力研究[D]. 北京:清华大学,2018.

[161] 伍远康,王红英,陶永格,等. 浙江省无资料流域洪水预报方法研究[J]. 水文,2015,35(6):24-29.

[162] 许继军. 分布式水文模型在长江流域的应用研究[D]. 北京:清华大学,2007.

[163] 闫彦. 阿尔金山北坡无资料流域的设计洪水计算与应用——以若羌县瓦石峡河流域为例[D]. 乌鲁木齐:新疆大学,2008.

[164] 杨邦,任立良,陈福容,等. 无资料地区水文预报(PUB)不确定性研究[J]. 水电能源科学,2009,27(4):7-10.

[165] 杨雪,袁丹,罗军刚,等. 无资料流域径流模拟预测研究进展综述[J]. 西安理工大学学报,2021,37(3):354-360.

[166] 杨甜甜,梁国华,何斌,等. 基于水文水动力学耦合的洪水预报模型研究及应用[J]. 南水北调与水利科技,2017,15(1):72-78.

[167] 杨国范,吴永玉,林茂森. GPM 卫星降水数据在辽宁地区的适用性评价[J]. 沈阳农业大学学报,2020,51(5):559-567.

[168] 杨文宇,李哲,倪广恒,等. 基于天气雷达的长江三峡暴雨临近预报方法及其精度评估[J]. 清华大学学报(自然科学版),2015,55(6):604-611.

[169] 杨扬,张建云,戚建国,等. 雷达测雨及其在水文中应用的回顾与展望[J]. 水科学进展,2000(1):92-98.

[170] 姚成. 基于栅格的分布式新安江模型构建与分析[D]. 南京:河海大学,2007.

[171] 叶金印,李致家,吴勇拓. 一种用于缺资料地区山洪预警方法研究与应用[J]. 水力发电学报,

2013，32(3)：15-19＋33.

[172] 于瑞宏，张宇瑾，张笑欣，等. 无测站流域径流预测区域化方法研究进展[J]. 水利学报，2016，47(12)：1528-1539.

[173] 余江游，陈璐，夏军，等. 基于指标洪水法的淮河流域洪水频率分析研究[J]. 中国农村水利水电，2016(12)：163-167.

[174] 赵刚，庞博，徐宗学，等. 中国山洪灾害危险性评价[J]. 水利学报，2016，47(9)：1133-1142＋1152.

[175] 赵人俊. 流域水文模拟——新安江模型与陕北模型[M]. 北京：水利电力出版社，1984.

[176] 张建云，何惠. 应用地理信息进行无资料地区流域水文模拟研究[J]. 水科学进展，1998(4)：34-39.

[177] 张建云，章四龙，王金星，等. 近50年来中国六大流域年际径流变化趋势研究[J]. 水科学进展，2007(2)：230-234.

[178] 张建云. 中国水文预报技术的发展回顾与思考[J]. 水科学进展，2010(4)：435-443.

[179] 张建云，王国庆，金君良，等. 1956—2018年中国江河径流演变及其变化特征[J]. 水科学进展，2020，31(2)：153-161.

[180] 张明，王贵作，张寅熙. 水文相似流域最大熵优选模型研究[J]. 水利水电技术，2012，43(2)：14-16＋21.

[181] 张文华，夏军，张翔，等. 考虑降雨时空变化的单位线研究[J]. 水文，2007(5)：1-6.

[182] 祝冰洁，阚光远，何晓燕. 无资料嵌套流域水文相似性及参数移植研究[J]. 中国水利水电科学研究院学报，2020，18(3)：223-231.

第二章

水文资料短缺地区洪水预报方法

2.1 水文资料短缺地区洪水预报面临的问题

我国水文站网主要分布在大江大河干流及其重要支流,而为数众多的中小河流和高寒高原地区水文站网十分稀少(何惠,2010)。近几年开展的中小河流治理,在一些重点河流上布设了水文站和雨量站,但总体上中小河流的水文监测工作十分薄弱。此外,随着城市化的快速发展,城镇地区的下垫面发生变化,特别是河湖水系发生了剧烈变化,水文资料的一致性和代表性差,也是水文资料缺乏地区洪水预报研究的重点内容。

1. 中小河流

中小河流洪水灾害是当前我国严重的自然灾害之一。我国中小河流众多,分布广泛,并且大多防洪设施少、标准低,监测站点少,遭遇一般暴雨洪水即可能造成较大洪涝灾害。中小河流洪水损失占比非常大,据统计,一般年份中小河流的水灾损失占全国水灾总损失的 $70\%\sim80\%$(刘志雨等,2016)。中小河流大多位于山区,由于地形地质条件相对复杂、气候条件特殊、降水时空分布不均等因素,易形成局部强降雨,导致山丘区中小河流洪水频发(王小笑和李亚琳,2018)。中小河流洪水预报是防汛调度决策的重要依据,然而由于中小河流大多位于无资料的区域,洪水预报的精度和可靠性存在突出问题。

与大江大河相比,中小河流具有分布广、降水及下垫面空间异质性大、产汇流时间短、洪水突发性强、水文资料欠缺等特点,因此目前中小河流洪水预报难度大,预报精度和预见期等都是亟须解决的关键问题(Todini,2017)。尽管国内外已开展了部分相关研究,但在基础研究方面,相对大江大河,针对中小河流洪水特点的研究成果仍较少,其中资料缺乏就是一个突出的难点。

2. 高寒高原地区

在青藏高原,由于气候恶劣、地形复杂和基础设施相对落后,观测站点十分稀疏,是典型的缺资料地区,其站网密度远少于东部和中部地区。气象和径流资料的缺乏给缺资料地区径流和水储量模拟及预测带来了极大的挑战。由 IAHS 主导的 PUB 计划重点研究了如何评估和降低这些地区水文预测的不确定性(Sivapalan 等,2003)。

由于寒区大多是人烟稀少的地区,缺少相应的观测数据作为模型输入数据和运行参数,虽然通过一些技术手段可以缓解这些问题,但是缺乏相应的验证手段是这类地区的水文模拟研究面临的主要问题。目前在寒区水文过程的模拟研究中,多源遥感数据与流域水文模型相结合是水文研究方向之一。

3. 城市化流域

近年来,随着城镇化进程的发展,越来越多的地区由原本的农田、滩地等改变为城市用地,加上全球变暖的影响,由极端降雨引起的城市雨洪灾害发生的频次、风险以及损失呈增加趋势。城镇化最直观的影响就是改变了原有的区域水文特性,使城市区域更容易遭受暴雨引起的城市雨洪灾害。城镇化会使城市地区下垫面发生改变,导致区域不透水面积增加,以及下渗、蒸发、节流等产汇流条件改变,进而导致相同暴雨情况下城市区域洪峰以及洪量增加(张建云等,2014;宋晓猛等,2014;Bronstert 等,2002;包瑾等,2020)。而且城镇化的过程中往往会伴随着城市河道的硬化以及城市区域的排水管网化,降低了区域和河道的调蓄能力,降水由排水管网直接进入河道,汇流时间减少,洪峰出现时间提前(姚锡良等,2014)。此外,不同地区的排水管网建设的设计时间、设计标准、使用年限不同,部分地区的排水管网出现老化、堵塞的情况,弱化了城市排水系统的排水能力,导致无法及时排出城区的雨水,进而导致城市内涝。

为了准确模拟城市洪水演变过程,通常采用 SWMM、MIKE 等较为成熟的城市雨洪模型,但这类模型需要输入详细的城市道路地形和排水管网资料,这些资料一方面存在获取难度大的问题,另一方面由于我国正处在城镇化快速发展的进程中,城市地形及排水管网也处于不断改建中,而且老旧城区这些管网资料通常没有详细记录,因此存在资料不统一、不完善的问题。

2.2 水文资料短缺地区洪水预报方法

2.2.1 基于水文模型的洪水预报方法

自 20 世纪 50 年代起,水文模型开始快速发展,国内外相继提出了萨克拉门托(SACRAMENTO,SAC)、TANK、新安江、HBV、HEC-HMS、SHE、TOPMODEL、GBHM、VIC、二元水循环、流溪河模型等一系列集总式和分布式水文模型(张建云,2010;Beven,2001;徐宗学等,2009;Li 等,2015),以及多种模型参数优化方法(Duan 等,1992;Li 等,2017),洪水预报方法也随之发展。采用以物理过程为基础的分布式模型对水文过程进行描述,有良好的物理机制基础,近些年受到了广泛关注和研究。黄家宝等(2017)采用流溪河模型构建乐昌峡水库洪水预报模型,通过粒子群(Particle Swarm Optimization,PSO)算法优化模型参数,并对实测洪水过程进行了模拟。王义德(2020)选用新安江模型、API 模型和双超模型对浑河流域南口前子流域进行洪水模拟,结果表明新安江模型、API 模型模拟精度高,且新安江模型比 API 模型在模拟精度方面更占优势,双超模型在研究流域短期洪水预报时精度较差。张艳等(2020)在大渡河上游丹巴以上流域基于新安江模型进行实时洪水预报,并引入动态系统响应校正技术对流域面雨量进行实时修正处理,经流域面雨量校正后,预报精度得到进一步提升。于岚岚(2020)以辽宁中小河流桥头水文站为例,探讨了改进的非线性时变增益模型(Time Variant Gain Model,TVGM)在区域预报中的适用性,改进的 TVGM 模型由于增加降雨强度及初期土壤含水量两个变量,洪水预报精度及预见期均得到明显改善。目前,面向洪水预报的水文模型研究虽然已经取得了较好的进展,但是在某些方面依然存在不足,如流域水文模型存在诸如非线性、尺度效应、异参同效和不确定性等问题,这需要从水文模型产汇流过程物理机制入手,从根本上提高模型的模拟能力和效果。此外,模型参数率定依然存在困难,参数区域化研究亟须加强。

随着 3S 技术和计算机性能的不断发展,从年到月到日再到小时、分钟,从全球到大流域再到中小流域,分布式水文模型模拟的时间和空间尺度不断缩小,应用领域不断扩大(田济扬,2017)。司伟等(2018)基于新安江模型,提出了一种洪水预报误差修正法,该方法依据降雨系统响应曲线和最小二乘法原理,对面平均雨量进行了修正,应用结果表明该方法对洪水模拟误差有明显修正,且在雨量站密度较低的情况下,修正效果更为显著。El Khalki 等(2018)以墨西哥地形陡峭且降雨时空变化大的 Rheraya 为研究区域,比较了前期土壤已知含水量条件下集总式水文模型和分布式水文模型的洪水预报效果,结果表明分布式水文模型模拟结果的纳什系数更高。Lee 等(2018)基于 SWMM 模型模拟的降雨径流数据,运用多维洪水灾害分析方法分析了不同子流域可能发生的洪水灾害,提出了一种新的洪水预报技术。

中小流域洪水具有洪峰高、流速急、历时短、突发性强和资料缺乏等特点,这使得中小流域的洪水预报难度大、预报精度低(刘志雨等,2015)。陈洋波等(2010,2017)基于流溪河模型,假定河道断面呈矩形,运用遥感影像估算河道断面尺寸,解决了中小河流河道断面信息缺乏的问题(覃建明等,2018;王幻宇等,2017)。王福东等(2018)以辽宁西部北方干旱区两个典型中小流域为研究区,考虑了降雨强度和前期土壤含水率的影响,对 TVGM 模型进行改进,改进后的模型在北方干旱区中小河流洪水预报中的精度达到乙级。李璞媛(2017)以山西省古县东庄站以上的山丘区小流域为研究对象,综合考虑气象和人为因素,基于新安江模型进行山丘区小流域洪水预报,结果表明考虑人为因素的新安江模型较不考虑人为因素时的预报精度有一定的提高。岳绍玉(2017)以古县为研究区域,基于蓄满-超渗产流模式、坡面汇流纳什单位线及河道汇流 Muskingum 法,构建了适合古县的蓄满-超渗产流模型,结果表明蓄满-超渗产流模型比经验模型的模拟结果更好、精度更高。武强等(2017)基于圪洞流域 14 场典型洪水,构建流域双超模型,并通过分析不同土地利用类型下敏感参数的取值,得到最大土壤水吸力及土壤饱和时的渗透力等参数的顺序均为建设用地>草地>林地>耕地。

2.2.2 基于现代智能算法的洪水预报方法

近年来,随着水文数据获取技术的提高以及人工智能计算的发展,基于数据驱动的洪水预报模型逐渐发展起来。智能计算的发展主要经历了三个重要阶段。第一个阶段是以贝叶斯(Bayesian)理论为基础的数理统计学信息技术的出现。这一阶段所出现的信息技术,如维纳(Weiner)滤波器、卡尔曼(Kalman)滤波器等,都需要基于一定规模的样本数,这是一个比较理想的条件,现实生活中难以达到(黄德双,2006)。第二个阶段是以人工神经网络为代表的“黑箱”模型的出现。这类模型处理无法用数学模型描述的问题时具有一定的优势,然而对于小样本的问题,模型容易出现难收敛、精度低的情况;对于大样本,模型容易出现过拟合的情况(黄德双,2006)。第三个阶段是机器学习方法的出现。随着计算机技术的提高,机器学习的应用领域越来越广泛,其中包括水文水资源领域(Lima 等,2016;Hsieh,2009)。

在洪水预报领域,机器学习为建立一种既能反映流域洪水过程的非线性机理,又简单易操作的快捷洪水预报数据驱动模型提供了方法。目前,典型的机器学习方法主要有支持向量机(SVM)、BP(Back Propagation)神经网络、人工神经网络(Artificial Neural Network,ANN)、自适应神经模糊推理系统(ANFIS)、深度学习(DL)及极限学习机(ELM)等(Siqueira 等,2012)。Hadi 等(2018)对比了 ANN、ANFIS 和 SVM 三种数据驱动模型在三个不同流域洪水流量模拟中的适用性,结果表明,模拟精度从高到低依次为

ANN、ANFIS、SVM,其中 ANN 对洪峰流量模拟的效果最佳。He 等(2014)以典型的半干旱山丘区为研究对象,比较了 ANN、ANFIS 和 SVM 模型对河道流量的预报效果,结果表明 SVM 模型的预报效果优于 ANN 和 ANFIS 模型。Taormina 等(2015)将 ELM 与离散全信息粒子群优化算法(BFIPS)相结合,为降雨-径流模拟选取了最佳输入数据集,从而提高径流模拟精度。Lima 等(2016)以加拿大不列颠哥伦比亚省两个小流域为研究区,运用在线序列极限学习机模型,对流域日径流进行模拟预报,并与在线序列多元线性回归模型进行对比,结果得到在线序列极限学习机模型的预报很容易超越在线序列多元线性回归模型。长短时记忆神经网络(Long-Short Term Memory,LSTM)模型在近年得到关注,徐源浩等(2020)基于 LSTM 模型建立了汾河流域静乐站以上暴雨洪水模型,其预报精度与神经元数量和训练次数呈正相关。崔巍等(2020)使用 BP 神经网络和 LSTM 模型分别构建了福建木兰溪支流延寿溪小流域的降雨径流预报模型,进行了预见期为 1~24 h 的逐时流量滚动预报,并对比了两个模型的预报精度,LSTM 模型整体预报效果比 BP 神经网络模型更具有优势。随着计算机技术的快速发展,基于人工智能算法的模型改进被广泛使用,李鸿雁等(2005)利用人工神经网络模型对小浪底—花园口区间洪水智能预报方法的可行性和可靠性进行了检验,采用遗传算法优化网络初始权重和引入峰值修正系数的改进 BP 算法进行洪水预报,其模型算法可靠。阚光远等(2018)在屯溪流域洪水预报中通过独特的建模方式将 ANN 与 KNN 相耦合,提出利用多目标遗传算法和 Levenberg-Marquardt 算法进行训练的耦合机器学习模型,其模型的精度和可靠性较好。通过以上研究可以发现,人工智能模型大多是基于对历史资料的学习进行未来洪水的预报,且在有水文监测资料的地区应用效果很好。人工智能模型为解决洪水预报问题提供了一种新的思路,机器学习等人工智能的广泛应用,将推动当前的洪水数值预报向模拟人类智能行为转变。

2.2.3 水文分区与参数区域化方法

1. 水文分区指标与方法

分区是地理学研究中的常用方法之一,是认识地理要素空间分布差异的重要手段(任思卿等,2022)。地理学中分区通常按照不同的标准划分,如我国按地势可划分为三级阶梯,按自然地理可划分为东部季风区、西北干旱半干旱区和青藏高原高寒区,按气候可划分为热带季风气候区、亚热带季风气候区、温带季风气候区、温带大陆性气候区、高原山地气候区,我国陆地生态系统可划分为生态调节、产品提供与人居保障三类生态功能一级区,这些自然地理分区为社会经济发展提供了理论支撑(郑荣伟等,2023)。水文区划是自然地理区划的重要组成部分(高江波等,2010),是指根据水文指标对特定的研究区域开展空间上的划分与分类,常用于水文站网建设、水资源规划、水文资料及参数移植等,也是解决水文资料短缺问题的重要方法(邓元倩等,2017)。在实际工作中,未对"水文区划"和"水文分区"(或"流域分类")作区分,为避免混淆,本书将"水文区划"界定为一项综合性研究工作,包含资料收集整理、水文分区、成果合理性检查等系列内容,将"水文分区"界定为水文区划工作的核心内容。

水文分区方法体系主要包括两部分:确定分区指标、确定分类方法(表 2.1)。分区指标(因子)是决定分区方案的关键因素。如前所述,研究者会根据不同的需求选择分区指标。一般来说,所用的指标不外乎气候、水文、下垫面三大类,这些是决定水文特征的主要因素。早期的水文分区主要用于水文站网规划和水资源规划等,重点关注分区的流域特征相似性,因而分区指标主要有降水量、径流量、蒸发量、土地利用类型等,在青藏高原地区还需要考虑气候和环境的垂直差异(姬海娟等,2018)。Hughes 等(1989)采用年径流、月径流、低流量、高流量等 16 个指标进行研究,发现低流量无法用于水文分区。随着缺资料地区水文研究的广泛开展,水文模型参数逐渐成为主要的分区指标。胡凤彬等(1989)较早地将新安江模型参数用于水文分区,并构建了各分区的参数地理关系。颜梅春等(2015)、方耀等(2017)结合下垫面信息与土壤地形指数(STI)进行水文分区,并通过在各分区内分别率定 SCS 模型的最大土壤蓄水能力参数 CN 来模拟降雨径流,从而验证了分区的合理性。

表 2.1 常用水文分区指标及分区分类方法

水文分区分类方法	分区指标	分区指标类别	研究区域	参考文献
平均分级	土壤地形指数、土地利用类型	下垫面	屯溪流域	颜梅春等(2015);方耀等(2017)
模糊聚类	一阶样本矩 Ex、Cs、Cv	水文	天山北坡区	徐磊等(2009)
	洪峰模数、最小流量模数、径流系数、地貌类型、不同土地利用类型占比	水文、下垫面	秦岭北麓	李珂等(2014)
	6—8 月各月降水量、年径流模数、洪峰模数、年径流变差系数	气候、水文	黑河中上游流域	房晶等(2016)
主成分分析、模糊聚类	年降水量、年径流量、年蒸发量	气候、水文	安徽省淮河流域	丁亚明等(2009)
主成分分析、K 均值聚类	年降水量、年蒸发量、高程、坡度、土地利用类型占比	气候、水文、下垫面	雅鲁藏布江流域	姬海娟等(2018)
	平均坡度、最大高程差、坡度<1%的面积比例、土地利用类型占比、土壤含沙量、植被覆盖度、降水量、蒸发量	气候、水文、下垫面	海河流域	陈旭和韩瑞光(2021)
主成分聚类	年降水量、年径流深、年蒸发量、年输沙模数、年干旱指数	气候、水文	宁夏	李硕等(2002)
	年降水量、年径流深、年蒸发量、年悬移质输沙模数、年干旱指数、年均气温	气候、水文	青海	张国栋等(2018)
自组织特征映射人工神经网络	流域面积、主河道长度、加权平均河道比降、流域平均高程、植被覆盖率、地质特征指标、年平均降水量、年平均最大一日降雨量	气候、水文、下垫面	江西、福建	张静怡等(2005),Zhang 等(2004)
多图层加权叠加	降水量、蒸散发量、土壤特性和坡度	气候、水文、下垫面	埃塞俄比亚	Berhanu 等(2013)
基于小波的多尺度熵聚类	2、4、8、16、32、64 和 128 个月的径流多尺度熵	水文	美国 530 个流域	Agarwal 等(2016)

水文分区 分类方法	分区指标	分区指标类别	研究区域	参考文献
层式聚类、 K均值聚类	月平均流量模数	水文	土耳其 1 410个 站点	Isik等(2008)
残差模式、 加权聚类、 回归树、季节区域	低流量 Q_{95}	水文	奥地利 325个流域	Laaha等(2006)
监督聚类、 非监督聚类	河流长度、最高/最低/平均海拔、坡度、土壤性质、土地利用类型占比、降水、最高/最低气温、蒸散发量、降水天数	气候、水文、 下垫面	西欧	Pagliero等(2019)

除了前述常用的流域特征及水文变量外,还发展了一些新的水文分区指标。Pagliero等(2019)研究发现基于偏最小二乘回归相似度指标的聚类分区方法效果较好。薄岩等(2016)构建了基于水量平衡的水文响应模型,发现基于水文响应的分区方法优于基于水文特征相似和基于流域结构相似的分区方法。在区域洪水研究中,常将洪水频率分布曲线参数相同的区域称为"均匀水文分区",表明该分区的洪水特性相同。徐磊等(2009)将洪水频率一阶样本矩作为聚类因子,基于模糊聚类法的分区结果通过了一致性检验和均匀性检验。径流特征是水文分区中常用的指标,Bouma等(2011)研究认为对于流域特性分类而言,土壤特征比流量特征更合适,其原因在于土壤特征属于永久性特征,而流量特征具有时间动态性。Trancoso等(2016)研究发现长期主导径流特性的驱动因素按重要性由高到低排序如下:干旱指数、光合有效辐射吸收比、饱和导水率、土壤深度、最大坡度、木本植被覆盖度。总的来说,不同研究中采用的水文分区指标类别基本一致(即气候、水文、下垫面),区别在于具体的因子,产生差异的原因可能与其研究目的相关。

水文分区的分类在本质上属于模式识别的问题,在早期的水文区划研究中主要依靠研究人员的经验,即根据等值线图或水文地理因子空间分布进行人工判别;后期主要应用人工智能技术进行分区识别,包括聚类方法和神经网络方法,聚类方法通常有主成分聚类、模糊聚类和主成分模糊聚类等。自组织特征映射神经网络(Self-Organizing Feature Map,SOFM)具有模拟人脑学习功能、自动识别分区个数的优势,能够提高分区的合理性。

在分区方法比较方面,房晶等(2016)对黑河的水文分区研究表明:模糊聚类法和集对分析法结果相近,但前者更合理,主要体现在模糊聚类法对流域差异更敏感。姬海娟等(2018)首先应用主成分分析法剔除了因子之间的相关性信息,然后采用K均值聚类分析方法(K-means clustering algorithm)对雅鲁藏布江542个子流域进行归类,分区结果与实际水文特征分布和前期研究成果吻合,基于斯米尔诺夫检验方法的结果也表明了分区的合理性。Agarwal等(2016)针对K均值聚类对初始分布敏感的问题,提出小波-自组织映射耦合的聚类方法,结果表明该方法比K均值聚类法更优,可以作为小波-K均值聚类法的替代方法。

分区方法的适用性与可靠性是评价分区结果的重要指标。Tasker(1982)较早地关注到水文分区方法的稳定性比较，提出了数据分割方法，该方法将大量子流域及其数据分为"估算集"和"预测集"（每个流域只会属于一个集，两数据集的子流域所覆盖的空间区域基本重叠且统计特征基本相同），通过应用不同数据集分别划分水文分区以检验聚类和回归两类分区方法的效果。在水文频率分区研究中，常用 S 值法和 H 值法检验水文分区的均匀性，陈永勤等（2005）采用 H 值法检验枯水频率分区，从假定的相似区中剔除异常子区域。魏兆珍等（2014）研究了土地利用和流域尺度对水文分区的影响，发现土地利用转移变化越大，水文分区转移也越大；流域尺度越小，水文分区越离散。Di Prinzio 等（2011）应用自组织映射神经网络（Self-Organizing Map，SOM）进行流域分类，发现预先应用主成分分析和典型相关分析（Canonical Correlation Analysis，CCA）可以提高 SOM 应用效果，降低不确定性。

分区方法总体上经历了人工判别、简单人工智能方法、组合人工智能方法等阶段，后两种方法目前应用较多。相比于人工判别方法，人工智能方法能够快速完成大批量分区任务，基于给定分区指标实现快速分类，然而其缺点也很明显，即无法考虑流域的实际水文规律。在分区方法的适用性方面，当前研究主要是案例分析，尚无一般性结论，方法的适用性主要通过检验分区结果的合理性来体现。

从方法上看，与水文分区相类似的是流域相似性评价，其是指基于水文相似理论评价流域之间的水文相似性，常用于相似流域选择，涉及相似性指标、相似度评价及流域分类方法等内容。从理论上说，同一个水文分区的流域应具有水资源时空分布、洪峰特征、产汇流过程等方面的相似性，而不同水文分区的流域则存在较大差异。因此，可以应用流域相似性评价方法对水文分区结果进行合理性检验，但目前还少有研究。

2. 水文模型参数区域化方法

参数区域化是近年来的研究热点，指借用有资料的区域（流域）获取资料缺乏地区的水文参数。刘苏峡等（2010）、杨雪等（2021）均以"借米"为例总结了资料缺乏流域水文预测或模拟的研究方法，其本质都是区域化方法，或者说区域化方法是无资料流域水文预测（PUB）的主要方法（姜璐璐等，2020）。国外学者 Gottschalk（1985）以瑞典为例较早地研究了水文特征的地理变异性，我国学者胡凤彬等（1986）也探讨了四水源新安江模型中产汇流等参数在我国不同地区的地理规律并提出了参数的地理综合方法，验证了水文参数地理综合方法的可行性。这种水文（响应）特征或水文参数的空间性特征与水文学中经典的尺度问题密切相关。

不同的学者对区域化方法的分类不尽相同，一般包括空间邻近法、属性相似法、回归法、算术平均法（Lee 等，2018）、就地外延法（刘苏峡等，2010）、相似流域分区法（杨雪等，2021）、流量历时曲线法等（Oudin 等，2008），其中前三种区域化方法应用最广泛。

空间邻近法（或称空间近似法、空间距离法、距离相近法等）假定水文响应特征具有空间连续性（杨雪等，2021），邻近流域具有相似的水文特征（于瑞宏等，2016），该方法早期已有应用（Croke 等，2004）。空间邻近法通常根据有资料流域和无资料流域之间的距离（形心或测站）选择参证流域进行参数移植或参数计算，具体又可分为空间距离平均法、反距离加权插值法（Inverse Distance Weighting，IDW）和克里金插值法。空间距离平均法选择邻近流域作为参证流域，对参证流域的参数进行平均，或移用参证流域的参数后对预测结果进行平均(Bao 等,2012),其中直接移用邻近流域参数的做法为空间距离平均法的特例(Laaha 等,2006)。反距离加权插值法和克里金插值法通常用于参证流域个数较多的情形(刘苏峡等,2010)。无论是空间距离平均法、反距离加权插值法还是克里金插值法,三种距离处理方式本身就暗含了对参数空间分布规律的假定,然而参数空间连续性假定、各种参数空间分布特征假定尚缺乏科学依据,有待进一步研究。

属性相似法(或称物理相似法)假定流域形状、下垫面、气候等物理特征相似的流域具有相似的水文响应(于瑞宏等,2016)。其与空间邻近法应用方法类似,不同之处在于属性相似法中参证流域的选择依据是流域特征属性相似。常用的流域属性类别有水文、气候、地形、地貌、植被、土壤等。在确定参证流域后,参数的计算方法主要包含平均法和物理权重法,其中平均法同空间距离平均法(参数平均和结果平均),物理权重法依据参证流域和目标流域的流域特征因子之间的相关性计算权重(Bao 等,2012;刘金涛等,2014)。在选择参证流域时,还可以采用水文分区的方法进行辅助,即先将资料缺乏流域和备选参证流域一起作为样本,利用聚类等方法进行分组(Parajka 等,2013),然后从资料缺乏流域的同组流域中选择参证流域。属性相似法的理论基础是水文相似理论,因而该方法的可靠性依赖于水文相似理论,如水文相似的定义及水文相似评价等。

回归法是指先在有资料的流域中构建流域特征因子和参数之间的统计回归关系(线性或非线性),然后将无资料流域的流域特征因子代入回归关系求得参数(Seibert,1999)。该方法假定模型参数与流域特征之间存在回归关系且回归关系在空间上可移植(Merz 等,2004)。回归法主要涉及参证流域的选择方法、流域特征因子和回归关系。其中参证流域的选择方法除参考空间邻近法和属性相似法以外,还有诸如随机选择、嵌套选择等方法(麦合木提·图达吉等,2021)。其所采用的流域特征因子与属性相似法基本一致(杨雪等,2021;姜璐璐等,2020;于瑞宏等,2016)。回归关系中多以线性回归为主(Oudin 等,2008),非线性回归的研究较少(刘昌军等,2021)。随着数据驱动模型的发展,回归关系已不限于传统回归关系,还包括更复杂的非线性映射关系,如各类机器学习等智能方法构建的复杂映射关系(程艳等,2016)。

正如三种区域化方法基于不同的假定一样,它们的适用性与局限性也各不相同(表2.2)。不难看出,每种方法的适用性特点与参证流域的选择方法及参数的计算方法密切相关。在研究中应全面考虑目标流域与备选参证流域的实际情况,结合各种方法的特点灵活应用,如程艳等(2016)、李红霞等(2010)基于距离相近法和属性相似法提出综合相似法,徐文馨等(2020)将验证期径流模拟的 Nash 效率系数不低于 0.65 设为筛选参证流域的条件之一,这些做法均取得了较好的区域化应用效果。在已有的研究中,无论采用哪种区域化方法,通常将该方法应用于全部水文模型参数,而问题在于各种方法所依托的假定对每个参数不一定具有相同的适用性。又如在参数移植中,不同参数各自的地理分布规律不尽相同,不同的处理方法(平均或回归)对不同参数的适用性缺乏依据。在应用不同水文模型时,前述问题的结论也可能存在差异,以及参数的可移植性可能会因不同水文模型而存在差异。Oudin 等(2008)研究发现物理属性上相似的流域在水文响应特征上不一定相似,这说明属性相似不等同于水文(参数或响应特征)相似,当前的流域属性特征因子体系尚不完善。

表 2.2　三种主要区域化方法的适用性与局限性

区域化方法	适用性	局限性
空间邻近法	适用于地形地貌和气候条件变化较小的区域,反距离加权插值法和克里金插值法适用于参证流域均匀分布地区	当流域特征变化较大时效果较差。参数平均法需参数间相关性较小。反距离加权插值法对流域间的空间方位缺乏考虑
属性相似法	适用于流域物理特征类似的区域	流域特征因子的选择主观性较强。不需回归法的线性假设
回归法	适用于多参证流域且流域物理特征相似的地区	需满足流域特征与模型参数的相关性假设和流域特征因子的水文相关假设。易出现"异参同效"现象。流域特征因子的选择主观性较强。不适用于参证流域小样本情形

环境变化和尺度问题是当前区域化方法适用性面临的主要挑战。环境变化是导致后期资料缺乏(即原有参数不再适用)的主要因素,刘庆等(2012)研究表明采用下垫面变化后新的模型参数,得到的径流模拟精度普遍高于人工试错法。Yang 等(2020)对比了距离相近法(参数平均和结果平均)、属性相似法(参数平均和结果平均)和回归法三类区域化方法在不同气候区的适用性,结果表明在非平稳气候条件下所有方法的区域化效果均降低,且参数越多的模型下降越快,不同气候区(海洋性、大陆性、极地性等)的区域化效果存在明显差异,大陆性、极地性气候区的不确定性更大。Yang 等(2019)评估了气候变化下区域化方法的可移用性(从当前时期移用到气候变化时期的性能变化)与不确定性,结果表明物理相似法比空间邻近法和回归法对气候变化的敏感性更低,且气候模式和区域化方法对未来径流预测的不确定性贡献与流域有关。Kumar 等(2013b)通过将 MPR 方法应用到不同气候区和不同尺度流域,研究发现尺度变化对区域化性能影响很小(3%),而气候和地表变化对结果的影响较大(10%~20%)。同时应当认识到 MPR 方法本身在提高稳定性与适用性方面也起到一定作用(Samaniego 等,2017),MPR 方法比基于水文响应单元(Hydrologic Response Units,HRUs)的方法及其他不考虑空间变化的标准类方法具有更高的有效性和可靠性(Kumar 等,2013a),对环境和尺度变化的适应性更强。

2.3　本章小结

本章阐述了高寒地区、中小流域、城市化流域等水文资料短缺地区的特征及其面临的主要问题,从基于水文模型的洪水预报、基于智能算法的洪水预报、水文分区与参数区域化等方面总结了水文资料短缺地区的洪水预报方法。主要结论如下:

(1)高寒地区观测站点稀疏,水文模拟存在缺乏相应的验证手段等问题;中小河流降水及下垫面空间异质性大、水文资料欠缺,预报精度和预见期是亟须解决的关键问题;城镇化改变了原有的区域水文特性,导致了区域不透水面积增加,更易引起雨洪灾害的发生;城市雨洪模拟面临资料获取难度大、资料不统一、老旧城区缺乏详细管网资料等问题。

(2)基于水文模型的洪水预报方法因其具有充分的物理机制基础,受到了广泛研究并取得了较好的应用效果,但依然存在尺度效应、异参同效、不确定性等问题。

(3)基于智能算法的洪水预报方法提供了一种既能反映流域洪水过程的非线性机

理,又易操作的基于数据驱动的快捷洪水预报思路,但该方法大多基于对历史资料的学习,且只在有水文监测资料的地区应用效果较好,对于水文资料短缺地区仍具有挑战。

（4）水文分区指标类别分为气候、水文和下垫面,不同研究的区别在于选取的具体因子;水文分区的分类方法分为人工判别、简单人工智能方法和组合人工智能方法,后两种方法应用居多,但基于人工智能的分类方法存在无法考虑实际水文规律的缺点。

（5）参数区域化是无资料地区水文模拟的主要手段,以空间邻近法、属性相似法和回归法三种方法为主;各类方法基于不同的假定,具有不同的适用性和局限性,整体而言,环境变化和尺度问题是当前区域化方法适用性面临的主要挑战。

参考文献

[1] AGARWAL A, MAHESWARAN R, KURTHS J, et al. Wavelet Spectrum and self-organizing maps-based approach for hydrologic regionalization-a case study in the western United States[J]. Water Resources Management, 2016, 30: 4399-4413.

[2] BAO Z, ZHANG J, LIU J, et al. Comparison of regionalization approaches based on regression and similarity for predictions in ungauged catchments under multiple hydro-climatic conditions[J]. Journal of Hydrology, 2012, 466: 37-46.

[3] BERHANU B, MELESSE A M, SELESHI Y. GIS-based hydrological zones and soil geo-database of Ethiopia[J]. Catena, 2013, 104: 21-31.

[4] BEVEN K J. Rainfall-runoff modelling: the primer[M]. Chichester: John Wiley & Sons, 2001.

[5] BOUMA J, DROOGERS P, SONNEVELD M P W, et al. Hydropedological insights when considering catchment classification[J]. Hydrology and Earth System Sciences, 2011, 15(6): 1909-1919.

[6] BRONSTERT A, NIEHOFF D, BÜRGER G. Effects of climate and land-use change on storm runoff generation: present knowledge and modelling capabilities[J]. Hydrological Processes, 2002, 16(2): 509-529.

[7] CROKE B F W, MERRITT W S, JAKEMAN A J. A dynamic model for predicting hydrologic response to land cover changes in gauged and ungauged catchments[J]. Journal of Hydrology, 2004, 291(1-2): 115-131.

[8] EL KHALKI E M, TRAMBLAY Y, EL MEHDI SAIDI M, et al. Comparison of modeling approaches for flood forecasting in the High Atlas Mountains of Morocco[J]. Arabian Journal of Geosciences, 2018, 11(15): 1-15.

[9] DI PRINZIO M, CASTELLARIN A, TOTH E. Data-driven catchment classification: application to the pub problem[J]. Hydrology and Earth System Sciences, 2011, 15(6): 1921-1935.

[10] DUAN Q, SOROOSHIAN S, GUPTA V. Effective and efficient global optimization for conceptual rainfall-runoff models[J]. Water Resources Research, 1992, 28(4): 1015-1031.

[11] Gottschalk L. Hydrological regionalization of Sweden[J]. Hydrological Sciences Journal, 1985, 30(1): 65-83.

[12] HADI S J, TOMBUL M. Forecasting daily streamflow for basins with different physical characteristics through data-driven methods[J]. Water Resources Management, 2018, 32:

3405-3422.

[13] HE Z, WEN X, LIU H, et al. A comparative study of artificial neural network, adaptive neuro fuzzy inference system and support vector machine for forecasting river flow in the semiarid mountain region[J]. Journal of Hydrology, 2014, 509: 379-386.

[14] HUGHES J M R, JAMES B. A hydrological regionalization of streams in Victoria, Australia, with implications for stream ecology[J]. Marine and Freshwater Research, 1989, 40(3): 303-326.

[15] HSIEH W W. Machine learning methods in the environmental sciences: Neural networks and kernels[M]. Cambridge: Cambridge University Press, 2009.

[16] ISIK S, SINGH V P. Hydrologic regionalization of watersheds in Turkey[J]. Journal of Hydrologic Engineering, 2008, 13(9): 824-834.

[17] KUMAR R, LIVNEH B, SAMANIEGO L. Toward computationally efficient large-scale hydrologic predictions with a multiscale regionalization scheme[J]. Water Resources Research, 2013a, 49(9): 5700-5714.

[18] KUMAR R, SAMANIEGO L, ATTINGER S. Implications of distributed hydrologic model parameterization on water fluxes at multiple scales and locations[J]. Water Resources Research, 2013b, 49(1): 360-379.

[19] LAAHA G, BLÖSCHL G. A comparison of low flow regionalisation methods—catchment grouping[J]. Journal of Hydrology, 2006, 323(1-4): 193-214.

[20] LEE E H, KIM J H. Development of a flood-damage-based flood forecasting technique[J]. Journal of Hydrology, 2018, 563: 181-194.

[21] LI H, ZHANG Y. Regionalising rainfall-runoff modelling for predicting daily runoff: Comparinggridded spatial proximity and gridded integrated similarity approaches against their lumped counterparts[J]. Journal of Hydrology, 2017, 550: 279-293.

[22] LI H, ZHANG Y, ZHOU X. Predicting surface runoff from catchment to large region[J]. Advances in Meteorology, 2015, 2015: 1-13.

[23] LIMA A R, CANNON A J, HSIEH W W. Forecasting daily streamflow using online sequential extreme learning machines[J]. Journal of Hydrology, 2016, 537: 431-443.

[24] MERZ R, BLÖSCHL G. Regionalisation of catchment model parameters[J]. Journal of Hydrology, 2004, 287(1-4): 95-123.

[25] OUDIN L, ANDRÉASSIAN V, PERRIN C, et al. Spatial proximity, physical similarity, regression and ungaged catchments: A comparison of regionalization approaches based on 913 French catchments[J]. Water Resources Research, 2008, 44(3): W03413-1-W03413-15.

[26] PAGLIERO L, BOURAOUI F, DIELS J, et al. Investigating regionalization techniques for large-scale hydrological modelling[J]. Journal of Hydrology, 2019, 570: 220-235.

[27] PARAJKA J, VIGLIONE A, ROGGER M, et al. Comparative assessment of predictions in ungauged basins—Part 1: Runoff-hydrograph studies[J]. Hydrology and Earth System Sciences, 2013, 17(5): 1783-1795.

[28] SAMANIEGO L, KUMAR R, THOBER S, et al. Toward seamless hydrologic predictions across spatial scales[J]. Hydrology and Earth System Sciences, 2017, 21(9): 4323-4346.

[29] SEIBERT J. Regionalisation of parameters for a conceptual rainfall-runoff model[J]. Agricultural and Forest Meteorology, 1999, 98: 279-293.

［30］SIVAPALAN M，TAKEUCHI K，FRANKS S W，et al. IAHS Decade on Predictions in Ungauged Basins（PUB），2003—2012：Shaping an exciting future for the hydrological sciences［J］. Hydrological Sciences Journal，2003，48（6）：857-880.

［31］SIQUEIRA H，BOCCATO L，ATTUX R，et al. Echo state networks and extreme learning machines：A comparative study on seasonal streamflow series prediction［C］//Neural Information Processing：19th International Conference，ICONIP 2012，Doha，Qatar，November 12-15，2012，Proceedings，Part II 19. Springer Berlin Heidelberg，2012：491-500.

［32］TAORMINA R，CHAU K W. Data-driven input variable selection for rainfall－runoff modeling using binary-coded particle swarm optimization and Extreme Learning Machines［J］. Journal of Hydrology，2015，529：1617-1632.

［33］TASKER G D. Comparing methods of hydrologic regionalization 1［J］. JAWRA Journal of the American Water Resources Association，1982，18（6）：965-970.

［34］TODINI E. Flood forecasting and decision making in the new millennium. Where are we?［J］. Water Resources Management，2017，31（10）：3111-3129.

［35］TRANCOSO R，LARSEN J R，MCALPINE C，et al. Linking the Budyko framework and the Dunne diagram［J］. Journal of Hydrology，2016，535：581-597.

［36］YANG X，MAGNUSSON J，HUANG S，et al. Dependence of regionalization methods on the complexity of hydrological models in multiple climatic regions［J］. Journal of Hydrology，2020，582：124357.

［37］YANG X，MAGNUSSON J，XU C Y. Transferability of regionalization methods under changing climate［J］. Journal of Hydrology，2019，568：67-81.

［38］ZHANG J，HALL M J. Regional flood frequency analysis for the Gan-Ming River basin in China［J］. Journal of Hydrology，2004，296（1-4）：98-117.

［39］包瑾，李国芳. 秦淮河流域城镇化的洪水响应研究［J］. 水电能源科学，2020，38（7）：73-77.

［40］薄岩，周丰. 基于水文响应相似性的无资料流域预测方法：面向未来的水安全与可持续发展［C］. 北京：中国水利水电出版社，2016：40-50.

［41］陈旭，韩瑞光. 基于水文分区的海河流域洪水演变特性分析［J］. 海河水利，2021（5）：65-73.

［42］陈旭，韩瑞光. 基于水文分区的海河流域洪水演变影响因素分析［J］. 中国农村水利水电，2021（11）：69-77.

［43］陈洋波，任启伟，徐会军，等. 流溪河模型Ⅰ：原理与方法［J］. 中山大学学报（自然科学版），2010，49（1）：107-112.

［44］陈洋波，覃建明，王幻宇，等. 基于流溪河模型的中小河流洪水预报方法［J］. 水利水电技术，2017，48（7）：12-19＋27.

［45］陈永勤，黄国如. 基于线性矩法的东江流域区域枯水频率分析［J］. 应用基础与工程科学学报，2005（4）：409-416.

［46］程艳，敖天其，黎小东，等. 基于参数移植法的SWAT模型模拟嘉陵江无资料地区径流［J］. 农业工程学报，2016，32（13）：81-86.

［47］崔巍，顾冉浩，陈奔月，等. BP与LSTM神经网络在福建小流域水文预报中的应用对比［J］. 人民珠江，2020，41（2）：74-84.

［48］邓元倩，李致家，刘甲奇. 区划方法在缺资料地区水文模型参数识别的发展与展望［J］. 中国农村水利水电，2017（11）：31-34＋40.

［49］丁亚明，赵艳平，张志红，等. 基于主成分分析和模糊聚类的水文分区[J]. 合肥工业大学学报（自然科学版），2009，32(6)：796-801.

［50］房晶，彭定志，杨卓，等. 黑河中上游流域水文区划分析比较[J]. 北京师范大学学报（自然科学版），2016，52(3)：376-379.

［51］方耀，颜梅春，李致家，等. 结合土壤地形指数的流域下垫面水文分区方法[J]. 人民黄河，2017，39(4)：25-28＋86.

［52］高江波，黄姣，李双成，等. 中国自然地理区划研究的新进展与发展趋势[J]. 地理科学进展，2010，29(11)：1400-1407.

［53］何惠. 中国水文站网[J]. 水科学进展，2010，21(4)：460-465.

［54］胡凤彬，沈言贤，金柳文，等. 流域水文模型参数的水文分区法[J]. 水文，1989(1)：34-40.

［55］胡凤彬，夏佩玉，沈言贤. 四水源新安江流域模型及参数地理规律的探讨[J]. 水文，1986(1)：16-24.

［56］黄德双. 智能计算研究进展与发展趋势[J]. 中国科学院院刊，2006(1)：46-52.

［57］黄家宝，董礼明，陈洋波，等. 基于流溪河模型的乐昌峡水库入库洪水预报模型研究[J]. 水利水电技术，2017，48(4)：1-7＋12.

［58］姬海娟，刘金涛，李瑶，等. 雅鲁藏布江流域水文分区研究[J]. 水文，2018，38(2)：35-40＋65.

［59］姜璐璐，吴欢，ALFIERI L，等. 基于遥感与区域化方法的无资料流域水文模型参数优化方法[J]. 北京大学学报（自然科学版），2020，56(6)：1152-1164.

［60］阚光远，洪阳，梁珂. 基于耦合机器学习模型的洪水预报研究[J]. 中国农村水利水电，2018(10)：165-169＋176.

［61］李红霞，张永强，敖天其，等. 无资料地区径流预报方法比较与改进[J]. 长江科学院院报，2010，27(2)：11-15.

［62］李鸿雁，刘晓伟，李世明. 小浪底—花园口区间洪水智能预报方法研究[J]. 人民黄河，2005(1)：23-25＋41.

［63］李珂，秦毅，李子文，等. 秦岭北麓部分区域的水文相似性初步分区[J]. 水资源与水工程学报，2014，25(2)：184-187.

［64］李璞媛. 新安江模型在山丘区洪水预报中的应用研究[D]. 郑州：华北水利水电大学，2017.

［65］李硕，许萌芽. 主成分聚类分析法在宁夏水文分区中的应用[J]. 水文，2002，22(2)：44-46，50.

［66］刘昌军，周剑，文磊，等. 中小流域时空变源混合产流模型及参数区域化方法研究[J]. 中国水利水电科学研究院学报，2021，19(1)：99-114.

［67］刘金涛，宋慧卿，王爱花. 水文相似概念与理论发展探析[J]. 水科学进展，2014，25(2)：288-296.

［68］刘庆，张友静，刘祺，等. SWAT模型参数区域化在黄河源区的应用[J]. 河海大学学报（自然科学版），2012，40(5)：491-497.

［69］刘苏峡，刘昌明，赵卫民. 无测站流域水文预测(PUB)的研究方法[J]. 地理科学进展，2010，29(11)：1333-1339.

［70］刘志雨，侯爱中，王秀庆. 基于分布式水文模型的中小河流洪水预报技术[J]. 水文，2015，35(1)：1-6.

［71］水利部水利信息中心. 中小河流洪水预警指标确定与预报技术研究[M]. 北京：科学出版社，2016.

［72］麦合木提·图达吉，胡智丹，胡宏昌，等. 无资料中小流域水文模型的参数移植与数据同化[J].

水文，2021，41(5)：32-37.

［73］任思卿，徐仪玮，张青峰，等. 基于地理网格的陕西省农业水土资源分区研究[J]. 水土保持研究，2022，29(6)：192-198.

［74］司伟，包为民，瞿思敏，等. 基于面平均雨量误差修正的实时洪水预报修正方法[J]. 湖泊科学，2018，30(2)：533-541.

［75］覃建明，陈洋波，李明亮，等. 河道数据对流溪河模型预报中小河流洪水的影响[J]. 人民长江，2018，49(12)：23-29.

［76］田济扬. 天气雷达多源数据同化支持下的陆气耦合水文预报[D]. 北京：中国水利水电科学研究院，2017.

［77］王福东，蔡涛，孙玉华，等. 改进的非线性时变增益模型在北方旱区中小河流洪水预报中的应用[J]. 水电能源科学，2018，36(2)：59-63.

［78］王幻宇，陈洋波，覃建明，等. 基于流溪河模型的梅江流域洪水预报研究[J]. 中国农村水利水电，2017(11)：124-128＋133.

［79］王小笑，李亚琳. 江西省小流域智慧防汛体系建设思路探讨[J]. 水利信息化，2018(5)：61-64.

［80］王义德. 基于洪水预报精度评价的南口前小流域不同水文预报模型适应性研究[D]. 武汉：华中科技大学，2020.

［81］魏兆珍，李建柱，冯平. 土地利用变化及流域尺度大小对水文类型分区的影响[J]. 自然资源学报，2014，29(7)：1116-1126.

［82］武强，郑秀清，陈彦平. 双超模型在吕梁市圪洞流域山洪模拟中的应用[J]. 水电能源科学，2017，35(12)：41-43＋5.

［83］徐源浩，邬强，李常青，等. 基于长短时记忆(LSTM)神经网络的黄河中游洪水过程模拟及预报[J]. 北京师范大学学报(自然科学版)，2020，56(3)：387-393.

［84］徐宗学，等. 水文模型[M]. 北京：科学出版社，2009.

［85］徐磊，李诚，任少龙. 线性矩法在天山北坡水文分区中的应用[J]. 人民长江，2009，40(21)：47-49.

［86］徐文馨，陈杰，顾磊，等. 长江流域径流对全球升温 1.5℃ 与 2.0℃ 的响应[J]. 气候变化研究进展，2020，16(6)：690-705.

［87］姚锡良，黄程. 雨型径流系数法计算小流域设计洪水的应用[J]. 人民珠江，2014，35(4)：23-25.

［88］颜梅春，陈贝贝，李致家，等. 基于土壤地形指数和下垫面水文分区的流域模型参数率定[J]. 河海大学学报(自然科学版)，2015，43(3)：197-202.

［89］杨雪，袁丹，罗军刚，等. 无资料流域径流模拟预测研究进展综述[J]. 西安理工大学学报，2021，37(3)：354-360.

［90］于瑞宏，张宇瑾，张笑欣，等. 无测站流域径流预测区域化方法研究进展[J]. 水利学报，2016，47(12)：1528-1539.

［91］于岚岚. 改进的 TVGM 模型在辽东中小河流洪水预报的应用[J]. 东北水利水电，2020，38(6)：43-45＋72.

［92］岳绍玉. 蓄满-超渗产流模型在古县小流域洪水预报中的应用与研究[D]. 郑州：华北水利水电大学，2017.

［93］张艳，梁忠民，陈在妮，等. 大渡河流域上游洪水预报及实时校正研究[J]. 水力发电，2020，46(5)：13-15＋21.

［94］张国栋，樊东方，李其江. 基于主成分聚类分析的青海省水文分区研究[J]. 人民黄河，2018，

40(12)：33-38.

［95］张建云.中国水文预报技术发展的回顾与思考[J].水科学进展,2010,21(4):435-443.

［96］张建云,宋晓猛,王国庆,等.变化环境下城市水文学的发展与挑战——Ⅰ.城市水文效应[J].水科学进展,2014,25(4):594-605.

［97］张静怡,陆桂华,徐小明.自组织特征映射神经网络方法在水文分区中的应用[J].水利学报,2005(2)：163-166＋173.

［98］宋晓猛,张建云,王国庆,等.变化环境下城市水文学的发展与挑战——Ⅱ.城市雨洪模拟与管理[J].水科学进展,2014,25(5):752-764.

［99］郑荣伟,张越,王庆明,等.中国气候分区 ET。未来演变趋势预测及归因分析[J].长江科学院院报,2023,40(8):44-50＋56.

第三章

多源降水数据适用性评估与融合

随着卫星和遥感技术的不断发展，遥感降水产品更加丰富，具有覆盖范围广、时间连续性及空间分辨率高等优点，逐步成为缺资料或无资料地区降水数据的重要补充。由于其降水信息获取的间接性及降水估算方法的适用性，卫星降水的结果仍然存在着较大的误差，为了提高卫星降水的精度，数据同化及融合技术提供了至关重要的思路，利用数据同化及融合能够较好地改善遥感降水产品的数据质量。

3.1 精度评估与融合方法

3.1.1 精度评估指标

目前，已有相关研究构建以定量分析与分类分析相结合的方式进行多源异构降水数据的评估（杨艳青，2023；Derin 等，2016；Tan 等，2018；Xiang 等，2021；赵海根等，2015；王兆礼等，2017）。定量分析可选择连续型评估指标如 Person 相关系数（CC）、偏差（$BIAS$）、均方根误差（$RMSE$）、均方误差（MSE）、平均误差（ME）与平均绝对误差（MAE）。CC 表示待评估的数据集与实测数据的一致性。$BIAS$ 代表系统误差，表示降水产品相较于实测数据的高估或低估程度。$RMSE$、MSE 与 MAE 代表降水产品数据与实测数据之间的误差，即数据的准确性。Willmott（1981）建议将数值天气预报的均方误差（MSE）分解为系统误差（MSE_s）和随机误差（MSE_r）。

分类分析选取指标为探照率（POD，也称为命中率 H）、错报率（FAR）与临界成功指数（CSI），POD、FAR 与 CSI 表示降水产品识别降水事件发生的能力。POD 指降水产品正确监测降水事件发生次数与观测总数的比例。FAR 指降水产品认为没有发生降水事件，而实测数据判断发生降水事件的次数占监测总数的比例。CSI 指排除降水产品与实测数据均判断为未发生降水事件的次数后，卫星降水与实测数据同时判定为发生降水事件占全部事件的比例。在本研究中，降水事件发生的阈值参考已有研究设置为 0.1 mm/d（胡庆芳，2013）。其中，CC、POD、CSI 三个指标的最优值为 1，$BIAS$、$RMSE$、MSE、MAE、FAR 的最优值为 0。各指标的具体计算方式如下：

$$CC = \frac{\sum_{i=1}^{n}(A_i - \overline{A})(B_i - \overline{B})}{\sqrt{\sum_{i=1}^{n}(A_i - \overline{A})^2 \sum_{i=1}^{n}(B_i - \overline{B})^2}} \tag{3-1}$$

$$BIAS = \frac{\sum_{i=1}^{n}(A_i - B_i)}{\sum_{i=1}^{n}B_i} \tag{3-2}$$

$$RMSE = \sqrt{\frac{\sum_{i=1}^{n}(A_i - B_i)^2}{n}} \tag{3-3}$$

$$MSE = MSE_s + MSE_r = \frac{1}{n}\sum_{i=1}^{n}(A_i{}^* - B_i)^2 + \frac{1}{n}\sum_{i=1}^{n}(A_i - B_i{}^*)^2 \tag{3-4}$$

$$MAE = \frac{1}{n}\sum_{i=1}^{n}|A_i - B_i| \tag{3-5}$$

$$ME = \frac{1}{n}\sum_{i=1}^{n}(A_i - B_i) \tag{3-6}$$

$$POD = \frac{T}{T+M} \tag{3-7}$$

$$FAR = \frac{F}{T+F} \tag{3-8}$$

$$CSI = \frac{T}{T+M+F} \tag{3-9}$$

式中：n 表示降水量估计的总数；A 表示降水产品的雨量值，mm；A_i 表示降水产品雨量值的平均值，mm；B 和 B_i 分别表示实测数据的雨量值和它们的平均值，mm；$A_i^* = b + aB_i$，采用最小二乘法拟合预测和观测序列求解斜率 a 和截距 b；T 表示降水产品正确判断到的降水事件发生的次数；F 表示未发生降水事件但降水数据产品误判为发生降水事件的次数；M 表示实际发生降水事件但降水数据产品未能检测到的次数（表 3.1）。

表 3.1　卫星降水与地面观测站降水观测情况表

项目		地面雨量站	
		发生	未发生
降水产品	发生	T	F
	未发生	M	—

3.1.2　降雨产品偏差校正框架

对于遥感再分析降雨产品的精度而言，主要包含两个方面：①降雨事件的预估，即对于降雨发生与否的预估情况（可以由评价指标 POD 表征），为了同时体现降雨产品对降雨事件及无雨日（降雨量 <0.1 mm/d）的预估情况，引入 $POD01$ 指标，即降雨产品准确预估降雨发生和无雨日的总日数占全部数据序列的百分比；②降雨量的预估，即对于日降雨量的预估情况（可以用指标 ME 和 $BIAS$ 表征）。在前面研究对遥感再分析降雨产品评估的基础上，本研究提出了一种新的遥感再分析降雨产品校正框架（图 3.1），以期得到一套长序列的在澜沧江—湄公河全流域具有较高精度的降雨数据集。具体实施步骤如下：

（1）收集流域内尽可能多的站点降雨观测数据，本研究收集地面站点数据时间序列为 1979—2014 年。

（2）在每一个站点评估五套遥感再分析降雨产品对降雨事件的预估能力，将降雨事件预估最好的降雨产品作为待校正的降雨数据集，记为 $P_{基准}$。

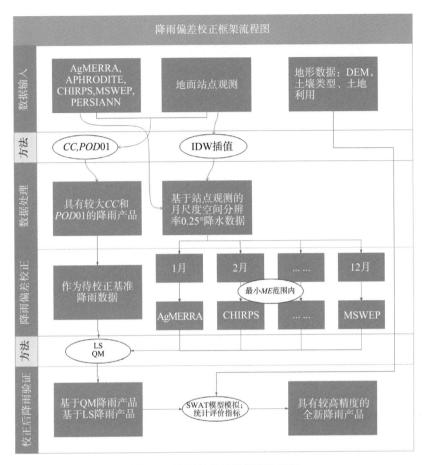

图 3.1　降雨偏差校正框架流程图

（3）将月尺度地面站点观测降雨插值至空间分辨率为 0.25° 的格点降雨数据，记为 $P_{观测}$；为保证插值的精度，选取具有空间代表性的连续观测数据进行插值。

（4）将插值后的 $P_{观测}$ 与五套遥感再分析降雨产品逐网格、逐月份进行对比，计算逐网格、逐月份的月平均误差，将每一个网格、每一个月份具有最小误差的降雨产品作为该月份、该网格的降雨真值，记为 $P_{真值}$。

（5）利用流域内逐网格、逐月份 $P_{真值}$ 作为降雨真值，采用分位数映射（Quantile Mapping，QM）和线性缩放（Linear Scaling，LS）方法对 $P_{基准}$ 进行校正。

（6）借助统计评价指标和 SWAT 模型模拟对校正后降雨产品进行评估。

（7）利用观测降雨数据，对校正后降雨产品数据的精度进行验证。

需要指出的是，对于每一个网格的校正均是以月份为单位进行的，Reiter 等（2018）在其研究中对比分析了不同时间尺度上（半年尺度、月尺度、季节尺度）利用 QM 方法校正降雨数据的精度，发现在月尺度上利用 QM 方法得到的校正降雨数据精度最高，因此本研究选取月尺度对遥感再分析降雨数据进行校正。对于降雨的校正，主要采用 QM 和 LS 方法，两种方法均较容易执行，并且在很多已发表的文献中被证明这两种方法均可以较好地校正日尺度降雨数据（Ghimire 等，2019；Gumindoga 等，2019）。两种校正方法的计算公式如下所示：

$$P_{基准} = F_{基准}^{-1}[F_{校正}(P_{校正})] \tag{3-10}$$

$$P_{校正} = P_{基准} \cdot Scale \tag{3-11}$$

$$Scale = \frac{mean_{真值}}{mean_{基准}} \tag{3-12}$$

式中：$P_{基准}$ 和 $mean_{基准}$ 分别为第二步根据降雨评估结果选定的降雨产品降雨量及其平均值；$P_{校正}$ 为校正后降雨量；$F_{校正}$ 为校正后降雨累积分布函数（Cumulative Distribution Function，CDF）；$F_{基准}^{-1}$ 为第二步优选降雨数据的 CDF 的反函数。

3.2 多源降水数据产品适用性评估

3.2.1 雅鲁藏布江流域卫星降水数据产品适用性评估

3.2.1.1 研究区域及数据资料

1. 研究区概况

雅鲁藏布江（以下简称雅江）位于西藏自治区南部，自西向东横跨整个藏南地区，在"大拐弯"处流向发生转变，向南经过巴昔卡流入印度境内，河长约 2 057 km，流域面积约 24.2 万 km²，是西藏地区流域面积最大的河流，更是世界上海拔最高的河流，平均海拔高程为 4 500 m，高程差超过 7 000 m，藏族人民将雅江视为"母亲河"（You 等，2007）。流域的左岸与右岸控制面积比例约为 7：3，流域面积大于 1 万 km² 的支流有 5 条，分别是多雄藏布、年楚河、拉萨河、尼洋河及帕隆藏布（Li 等，2015）。

雅江的水资源量与水能资源量储备十分充沛，水资源总量达 1.65×10^{11} m³，单位面积产水量是我国平均水平的 2.4 倍，但流域内水资源分布不均。近年来，雅江在气候变化和人类活动的共同驱动下，水循环要素发生显著改变，流域内部积雪减少，冰川退缩，径流在年度和年代际呈现明显的波动变化。在寒旱季，流域上游径流量与气温呈不显著正相关；而在温暖潮湿的季节，降水主导着流域的径流变化。人类活动导致了 2 倍的居住区和 5 倍的苗圃面积扩张，且是以牺牲农田和草地为代价的。雅江干流自上向下布设水文站 4 处，分别是拉孜（LZ）、奴各沙（NGS）、羊村（YC）以及奴下（NX）。由于流域跨度较大，不同河段所处的气候带存在一定差异，地形地貌存在一定区别，人类活动存在不同程度的影响，例如在拉孜站以上段海拔极高，环境恶劣，人类活动相对较少；而奴各沙—奴下段是西藏自治区主要城市所在地，人类活动频繁。又如拉孜站以上段降雨量较少，融雪径流与地下水径流占总径流的半数以上；而在拉孜—羊村段，几乎无积雪覆盖，降水相较于拉孜站以上段具有一定提升，降雨径流成为该区域径流的主要来源。

2. 数据与资料情况

（1）站点降水数据

本研究收集了地面气象监测站降水数据与降水数据产品数据，其中地面监测站数据选择资源环境科学数据平台的中国气象要素逐日站点观测数据集 RESDC(https://www. resdc. cn/),该数据集包含全国范围内 2 400 多个站点建站至今的逐日观测资料,最早可追溯至 1951 年,包含降水、平均温度、最高温度、最低温度、湿度、日照时数、风速等多要素,该数据经过 RESDC 严格的质量控制,具有较高的精度。为保证数据的一致性,本节选取 1980—2019 年雅江流域及附近共 20 个气象观测站的实测数据,通过 IDW 插值得到流域面尺度的插值结果。

(2) 卫星遥感降水数据

研究共选用降水数据产品 5 套(表 3.2),分别是美国航空航天局(NASA)发布的 Tropical Rainfall Measuring Mission Multi-Satellite Precipitation Analysis 3B42 Version 7(TRMM 3B42 V7)(Liu 等,2016;Abdelmoneim 等,2020;Bharti 等,2015;Xu 等,2017)、Integrated Multi-satellitE Retrievals for GPM final run(GPM IMERG)(Li 等,2021;Yang 等,2020;Ahmed 等,2020)、Global Land Data Assimilation System Version 2. 0 (GLDAS V2. 0)(李霞等,2014;Fatolazadeh 等,2020)、美国国家大气研究中心(NCAR)发布的 Precipitation Estimation from Remotely Sensed Information using Artificial Neural Network-Climate Data Record(PERSIANN-CDR)(Tan 等,2018a;Derin 等,2016;Karimi 等,2015),以及 NASA 与日本宇宙航空研究开发机构(JAXA)联合发布的 Global Satellite Mapping of Precipitation(GSMaP MVK)(Derin 等,2016;Tan 等,2018b;Ushio 等,2009)。时间序列与站点降水数据保持一致。

表 3. 2   降水数据信息表

降水数据集	时间分辨率	空间分辨率	空间覆盖范围	时间序列
TRMM 3B42 V7	日	0. 25°	50° S~50° N	1998—2019 年
GPM IMERG	日	0. 1°	60° S~60° N	2015—2019 年
GLDAS V2. 0	日	0. 25°	90° S~60° N	1980—2014 年
PERSIANN-CDR	日	0. 25°	60° S~60° N	1983—2019 年
GSMaP MVK	日	0. 1°	60° S~60° N	2015—2019 年

(3) DEM 数据

本节 DEM 数据是通过地理空间数据云(http://www. gscloud. cn/search)下载的 SRTM(Shuttle Radar Topography Mission),该数据在空间上可覆盖全球大于 80% 的陆地范围,现已广泛应用于雅江多项水科学问题的研究中。

(4) NDVI 数据

NDVI(Normalized Difference Vegetation Index)数据是归一化的植被指数,是反映植被长势和营养信息的重要参数。众多学者指出,雅江植被与降水具有紧密联系(刘晓婉等,2018;Li 等,2019),故在降水数据空间特征提取过程中应考虑植被因素。NDVI 数据选择 NOAA/AVHRR 与 MOD13A3 系列数据产品(表 3.3),时间序列分别为 1982—2019 年、2001—2020 年,时间精度分别是日、月,空间精度分别是 0. 05° 与 1 km(曾彪,2008;万思成,2021)。MOD13A3 的 NDVI 取值范围为 −0. 2~1. 0,数值越高表示该区域

的植被长势越好(吕洋等,2014;Chi 等,2020);NOAA/AVHRR 的 NDVI 取值范围为
$-1.0\sim1.0$,当取值为 0 时,说明区域没有植被,当取值为 1 时,说明植被密度较高。
1982—2000 年 NDVI 选择 NOAA/AVHRR,2001—2019 年 NDVI 数据选取 MOD13A3。

表 3.3　植被数据信息表

温度数据集	时间分辨率	空间分辨率	空间覆盖范围	时间序列
MOD13A3	月	1 000 m	全球	2001—2020 年
NOAA/AVHRR	日	0.05°	90°S~90°N	1982—2019 年

3.2.1.2　降水数据产品流域面平均精度评估

本小节针对 3.2.1.1 节中提到的数据产品,在奴下站上游控制区域进行面雨量计算,
地面实测数据面雨量通过站点数据进行 IDW 插值得到。分别通过所选取的 CC、$BIAS$、
$RMSE$、MAE、POD、FAR、CSI 共 7 个指标,对五套降水产品进行评估,日尺度降水产品
定量分析结果见图 3.2。不难看出,GPM IMERG 与 GLDAS V2.0 两套降水产品与实测
数据的相关性相对较高,CC 值分别为 0.756、0.669;关于偏离程度,由于 $BIAS$ 值均大于
0,故五套降水产品与实测降水相比,均表现为高估;通过 $RMSE$ 与 MAE 可以看出,
PERSIANN-CDR 为五套降水产品中高估幅度最大的($RMSE=3.102$ mm,$MAE=$
1.604 mm,$BIAS=0.913$),GLDAS V2.0 次之($RMSE=2.441$ mm,$MAE=1.263$ mm,
$BIAS=0.582$),GPM IMERG 高估幅度最小($RMSE=1.533$ mm,$MAE=0.828$ mm,
$BIAS=0.039$)。综上,GPM IMERG 降水产品具有最高的 CC 以及最小的 $BIAS$、
$RMSE$ 与 MAE,在定量指标分析中表现最为优异,图 3.3 展示了五种降水产品分类分析
的结果。五套降水产品的分类指标表现均较好,POD 均高于 0.9,CSI 均高于 0.6,除

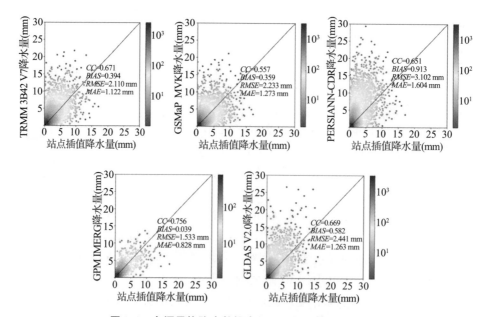

图 3.2　多源异构降水数据产品日尺度定量分析结果

TRMM 3B42 V7 的 FAR 略高于 0.3 外,其余产品的 FAR 均低于 0.3,PERSIANN-CDR 的 POD 在五套降水产品中表现最好($POD=0.951$),GPM IMERG 次之($POD=0.907$),GPM IMERG 在 CSI 方面表现最好($CSI=0.733$),同时,在 FAR 的表现上, GPM IMERG 远小于其余四种产品,具有最低的误报率($FAR=0.208$)。

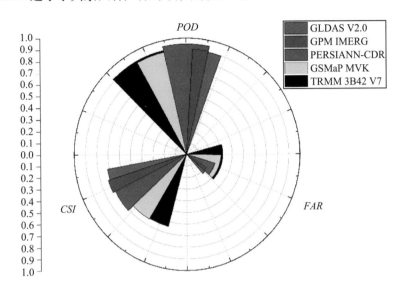

图 3.3　多源异构降水数据产品日尺度分类分析结果

定量分析与分类分析的评估结果表明,GPM IMERG 在雅江流域的适用性更高,这主要是由于 GPM 卫星搭载了性能更强的传感器(GMI 与 DPR),这些先进的传感器对监测弱降水与降雪的能力更强,故监测结果更为精确。

月尺度降水数据产品评估方式与日尺度相似,由于月尺度降水为每日降水之和,雅江几乎不存在整个月份无降水的现象,故在月尺度上本节仅分析了定量指标(CC、$BIAS$、$RMSE$ 与 MAE),在流域面尺度上分析了五套降水产品与实测降水数据的一致性与准确性。

图 3.4 展示了月尺度降水在时间序列上的散点图。五套降水产品在月尺度上与实测降水数据均有较高的一致性(除 GSMaP MVK 的 $CC=0.798$ 外,其余降水产品的 CC 均大于 0.95),GPM IMERG 降水数据与实测数据一致性最高($CC=0.988$)。关于偏离程度,TRMM 3B42 V7 与 PERSIANN-CDR 的偏离程度较高,高估幅度最大,$BIAS$ 分别为 1.279 与 0.779,GPM IMERG 的高估程度最小($BIAS=0.213$)。同时 GPM IMERG 的 $RMSE$ 与 MAE 表现均为五套降水产品中最优($RMSE=13.081$ mm,$MAE=10.093$ mm)。在整个流域面上,综合月尺度的五套降水产品与实测降水数据的分析结果可以看出,GPM IMERG 月尺度降水数据在雅江流域的适用性最强,这与日尺度降水数据的分析结果一致。

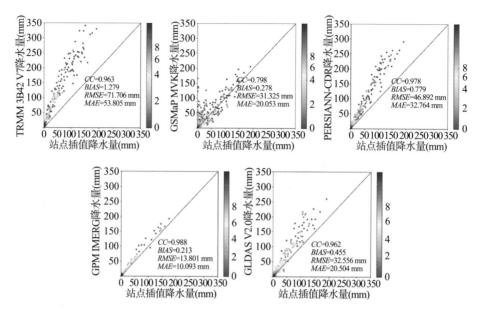

图 3.4 多源异构降水数据产品月尺度定量分析结果

3.2.1.3 降水数据产品季节性精度评估

对五套降水产品在季节上的适用性进行分析,春、夏、秋、冬四季的划分参考(Ban 等,2021)对雅江四季的界定,认为春季为 3—5 月,夏季为 6—8 月,秋季为 9—11 月,冬季为 12 月、次年 1 月和 2 月。图 3.5 展示了五套降水产品春、夏、秋、冬四个季节在雅江流域 CC、$BIAS$、$RMSE$、MAE、POD、FAR 与 CSI 的分析结果。TRMM 3B42 V7、GPM IMERG、GLDAS V2.0 与 GSMaP MVK 四套降水产品的 CC 在季节上均表现为秋季>夏季>春季>冬季,PERSIANN - CDR 表现为秋季>夏季>冬季>春季。关于 $BIAS$,TRMM 3B42 V7、PERSIANN - CDR、GSMaP MVK 与 GLDAS V2.0 在雅江流域的偏离程度为冬季最高,春季次之,夏秋两季的偏离程度相差不大且明显低于春季;GPM IMERG 在雅江流域四个季节上 $BIAS$ 相差不大,表明了 GPM 卫星在监测弱降水与降雪方面能力的提升及地面数据校正对降水产品准确性的重要作用。$RMSE$ 与 MAE 在季节上的分析结果相似,除 GSMaP MVK 降水数据外,均为夏季远高于春秋二季,冬季最小,这与不同季节的降水总量有着密切的关系。POD 在季节上的分布为夏季>春秋二季>冬季。FAR 的季节性分布呈现出明显的冬季>秋季>春季>夏季,这表明错报次数的趋势为夏季<春季<秋季<冬季。CSI 的季节性分布呈现明显的夏季>春季>秋季>冬季。总的来看,五套降水产品在春、夏、秋三季的各项指标表现均能满足雅江流域水文、气象等研究的要求,可作为实测降水数据的补充,但是冬季降水产品数据的使用要慎重。

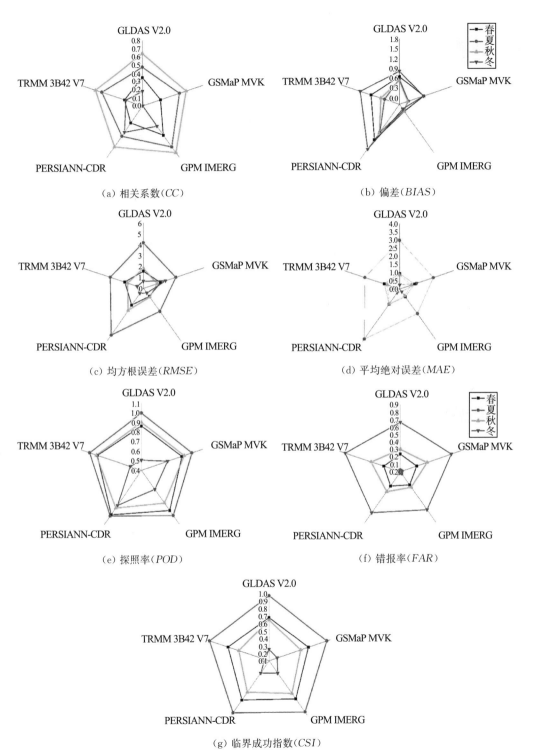

（a）相关系数（CC）

（b）偏差（BIAS）

（c）均方根误差（RMSE）

（d）平均绝对误差（MAE）

（e）探照率（POD）

（f）错报率（FAR）

（g）临界成功指数（CSI）

图 3.5　多源异构降水数据季节性评估结果

3.2.1.4 降水数据产品站点平均的精度评估

选取雅江流域及周边共 20 个站点进行空间精度分析,图 3.6 至图 3.9 分别展示了雅江流域 TRMM 3B42 V7、GPM IMERG、GLDAS V2.0、PERSIANN-CDR 与 GSMaP MVK 降水产品站点平均精度评估结果。由图 3.6(a)~(e)可以看出,TRMM 3B42 V7、GPM IMERG、PERSIANN-CDR 与 GLDAS V2.0 四套产品的 CC 主要分布在 0.3~0.4,四套产品 CC 分布在 0.3~0.4 的站点数量分别为 11、12、14、10;而 GSMaP MVK 的 CC 主要分布在 0.1~0.3,数量为 15,这主要是由于 TRMM 3B42 V7、GPM IMERG、PERSIANN-CDR 与 GLDAS V2.0 四套产品均通过地面监测站校正,而 GSMaP MVK 未经过地面校正,所以整体相关性偏低。由此发现五套产品均表现出在雅江流域中下游低纬度地区的 CC 较高,而上游高纬度地区的 CC 偏低。该结果一方面是与站点密度有关,中下游低海拔区地面站点布设数量较多,降水数据产品得到了更多站点信息的校正,而上游高纬度区地面站点布设数量较少,降水数据产品未能得到有效的校正;另一方面高海拔区域降水卫星监测能力相比低海拔区弱。图 3.6(f)~(j)展示了五种降水产品 BIAS 的空间分布,五种降水产品的 BIAS 空间分布与 CC 的空间分布相反,上游高纬度的 BIAS 偏高,而中下游低纬度地区 BIAS 偏低,同样说明了五套产品在雅江的

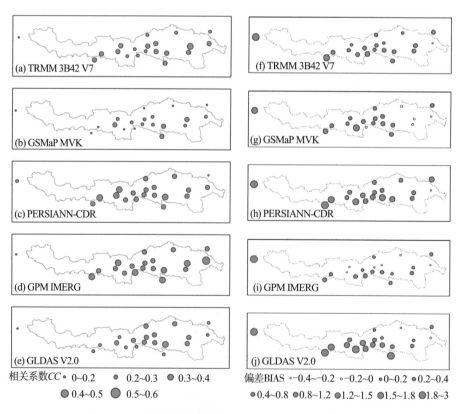

图 3.6 多源异构降水数据日尺度 CC 与 BIAS 空间分布图

上游偏离程度较大,而中下游偏离程度较小。图 3.7 展示了五套产品与地面实测数据的
$RMSE$(左)、MAE(右)空间分布,五种降水产品的 $RMSE$ 与 MAE 空间分布情况较为相
似,均为拉孜断面上游 $RMSE$ 与 MAE 较低,奴下站出口处的 $RMSE$ 与 MAE 较高,这主
要是由于雅江流域下游地区受印度洋的西南季风气候影响,属于温热气候,降水频次高、
总量大,进而造成了该地区较高的 $RMSE$ 与 MAE。图 3.8 和图 3.9 分别展示了 POD、
FAR 与 CSI 三个分类指标的空间分布。POD 与 CSI 的空间分布较为相似,均为 GPM
IMERG 表现最好,其与 20 个站点实测值对比的 POD、CSI 的最大值与中位值均高于其
余四套降水产品,GPM IMERG 的 POD 最大值与中位值分别为 0.701、0.573,GPM
IMERG 的 CSI 最大值与中位值分别为 0.547、0.460,五种产品的 POD 与 CSI 空间分布
与 CC 相似,均表现为由上游向中下游的适用性逐渐增强,而 FAR 的空间分布情况
与 POD、CSI 恰恰相反,表现为拉孜断面向奴下断面及流域出口断面 FAR 越来越低,说
明错误识别降水事件发生情况越来越少。

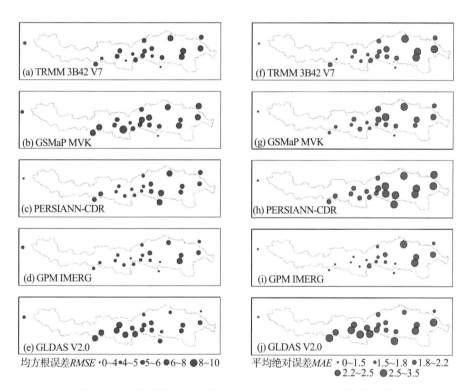

图 3.7　多源异构降水数据日尺度 $RMSE$ 与 MAE 空间分布图

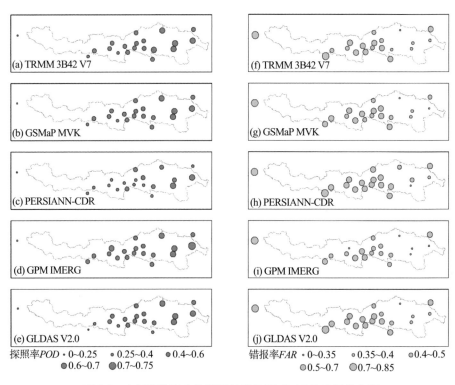

图 3.8 多源异构降水数据日尺度 *POD* 与 *FAR* 空间分布图

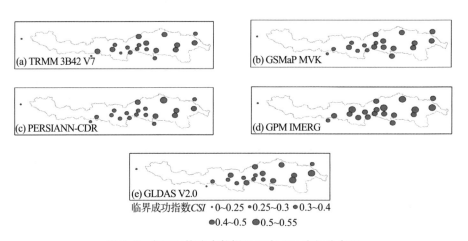

图 3.9 多源异构降水数据日尺度 *CSI* 空间分布图

3.2.1.5 不同高程区间降水数据产品精度评估

雅江流域及其周边气象站数量仅有 20 个，难以按高程区间进行划分，由于我国西南河流源区雅江、澜沧江、怒江、长江源区与黄河源区均处于高寒、高海拔区域，地形地势较为相似，故降水数据产品在不同高程区间的精度评估选取剔除国际交换站后西南河流源区的全部 116 个气象站降水数据进行精度评估。为确保不同高程区间样本数量基本一致,将高程划分为<1 500 m、1 500~3 000 m、3 000~4 000 m、>4 000 m 四个区间。计算四个区间上不同站点处降水产品的评估指标,并绘制指标值与站点高程的散点图,发现五套产品的 *RMSE* 与 *MAE* 随着高程增加具有明显的下降趋势(图 3.10、图 3.11),这主要是由于海拔高的区域降水总量与降水频次均低于海拔低的区域。其他指标与高程无明显规律性。*RMSE* 与 *MAE* 随高程变化而产生的规律性变化,为多源异构降水数据融合部分引入高程因子提供了依据。

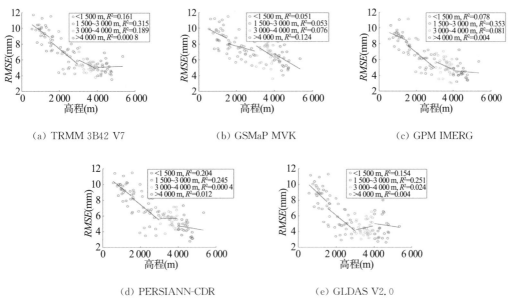

(a) TRRM 3B42 V7   (b) GSMaP MVK   (c) GPM IMERG

(d) PERSIANN-CDR   (e) GLDAS V2.0

图 3.10   多源异构降水产品的 *RMSE* 随高程变化趋势

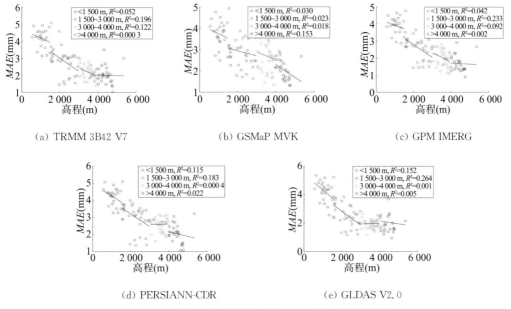

(a) TRRM 3B42 V7   (b) GSMaP MVK   (c) GPM IMERG

(d) PERSIANN-CDR   (e) GLDAS V2.0

图 3.11   多源异构降水产品的 *MAE* 随高程变化趋势

3.2.2 澜沧江—湄公河流域遥感再分析降水产品精度评估

3.2.2.1 研究区域及数据资料

1. 研究区概况

澜沧江—湄公河发源于中国青藏高原青海省唐古拉山东北麓,是东南亚地区最大的跨境国际河流之一,自北向南依次流经中国、缅甸、泰国、老挝、柬埔寨和越南,在越南南部的胡志明市南部省份汇入南海,流域总面积约 81.24 万 km²。一般来说,澜沧江—湄公河流域(以下简称澜湄流域)往往被分为两个部分,中国境内部分通常被称为"澜沧江",流经青海省、西藏自治区和云南省,澜沧江全长约 2 161 km,流域面积约为 16.7 万 km²;而在河流流出中国境内后,通常被称为"湄公河",湄公河全长约 2 719 km,流域面积约为 64.5 万 km²(Li 等,2017)。本研究主要关注湄公河干流上丁站(Stung Treng)控制的流域范围(约占全流域面积的 80%,全流域流量的 90%),由于在上丁站下游的湄公河三角洲地区受洪水冲积影响,湄公河共被分为 9 个支流汇入南海,且上丁站下游水文观测站点常会受到海水倒灌等影响(Wang 等,2016)。澜湄流域内地形复杂多变,自北向南呈现出阶梯状下降趋势,澜沧江上游地区海拔可以达到 5 589 m,在下游湄公河地区除了北部高地(Northern Highlands)和呵叻高原(Khorat Plateau)外则多为海拔较低的平原地区。

2. 数据与资料情况

(1) 遥感、再分析降雨产品

本研究中使用三种遥感(MSWEP、CHIRPS 和 PERSIANN)和再分析(AgMERRA、APHRODITE)降雨产品,表 3.4 展示了这五套降雨产品的基本信息。选取这五套遥感、再分析降水数据产品主要是基于以下几个原因:①该五套降雨产品均提供超过 30 年的日尺度降水数据,满足气候变化等研究所需要的数据序列长度;②该五套降雨产品均具有较高的空间分辨率(0.25°),且均可提供覆盖澜湄流域的数据;③该五套降雨产品均可以免费获取。目前这五套降雨产品中 AgMERRA 降雨产品应用在水文模拟中的研究相对较少,特别是在东南亚地区相关流域;而 MSWEP 降雨产品是 2016 年由 Beck 等(2017a)基于多套降雨产品开发的,对其进行评估和水文模拟评估的研究依然很少,特别是在东南亚中南半岛地区相关流域的应用评估尚待完成;APHRODITE 降雨产品在开发过程中包含了亚洲地区超过 10 000 个地面雨量站点的观测信息,虽然该产品已经被广泛应用,也有许多研究者在亚洲部分无资料地区将该产品作为降雨真值,如 Chen 等(2017)在其研究中,以 APHRODITE 降雨为基准,评估了多套降雨产品的精度,但是,APHRODITE 降雨产品在东南亚地区与站点观测降雨相比,其精度是否可靠、其是否可以作为降雨真值进行水文模拟等研究仍有待评估。

表 3.4 五套降雨产品基本信息

降雨产品	时间分辨率	空间分辨率	空间覆盖	时间长度
AgMERRA	日尺度	0.25°	全球	1980—2010 年

续表

降雨产品	时间分辨率	空间分辨率	空间覆盖	时间长度
APHRODITE	日尺度	0.25°	东亚地区	1951—2007 年
CHIRPS	日尺度	0.25°	50°S~50°N	1981—至今
MSWEP	日尺度	0.25°	60°S~60°N	1979—至今
PERSIANN	日尺度	0.25°	60°S~60°N	1983—至今
站点观测	日尺度	点尺度	全流域	1979—2014 年

为了评估不同降雨产品在澜湄流域不同子区域的表现，采用 KÖPPEN-GEIGER 气候分类数据，将澜湄流域分成了 6 个气候区（图 3.12），即 Am、Aw、Cwa、Cwb、Dwc 和 ET 气候区，其中 A、C、D 分别代表着赤道气候（equatorial）、暖温带（warm temperature）和降雪带（snow），w 和 m 分别代表着干冬（winter dry）和季风区（monsoonal），a、b、c 分别代表着炎热的夏季（hot summer）、温暖的夏季（warm summer）、凉爽的夏季（cool summer）。根据以上气候分区情况，在 6 个不同的气候区评估五套降雨产品的精度。

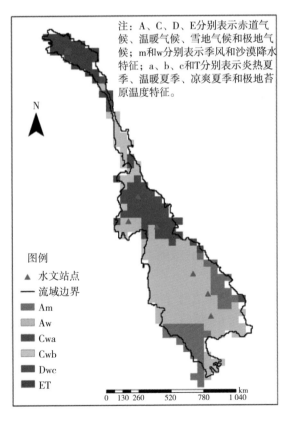

注：A、C、D、E分别表示赤道气候、温暖气候、雪地气候和极地气候；m和w分别表示季风和沙漠降水特征；a、b、c和T分别表示炎热夏季、温暖夏季、凉爽夏季和极地苔原温度特征。

图例
▲ 水文站点
— 流域边界
■ Am
■ Aw
■ Cwa
■ Cwb
■ Dwc
■ ET

图 3.12　澜湄流域气候分区及水文站点示意图
（气候分区基于全球 Köppen-Geiger 气候分区数据，
http://koeppen-geiger. vu-wien. ac. at/present. htm）

（2）地面观测数据

地面实测降雨数据分为两个部分，中国境内澜沧江流域地面日尺度观测降雨数据从中国气象数据共享服务系统下载使用（http：//data.cma.cn/）；中国境外下游湄公河流域的日尺度地面观测数据由湄公河委员会（Mekong River Commission，MRC，http：//www.mrcmekong.org/）提供。考虑到各个站点数据可用长度，共收集了 1998—2007 年 296 个地面观测雨量站的日尺度降雨数据。对于降雨数据中缺测部分，使用双线性插值方法对其进行插补（焦鹏程，2016）。

径流数据采用流域干流允景洪站、清盛站、琅勃拉邦站、穆达汉站、巴色站和上丁站六个水文站点的日尺度径流信息。中国境内澜沧江流域允景洪站点日尺度流量数据由中国水利部信息中心提供；中国境外清盛站、琅勃拉邦站、穆达汉站、巴色站和上丁站日尺度流量数据收集于湄公河委员会、华盛顿大学的"中国水文数据计划"（China Hydrology Data Project，https：//www2.oberlin.edu/faculty/aschmidt/chdp/index.html）（Han 等，2019）和在湄公河流域已发表的相关开源研究论文（Wang 等，2016）。六个水文站点基本信息见表 3.5。

表 3.5　六个水文站点基本信息

站点名称	所属国家	纬度（度）	经度（度）	站点高程（m）	可用数据
允景洪	中国	100.78	22.03	592	1961—2015 年
清盛	泰国	100.08	20.27	372	1979—2012 年
琅勃拉邦	老挝	102.14	19.89	316	1979—2012 年
穆达汉	泰国	104.74	16.54	188	1979—2012 年
巴色	老挝	105.8	15.12	102	1979—2012 年
上丁	柬埔寨	106.02	13.55	51	1979—2012 年

3.2.2.2　基于日尺度的比较评估

按照上述气候区划分情况，分别在整个澜湄流域尺度及六个不同的气候区子区域尺度对 AgMERRA、APHRODITE、CHIRPS、MSWEP 和 PERSIANN 五套降雨产品进行了对比。

图 3.13 展示了五套降雨产品在整个流域日尺度上与地面站点观测降雨对比的散点图及 7 个降雨精度相关的评价指标（CC、$RMSE$、ME、$BIAS$、POD、FAR、CSI）。对于整个流域尺度，从这些评价指标可以看出，APHRODITE 和 MSWEP 两套降雨产品与实测降雨数据的相关性最强（分别为 0.92 和 0.91），其次为 AgMERRA、CHIRPS 和 PERSIANN（分别为 0.83、0.83 和 0.81）。从 ME 和 $BIAS$ 的正负情况来看，PERSIANN 与实测降雨相比是高估的，而其他四种降雨产品均是低估的。从 ME 和 $BIAS$ 的大小，即对降雨量的预估情况来看，MSWEP 降雨产品的 ME 和 $BIAS$ 值是最小的（分别为 −0.03 mm/d 和 −0.56%），其次为 CHIRPS（分别为 −0.03 mm/d 和 −0.61%），而 APHRODITE 降雨产品虽然具有最大的 CC，但是与实测降雨相比却是严重低估的

（$BIAS=-19.4\%$）。从 $RMSE$ 值来看，MSWEP 降雨产品与实测降雨数据的拟合度最高（2.03 mm/d），其次为 APHRODITE（2.16 mm/d）、AgMERRA（3.01 mm/d）、CHIRPS（3.03 mm/d）和 PERSIANN（3.10 mm/d）。从 POD、FAR 和 CSI 以及对降雨事件的预估情况来看，APHRODITE 和 MSWEP 两套降雨产品具有较大的 POD（分别为 0.96 和 0.97）、CSI（分别为 0.92 和 0.90）和较小的 FAR（分别为 0.05 和 0.06），这反映了这两套降雨产品对实测降雨发生与否预估得较为准确，而其他三套降雨产品的表现则略差。

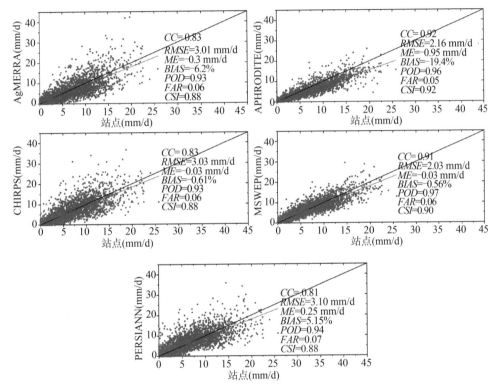

图 3.13　澜湄流域日尺度流域平均降雨量与遥感再分析降雨数据对比散点图
（其中黑色对角实线为 1∶1 曲线，红色实线为实测降雨与遥感再分析降雨产品线性拟合线）

　　图 3.14 展示了在整个澜湄流域尺度上，AgMERRA、APHRODITE、CHIRPS、MSWEP 和 PERSIANN 五套降雨产品对不同强度降雨发生频率及累积降雨量占比的预估情况。从图中可以看出，五套降雨产品在 0～1 mm/d 这个降雨强度区间的预估与实测降雨数据较为接近，在 1～5 mm/d、5～10 mm/d、10～20 mm/d 和 >20 mm/d 这个四个降雨强度下，MSWEP 和 PERSIANN 的预估情况较为准确，而 APHRODITE 对 >10 mm/d 的降雨预估呈现出严重低估的现象，这也是导致其与实测降雨相比具有较大的 ME 和 $BIAS$ 的原因（图 3.13）。从五套降雨产品不同降雨强度累积降雨量的占比来看，与实测降雨数据相比，MSWEP 在所有降雨强度区间均具有较好的精度，APHRODITE 则呈现出高估低强度降雨、低估高强度降雨的趋势，AgMERRA 和 CHIRPS 在 >20 mm/d 降雨强度内的累积降雨量均呈现出较大的高估趋势。总的来说，

在整个流域平均的尺度上,MSWEP 对于各个不同强度的降雨的预估较为准确。

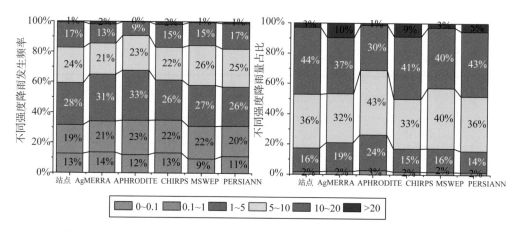

图 3.14 澜湄流域日尺度平均降雨量在不同降雨强度下(0~0.1 mm/d、0.1~1 mm/d、1~5 mm/d、5~10 mm/d、10~20 mm/d、>20 mm/d)发生的频率及累积降雨量占比

表 3.6 展示了 AgMERRA、APHRODITE、CHIRPS、MSWEP 和 PERSIANN 五套降雨产品在 6 个气候区的评估指标。从不同气候区相关系数来看,与整个流域尺度表现类似,APHRODITE 在 ET、Dwc、Cwb、Cwa 和 Aw 五个气候区均具有最大的相关系数(均在 0.8 以上),在 Am 气候区则是 MSWEP 的相关系数最大(0.80),PERSIANN 与其他四种降雨产品相比,在 6 个气候区的相关系数均较小,这与其在全流域尺度上的表现是一致的。从 *ME* 和 *BIAS* 来看,CHIRPS 在上游三个气候区(ET、Dwc、Cwb)与实测降雨数据相比具有最小的降雨偏差,在下游 Aw 和 Am 气候区则分别是 PERSIANN 和 MSWEP 具有最小的 *ME* 和 *BIAS*。值得注意的是,APHRODITE 降雨产品在 Cwb、Cwa、Aw 和 Am 四个气候区与观测降雨相比均呈现出低估的趋势,特别是在 Am 气候区,其 *ME* 和 *BIAS* 分别达到了−1.32 mm/d 和−26.01%,这也是导致其在流域尺度上具有最大 *BIAS* 的原因(图 3.13)。对于 *RMSE*,APHRODITE 在 ET、Dwc、Cwb 和 Cwa 四个气候区的 *RMSE* 均是最小的,而在下游 Aw 和 Am 气候区,则是 MSWEP 具有最小的 *RMSE*。对于降雨事件的评估,在上游 ET 气候区,APHRODITE 具有最大的 *POD*、*CSI* 和最小的 *FAR*,而在其他五个气候区均是 MSWEP 降雨产品具有最大的 *POD*,即说明 MSWEP 可以在澜沧江—湄公河绝大多数区域准确地预估降雨事件发生与否。

表 3.6   五套降雨产品在不同气候区的评估指标

气候区	降雨产品	*CC*	*RMSE* (mm/d)	*ME* (mm/d)	*BIAS*(%)	*POD*	*FAR*	*CSI*
ET	AgMERRA	0.69	2.04	−0.10	−6.61	0.84	0.14	0.74
	APHRODITE	**0.92**	**1.07**	−0.12	−8.00	**0.96**	**0.14**	**0.83**
	CHIRPS	0.48	2.85	**−0.03**	**−2.16**	0.69	0.26	0.56
	MSWEP	0.70	2.00	0.16	10.56	0.95	0.26	0.72
	PERSIANN	0.47	4.00	0.92	58.92	0.89	0.29	0.65

气候区	降雨产品	CC	RMSE (mm/d)	ME (mm/d)	BIAS(%)	POD	FAR	CSI
Dwc	AgMERRA	0.59	4.56	0.37	19.67	0.76	**0.27**	0.59
	APHRODITE	**0.90**	**2.10**	0.19	10.18	0.98	0.32	**0.67**
	CHIRPS	0.32	6.31	**0.13**	**6.83**	0.43	0.32	0.36
	MSWEP	0.58	4.57	1.11	58.49	**0.99**	0.54	0.46
	PERSIANN	0.30	6.43	0.77	40.59	0.69	0.39	0.48
Cwb	AgMERRA	0.68	4.20	−0.12	−3.74	0.86	0.10	0.78
	APHRODITE	**0.97**	**1.60**	−0.42	−13.10	0.98	**0.07**	**0.92**
	CHIRPS	0.49	6.09	**−0.02**	**−0.70**	0.69	0.16	0.61
	MSWEP	0.71	3.92	0.08	2.54	**0.99**	0.27	0.72
	PERSIANN	0.43	5.86	−0.12	−3.82	0.82	0.15	0.72
Cwa	AgMERRA	0.77	4.12	−0.13	−3.03	0.93	0.10	0.84
	APHRODITE	**0.91**	**2.61**	−0.56	−12.70	0.96	**0.08**	**0.89**
	CHIRPS	0.64	5.56	−0.11	−2.56	0.84	0.13	0.75
	MSWEP	0.83	3.48	**−0.02**	**−0.45**	**0.98**	0.16	0.82
	PERSIANN	0.59	5.67	−0.19	−4.42	0.86	0.12	0.77
Aw	AgMERRA	0.78	4.82	−0.62	−10.27	0.91	0.08	0.84
	APHRODITE	**0.89**	3.39	−1.20	−19.82	0.96	0.08	0.88
	CHIRPS	0.79	4.61	−0.22	−3.64	0.90	0.08	0.84
	MSWEP	0.88	**3.32**	−0.24	−3.96	**0.96**	**0.08**	**0.89**
	PERSIANN	0.77	4.59	**−0.19**	**−3.14**	0.93	0.09	0.85
Am	AgMERRA	0.66	5.11	−0.16	−3.11	0.90	0.12	0.80
	APHRODITE	0.78	3.78	−1.32	−26.01	0.95	0.12	0.84
	CHIRPS	0.69	4.74	0.20	3.95	0.92	0.12	0.82
	MSWEP	**0.80**	**3.51**	**0.05**	**1.04**	**0.97**	0.12	**0.86**
	PERSIANN	0.70	5.02	0.96	18.90	0.95	0.13	0.83

备注:五套降雨产品与实测降雨数据对比各指标表现最佳的用红色表示,表现最差的则用蓝色表示。

图 3.15 展示了 AgMERRA、APHRODITE、CHIRPS、MSWEP 和 PERSIANN 五套降雨产品在六个不同的气候区与实测降雨数据对比,对于不同强度降雨的发生频率及不同降雨强度累积降雨量占比的预估情况。由图可以看出,在六个气候区内,AgMERRA 对不同强度降雨发生频率具有较好的预测能力,五套降雨产品对不同强度累积降雨量占比在不同气候区则具有不尽相同的表现能力。在 ET 气候区,AgMERRA 和 CHIRPS 可以较好地预测不同强度降雨事件的发生频率和累积降雨量占比,而 PERSIANN 对于 10～20 mm/d 的降雨存在着较大的高估现象。在 Dwc 气候区内,只有 AgMERRA 可以较好地预测不同强度降雨发生频率,相应地,不同强度降雨事件累积降雨占比的预测也只有 AgMERRA 表现较好,这可能与该气候区内实测站点较少有关。对于 Cwb 和 Cwa 两个气候

区,在五套降雨产品中,AgMERRA 和 MSWEP 与实测降雨数据相比,可以较好地预测不同强度降雨的发生频率和累积降雨量占比,而 CHIRPS 和 PERSIANN 对于>20 mm/d 的高强度降雨在两个气候区均呈现出较大的高估趋势。对于下游 Aw 和 Am 气候区,AgMERRA 和 CHIRPS 降雨产品可以较好地预测不同降雨强度的发生频率,但是这两种降雨产品对于>20 mm/d 的降雨发生频率具有很大的高估趋势,其他三种降雨产品中 MSWEP 对于不同强度降雨事件的累积降雨量占比预估相对较为准确。总的来说,在对不同强度降雨事件的预估来看,MSWEP 在 Aw 和 Am 气候区对降雨发生频率和降雨量占比预估均较为准确,而上游 ET 气候区则是 CHIRPS 表现较好,Dwc 气候区由于地面观测站点较少,五套降雨产品均没有较好的表现。

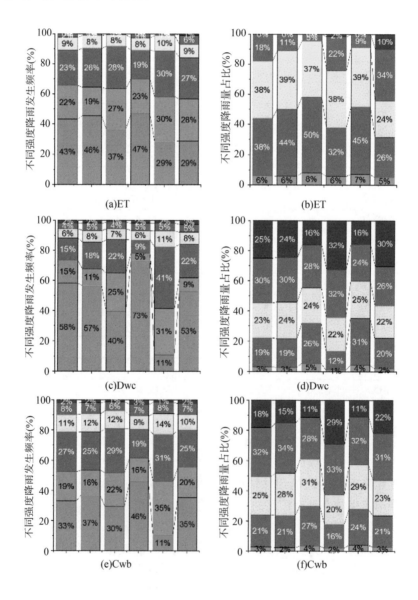

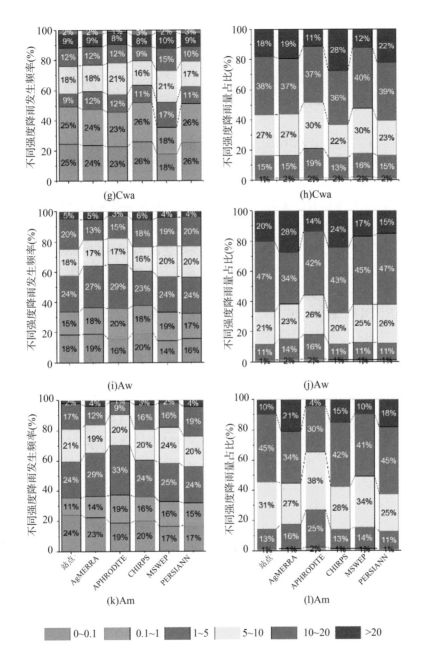

图 3.15　澜湄流域站点观测降雨及五套降雨产品在六个气候区不同降雨强度下
(0～0.1 mm/d、0.1～1 mm/d、1～5 mm/d、5～10 mm/d、10～20 mm/d、>20 mm/d)
发生的频率及累积降雨量占比

3.2.2.3 基于月尺度的比较评估

本研究还在月尺度上对以上所述五种降雨产品进行了评估。与日尺度评估类似，对于月尺度上降雨产品的评估，由于在澜湄流域较少出现整个月份都不降雨的情况，因此在日尺度上用以评估降雨事件发生与否的 POD、FAR 和 CSI 三个指标也就不再具有意义。因此，在月尺度上，采用另外四个评价指标，即 CC、$RMSE$、ME 和 $BIAS$，在澜湄整个流域尺度和六个气候区子区域评估了上述五套降雨产品与实测降雨数据相比的精度及可靠性。

表 3.7 展示了月尺度 AgMERRA、APHRODITE、CHIRPS、MSWEP 及 PERSIANN 五套降雨产品与实测降雨数据相比在整个流域尺度和六个气候区子区域的统计指标，图 3.16 比较了流域尺度和六个气候区子流域尺度五套降雨产品与站点实测降雨数据 1998—2007 年间多年平均月降雨量。由表 3.7 可知，在整个流域尺度上，从 CC 和 $RMSE$ 这两个指标来看，MSWEP 降雨产品与实测降雨数据拟合得最好，其具有最大的相关系数 CC（0.99）、最小的 $RMSE$（20.37 mm/月）；表现次之的为 PERSIANN（CC 和 $RMSE$ 分别为 0.98 和 25.18 mm/月），而 APHRODITE 具有最大的 $RMSE$ 值，表明其虽然具有较大的 CC（0.98），但是其对于降雨量的评估存在着一定的偏差，从图 3.16 也可以得到相似的结论，APHRODITE 在 5—10 月对降雨量存在着较大的低估现象，总的来说，相较于日尺度上的评估结果，在月尺度上五类产品的 CC 均有较大的改善，特别是 PERSIANN 与实测降雨之间的相关系数改善程度最大（由 0.81 增大至 0.98）。从 ME 和 $BIAS$ 两个指标来看，除 PERSIANN 外，其他四种降雨产品与地面观测降雨相比均呈现出低估降雨的趋势，其中 APHRODITE 低估降雨最为严重，其 ME 和 $BIAS$ 分别达到了 -28.79 mm/月和 -19.46%，MSWEP 降雨产品表现最好，其 ME 和 $BIAS$ 分别为 -0.83 mm/月和 -0.56%，CHIRPS 和 PERSIANN 表现次之。在六个气候区月尺度上，根据 CC 和 $RMSE$ 来看，与整个流域尺度结果表现一致，五套降雨产品在不同气候区的月尺度 CC 相较于日尺度来说，均有较大幅度的提高，APHRODITE 降雨产品的 $RMSE$ 在 ET、Dwc 和 Cwb 三个气候区均具有最好的表现，MSWEP 则是在 Aw 和 Am 两个气候区具有最大的 CC 和最小的 $RMSE$，表明 APHRODITE 和 MSWEP 分别在研究区上游地区和下游地区与月尺度观测降雨数据的相关性较好。而从五套降雨产品在不同气候区与月尺度观测降雨相比的 ME 和 $BIAS$ 来看，在 ET、Dwc 和 Cwb 三个气候区均是 CHIRPS 降雨产品具有最小的 ME 和 $BIAS$，而在下游 Aw 和 Am 气候区则分别是 PERSIANN 和 MSWEP 具有最小的 ME 和 $BIAS$，值得注意的是，APHRODITE 在 Cwb、Cwa、Aw 和 Am 四个气候区均呈现出较大的低估降雨的趋势，而这也与图 3.16 呈现的结果一致。总的来说，在流域月尺度上，MSWEP 降雨产品精度最高；从不同气候区来看，不同的评价指标各类产品表现各有优劣，从 ME 和 $BIAS$ 来看，APHRODITE 在 Cwb、Cwa、Aw 和 Am 气候区均呈现较大的低估降雨的现象。

表 3.7　基于月尺度 5 种降雨产品在整个澜湄流域和六个气候区的精度评价指标

评价指标	降雨产品	整个流域	ET	Dwc	Cwb	Cwa	Aw	Am
CC	AgMERRA	0.98	**0.99**	0.95	0.97	0.97	0.98	0.94
	APHRODITE	0.98	0.99	**0.97**	**0.99**	**0.99**	0.98	**0.92**
	CHIRPS	**0.97**	**0.98**	0.90	0.96	0.98	0.97	0.93
	MSWEP	**0.99**	0.99	0.95	0.98	0.98	**0.99**	**0.96**
	PERSIANN	0.98	0.98	**0.85**	**0.94**	0.97	0.97	0.95
RMSE（mm/月）	AgMERRA	28.75	7.71	20.19	17.57	26.34	43.44	43.96
	APHRODITE	**43.41**	**8.98**	**14.21**	**16.59**	**28.39**	56.78	67.53
	CHIRPS	28.85	10.42	21.93	26.35	24.57	42.57	47.11
	MSWEP	**20.37**	9.61	39.72	16.62	**20.60**	**30.98**	**32.92**
	PERSIANN	25.18	**40.47**	**51.97**	33.65	26.68	43.36	50.99
ME（mm/月）	AgMERRA	−9.15	−3.25	11.34	−3.73	−4.09	−18.95	−4.79
	APHRODITE	**−28.79**	−3.91	5.87	**−12.86**	**−16.96**	**−36.51**	**−40.09**
	CHIRPS	−0.90	**−1.02**	**3.94**	**−0.76**	−3.46	−6.75	6.08
	MSWEP	**−0.83**	5.01	33.73	2.40	**−0.65**	−7.35	**1.60**
	PERSIANN	7.62	**27.98**	23.40	−3.81	−5.94	**−5.84**	29.13
BIAS（%）	AgMERRA	−6.18	−6.85	19.67	−3.82	−3.07	−10.30	−3.11
	APHRODITE	−19.46	−8.24	10.18	−13.18	−12.74	−19.84	−26.01
	CHIRPS	−0.61	**−2.16**	**6.83**	**−0.78**	−2.60	−3.67	3.95
	MSWEP	**−0.56**	10.56	58.49	2.46	**−0.49**	−3.99	**1.04**
	PERSIANN	5.15	58.92	40.59	−3.90	−4.46	**−3.17**	18.90

备注：五种降雨产品不同评价指标具有最佳表现的被标注为红色，最差表现的被标注为蓝色。

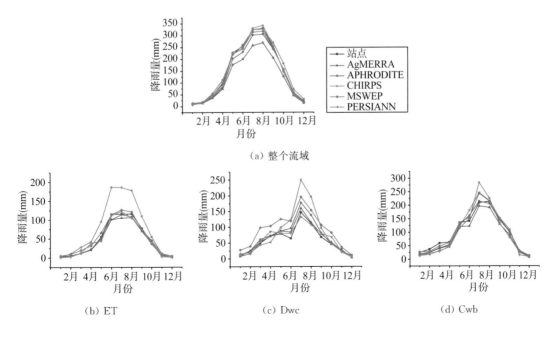

（a）整个流域

（b）ET　　　　　　　　　（c）Dwc　　　　　　　　　（d）Cwb

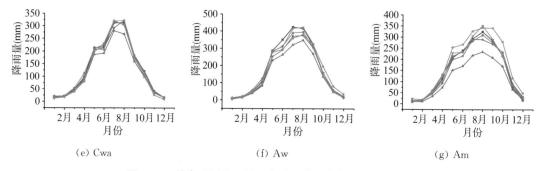

**图 3.16　站点观测降雨及五套降雨产品在整个澜湄流域及
6 个气候区 1998—2007 年间多年平均月降雨量的比较**

由图 3.16 可以看出,在整个流域尺度上,APHRODITE 与实测降雨数据对比,在雨季(5—10 月)呈现出较大的低估降雨的趋势,其他四套降雨产品中以 MSWEP 与实测降雨数据拟合得最好。从五套降雨产品在六个气候区的多年平均月降水量对比结果来看,PERSIANN 在 ET、Dwc、Cwb 三个气候区(流域上游地区)表现最差,而APHRODITE 在下游湄公河地区与实测降雨相比在雨季(5—10 月)均呈现出较大程度的低估,但是其可以很好地抓住 5—10 月实测降雨值的变化趋势,这也是导致其 CC 值虽然很大但是对降雨量预估不准确的原因(ME 和 $BIAS$ 较大),而这与表 3.7 所呈现的结果一致。

3.2.2.4　基于水文模拟的比较评估

除了利用以上统计指标评估遥感再分析降雨产品的精度以外,本研究还使用 SWAT 模型模拟径流从而进一步评估其精度。采用两种策略来率定、验证 SWAT 模型,第一种策略为分别使用 AgMERRA、APHRODITE、CHIRPS、MSWEP 和 PERSIANN 降雨产品对 SWAT 模型进行率定和验证,即利用五套降雨产品各自率定得到五套最优参数组合;第二种策略为仅使用地面观测降雨数据得到一套最优参数组,然后分别输入 AgMERRA、APHRODITE、CHIRPS、MSWEP 和 PERSIANN 降雨数据进行径流模拟。显然,第一种模拟策略对于无资料地区尤为重要,而第二种模拟策略也是在降雨产品评估中被普遍采用的水文模型率定方式(Yong 等,2010;Alazzy 等,2017),因为其模拟过程考虑了水文模拟中可能存在的不确定性。

对于澜湄流域,考虑到地面观测降水数据可用序列长度,水文模拟部分选取的时间跨度为 1998—2007 年,其中 1998—1999 年作为模型的预热期,预热期之后的 2000—2003 年作为率定期,2004—2007 年作为模型验证期。与降雨产品的评估相类似,径流模拟的评估和比较分析也是基于日尺度和月尺度两种时间尺度。

表 3.8 展示了在澜湄流域 6 个水文站点实测降雨及 AgMERRA、APHRODITE、CHIRPS、MSWEP 和 PERSIANN 降雨产品驱动的 SWAT 模型在第一种策略下的 2000—2007 年径流模拟在率定期(2000—2003 年)和验证期(2004—2007 年)的模型评价指标,即该模拟是基于不同的降雨输入和对应的最优参数组合模拟得到的结果。在允景洪站,利用站点观测降雨和五套降雨产品输入的模型表现均相对较差,而对于下游几个站

点的模拟效果相对较好。对于清盛站，在验证期五套降雨产品的表现也明显差于其在率定期的表现，这是由 2006 年 10 月的极端降雨洪水过程造成的。总的来说，就纳什效率系数（NSE）而言，对于澜湄流域 6 个水文站点，PERSIANN 在允景洪站和清盛站的表现最差（其在允景洪站率定期和验证期的 NSE 分别为 0.76 和 0.73），而在其他情况下绝大多数的 NSE 均在 0.8 以上；就 $BIAS$ 而言，APHRODITE 在下游穆达汉站、巴色站和上丁站率定期的 $BIAS$ 均为负值（分别为 -16.3%、-1.7% 和 -11.9%），即 APHRODITE 在 Cwa、Aw 和 Am 三个气候区对降雨均呈现出较大的低估现象。总体来看，在第一种模拟策略下，五套降雨产品在 6 个水文站点的最优模拟结果都呈现出了比站点观测降水驱动更加优秀的表现，这也表明遥感再分析降雨产品对澜沧江—湄公河这样的跨境河流或者其他无降水资料地区的水文模拟是一个巨大的补充。根据上述章节的评估结果，可以看出不同的降雨产品在不同的区域具有一定的降雨误差，但是在第一种模拟策略下却掩盖了这些不足。例如，巴色站至上丁站区域主要位于 Am 气候区，在该气候区 PERSIANN 降雨产品与实测降雨相比，其 $BIAS$ 高达 18.9\%，但是其模拟结果的 NSE 在率定期和验证期均达到了 0.97，这表明在第一种模拟策略下，水文模型结构和模型参数的不确定性会一定程度地掩盖掉降雨产品的某些误差表现。

表 3.8　澜湄流域 6 个水文站点实测降雨、五套降雨产品驱动下的 SWAT 模型在第一种率定策略下模拟得到的 2000—2007 年日径流过程在率定期（2000—2003 年）和验证期（2004—2007 年）的模型表现

降雨产品	允景洪站				清盛站				琅勃拉邦站			
	率定期		验证期		率定期		验证期		率定期		验证期	
	NSE	$BIAS(\%)$	NSE	$BIAS(\%)$	NSE	$BIAS(\%)$	NSE	$BIAS(\%)$	NSE	$BIAS(\%)$	NSE	$BIAS(\%)$
实测降雨	0.84	-10.6	0.81	-5.9	0.95	6.6	0.87	-2.9	0.90	16.62	0.89	12.3
AgMERRA	0.85	-14.0	0.83	-11.1	0.97	0.4	0.86	-3.1	0.92	-1.5	0.87	16.2
APHRODITE	0.82	-18.9	0.84	-10.9	0.96	6.3	0.86	-2.5	0.97	-3.9	0.89	13.2
CHIRPS	0.81	-2.2	0.75	2.6	0.92	6.9	0.85	-2.6	0.93	3.0	0.88	17.3
MSWEP	0.84	-13.0	0.83	-4.7	0.95	7.4	0.85	-0.9	0.96	0.04	0.88	15.1
PERSIANN	0.76	4.0	0.73	8.4	0.92	4.8	0.81	-7.1	0.93	2.2	0.88	15.1

降雨产品	穆达汉站				巴色站				上丁站			
	率定期		验证期		率定期		验证期		率定期		验证期	
	NSE	$BIAS(\%)$	NSE	$BIAS(\%)$	NSE	$BIAS(\%)$	NSE	$BIAS(\%)$	NSE	$BIAS(\%)$	NSE	$BIAS(\%)$
实测降雨	0.92	9.0	0.95	-6.4	0.97	8.6	0.98	2.4	0.98	-5.6	0.98	2.6
AgMERRA	0.93	-5.0	0.92	-7.5	0.98	-3.2	0.99	2.1	0.97	-7.4	0.97	3.8
APHRODITE	0.92	-16.3	0.86	-22.7	0.99	-1.7	0.99	2.0	0.96	-11.9	0.98	-0.3
CHIRPS	0.94	-3.4	0.94	-2.8	0.98	-4.7	0.99	1.6	0.97	-1.2	0.96	10.7
MSWEP	0.97	-5.0	0.95	-11.1	0.99	0.0	0.99	1.3	0.98	-7.2	0.97	1.2
PERSIANN	0.95	-4.9	0.94	-11.5	0.98	5.0	0.98	6.8	0.97	-7.2	0.97	1.7

备注：五套降雨产品相比具有最优表现的用蓝色标记，最差的则用红色标记。

表 3.9 展示了在第二种模拟策略下的 SWAT 模型径流模拟表现,即输入 AgMERRA、APHRODITE、CHIRPS、MSWEP 和 PERSIANN 降雨数据使用站点实测降雨率定得到的最优参数组合模拟得到的流量过程,该表呈现的 NSE 和 BIAS 是基于 2000—2007 年整个时期的径流数据计算求得的。从表中可以看出,MSWEP 降雨产品在允景洪站、清盛站、琅勃拉邦站和穆达汉站均具有最好的表现(NSE 最大且 BIAS 在 ±10.3% 以内),在巴色站和上丁站也具有十分优秀的表现(NSE 分别为 0.96 和 0.97,BIAS 分别为 −5.9% 和 −3.8%);表现次优的为 AgMERRA;表现最差的依旧为 APHRODITE,其在除琅勃拉邦站外的五个站点均具有最大的 BIAS,且 6 个站点模拟结果的 BIAS 均为负值,表明该降雨产品对澜湄流域降雨均呈现出低估现象。总体而言,表 3.9 所呈现的结果与表 3.8 一致,即模型在允景洪站具有最差的模拟表现,至流域下游模型表现越来越好;且表 3.8 所呈现的结果优于表 3.9,即采用第一种模拟策略的径流模拟结果均优于第二种模拟策略,这与前人相关的研究结果保持一致(Zhu 等,2016;Alazzy 等,2017)。

表 3.9　澜湄流域 6 个水文站点实测降雨、五套降雨产品驱动下 SWAT 模型在第二种率定策略下模拟得到的 2000—2007 年日径流过程的模型表现

降雨产品	允景洪站		清盛站		琅勃拉邦站		穆达汉站		巴色站		上丁站	
	NSE	BIAS(%)	NSE	BIAS(%)	NSE	BIAS(%)	NSE	BIAS(%)	NSE	BIAS(%)	NSE	BIAS(%)
AgMERRA	0.78	−18.2	0.83	−4.9	**0.89**	7.9	0.90	−14.7	0.96	−5.6	0.97	−4.1
APHRODITE	0.63	**−32.5**	0.81	**−12.5**	0.89	−3.5	**0.80**	**−26.2**	**0.95**	**−9.9**	**0.96**	**−9.7**
CHIRPS	0.67	4.0	**0.77**	8.7	0.90	**10.7**	0.91	−11.6	0.96	−4.4	0.97	2.2
MSWEP	0.84	−6.9	0.83	0.3	0.91	8.4	0.93	−10.3	0.96	−5.9	0.97	−3.8
PERSIANN	−0.12	21.8	0.79	−0.7	0.90	10.1	0.91	−11.0	0.97	1.6	0.96	−3.4

备注:五套降雨产品相比具有最优表现的用蓝色标记,最差的则用红色标记。

如上所述,澜湄流域 6 个水文站点日尺度径流模拟结果表明,使用第一种率定策略比第二种率定策略所得到的模拟结果略优,但是,除了 PERSIANN 降雨产品在允景洪站的模拟结果外,其他四种降雨产品两种模拟策略的模拟结果相差并不大。使用第二种模拟策略可以有效减少水文模型参数的不确定性,可以更加直接地反映不同降雨产品在径流模拟上的表现。因此,在日尺度径流模拟结果分析的基础上,月尺度径流模拟结果的对比分析是基于第二种模拟策略的结果进行的,其计算结果是从日尺度模拟结果计算求得的。表 3.10 呈现了在第二种模拟策略下五套降雨产品在月尺度下的径流模拟表现,显然,MSWEP 比其他四种降雨产品表现更优,其在 6 个站点的 NSE 均在 0.93 以上,BIAS 在穆达汉站达到 −10.3%,但是也优于其他四种降雨产品。尤其需要指出的是,在允景洪站、清盛站、琅勃拉邦站,MSWEP 降雨产品模拟的月尺度径流过程与各个站点实测月径流过程量之间的相对误差比观测降雨模拟的相对误差还小,分别为 −6.9%、0.3% 和 8.5%,这说明了 MSWEP 降雨产品在融合了多套遥感降雨产品及利用地面雨量站观测数据进行降雨偏差校正后,其径流模拟有了很好的表现,特别是在高海拔地区(清盛站及以上区域)(Beck 等,2017a;Beck 等,2017b)。PERSIANN 降雨产品与日尺度模拟相比,

在允景洪站,其 *NSE* 虽有较大的提升,但是其 *BIAS* 也高达 21.6%。

表 3.10 澜湄流域 6 个水文站点实测降雨、五套降雨产品驱动下 SWAT 模型在第二种模拟策略下
模拟得到的 2000—2007 年月尺度径流过程的模型表现

降雨产品	允景洪站		清盛站		琅勃拉邦站		穆达汉站		巴色站		上丁站	
	NSE	BIAS(%)	NSE	BIAS(%)	NSE	BIAS(%)	NSE	BIAS(%)	NSE	BIAS(%)	NSE	BIAS(%)
观测降雨	0.93	−8.5	0.96	2.0	0.92	14.8	0.95	1.7	0.98	5.8	0.99	−2.0
AgMERRA	0.84	−18.2	0.95	−4.9	0.92	8.0	0.92	−14.7	0.97	−5.6	0.98	−4.1
APHRODITE	0.65	−32.5	0.90	−12.5	0.92	−3.4	0.81	−26.2	0.96	−9.8	0.97	−9.7
CHIRPS	0.90	3.9	0.94	8.7	0.92	10.8	0.93	−11.6	0.97	−4.3	0.98	2.2
MSWEP	0.93	−6.9	0.95	0.3	0.93	8.5	0.95	−10.3	0.98	−5.9	0.98	−3.8
PERSIANN	0.45	21.6	0.95	−0.7	0.93	10.2	0.93	−11.0	0.98	1.6	0.97	−3.4

3.3 多源降水数据融合

3.3.1 雅鲁藏布江流域多源降水数据融合

3.3.1.1 基于 CNN-LSTM 耦合算法的多源异构降水数据融合模型的构建

据前述研究可知,降雨产品的日尺度降水数据与实测降水数据的 *CC* 低;而月尺度上降水产品与实测降水数据的 *CC* 高,但是 *BIAS* 大。流域的径流模拟与变化研究多在月尺度上进行分析,本节在上述数据评估的基础上,对月尺度降水进行数据融合。孟庆博等(2021)、付新峰等(2006)均已验证雅江流域降水与植被覆盖具有显著的相关性,上述分析结果也说明降水产品的准确性与 DEM 信息同样具有密切联系。评估结果表明,五套月尺度降水数据在雅江的适用性均较好,考虑到不同数据的时间序列不一致,分别在 1980—1982 年选择 GLDAS V2.0 与 DEM;1983—1997 年选择 GLDAS V2.0、PERSIANN-CDR、NOAA AVHRR、DEM;1998—2000 年选择 GLDAS V2.0、PERSIANN-CDR、NOAA AVHRR、DEM、TRMM 3B42 V7;2001—2014 年选择 GLDAS V2.0、PERSIANN-CDR、MOD13A3、DEM、TRMM 3B42 V7;2015—2019 年 PERSIANN-CDR、MOD13A3、DEM、TRMM 3B42 V7、GSMaP MVK、GPM IMERG 分别代入 CNN-LSTM 模型(表 3.11)。Wu 等(2020)通过 CNN-LSTM 模型校正了全国范围的 TRMM 3B42 V7 数据,校正结果在我国大多数地区取得了较好的适用性,但在雅江流域的校正效果不明显,各项指标的提升不显著,本节在其基础上,对其模型结构进行改进,将原有 CNN-LSTM 模型三层卷积结构增至最多六层,考虑更多源的降水数据在时空特征上的差异,考虑下垫面要素(植被)与降水之间的关联性,提出了新的 CNN-LSTM 结构(图 3.17),构建了适用于雅江流域的降水数据融合模型(图 3.18)。多源异构降水数据融合模型构建思路如下:

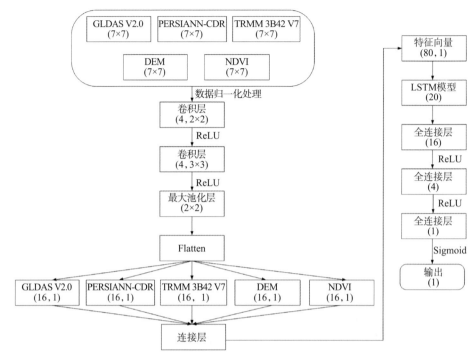

图 3.17 CNN-LSTM 融合降水模型结构图（2001—2014 年）

注：图中的流程为 2001—2014 年使用 GLDAS V2.0、PERSIANN-CDR、TRMM 3B42 V7 为降水输入的模型结构，其他年份需根据表 3.11 中的具体信息进行替换。

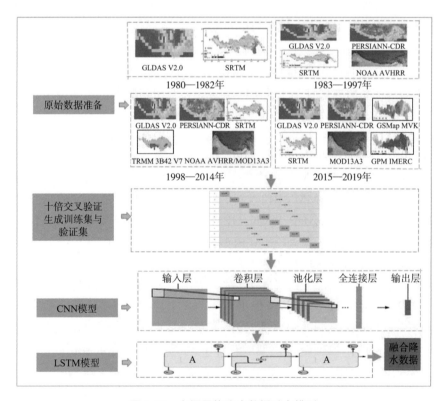

图 3.18 多源异构降水数据融合模型

1. 原始数据的构建及数据归一化处理

本节选择了降水数据、植被数据、高程数据,具体信息见表 3.11,首先将全部数据通过最临近边界插值的方式统一成空间分辨率为 0.1°的数据,而后定位雅江流域及其周边 20 个气象站点在降水产品及 NDVI 与 DEM 数据集上的位置,进而提取该位置及其周围 7×7 的网格数据作为模型的输入数据。模型的全部输入数据通过最大最小值标准化方法进行归一化处理。

表 3.11　CNN-LSTM 耦合模型输入数据具体信息

年份	DEM	NDVI	降水
1980—1982 年		—	GLDAS V2.0
1983—1997 年		NOAA AVHRR	GLDAS V2.0、PERSIANN-CDR
1998—2000 年	SRTM	NOAA AVHRR	GLDAS V2.0、PERSIANN-CDR、TRMM 3B42 V7
2001—2014 年		MOD13A3	GLDAS V2.0、PERSIANN-CDR、TRMM 3B42 V7
2015—2019 年		MOD13A3	PERSIANN-CDR、TRMM 3B42 V7、GSMaP MVK、GPM IMERG

注:由于 1980—1982 年无合适的 NDVI 数据,故仅用降水数据与 DEM 作为输入。

2. 基于十倍交叉验证的训练集与验证集的划分

选择十倍交叉验证的方式进行训练集与验证集的划分。所谓十倍交叉验证,就是将全部的数据按十等份进行划分,每一份被划分的数据集作为验证集时,其余数据集被看作训练集。在十倍交叉验证的过程中,每一组训练集的参数都是固定不变的,通过十组运算的平均误差来验证模型参数的适用性,最后选择最优参数为模型参数。选取十倍交叉验证的最主要目的是通过多次模拟验证来降低单次验证的偶然性,提升模型精度,使得运行结果具有更强的适用性。

3. 基于 CNN-LSTM 数据融合算法的多源异构降水数据融合模型

适用于雅江的 CNN-LSTM 数据融合具体结构如图 3.17 所示,基于 Python 3.8 的 TensorFlow 环境进行模型的率定与验证,除图中所示 CNN-LSTM 模型的内部结构参数外,模型其他参数分别是优化器(optimizer)='adam'、损失函数(loss)='mean_squared_error'、准确率(metrics)='accuracy'、梯度下降(batch_size)='2'、定型周期(epochs)='10'。通过 CNN-LSTM 得到的数据为站点位置。为得到空间上每个网格位置的降水估计,将雅江流域 TRMM 3B42 V7、GPM IMERG、GLDAS V2.0、PERSIANN-CDR、GSMaP MVK、NOAA AVHRR、MOD13A3 与 SRTM 数据以最临近边界插值的方式统一插值成分辨率为 0.1°的数据,以每个栅格对应的位置为中心,提取其周围 7×7 的网格,作为训练集代入已率定好的 CNN-LSTM 模型中,通过 CNN-LSTM 模型计算得到每个网格处的估计值,作为融合降水数据。

4. 数据的输出

由于模型数据输出量较大,直接输出耗时较长,故在模型数据输出过程中选择并行运算进行输出。该部分工作是基于 Python 3.8 开发环境,采用 Pandas 的数据写入以及 threading 的多线程管理功能,首先将数据按顺序整合到一个变量中,根据数据情况设置循环体,预设每个文件保存的数据量,然后通过计算获取需要保存的数据,最后通过 Pandas 包将数据转成 DataFrame 后保存为 Excel,得到雅江流域逐月网格降水数据。将流域内某个实测站第 i 日降水值记为 x,对应的该月降水值为 X,令第 i 日转换系数 $i_a = x/X$,计算得到该站点在 1980—2019 年每日的 i_a 值,记为 I。依次计算流域内 20 个气象站的 I,将 1980—2019 年 20 个实测站的 I 通过 IDW 插值的方式插值到流域面,得到流域 1980—2019 年不同栅格位置的比例系数序列 i,假设融合降水产品某个位置 G 对应的月降水值为 Y,此时 G 位置在第 t 日的融合降水数据日值 $y = i(t) \times Y$,依此类推,可求得每个栅格位置的融合降水日值,得到日尺度融合降水数据。

3.3.1.2 融合降水产品流域面尺度的精度评估

本节对月尺度融合降水数据采用 3.2.2 节的定量评估方式进行分析,图 3.19 展示了融合降水与实测降水的散点密度图,表 3.12 展示了融合降水定量指标评估结果与五套降水产品数据定量指标评估的结果。由图 3.19 与图 3.10 的对比可以看出,融合降水产品相较于其他数据产品与实测降水数据更为接近。由表 3.12 可知,在雅江流域,融合降水模型相较于参与融合的 TRMM 3B42 V7、GPM IMERG、GLDAS V2.0、PERSIANN-CDR 与 GSMaP MVK 五套降水产品,在保持较高的 CC 基础上,$BIAS$、$RMSE$ 与 MAE 均得到了显著提

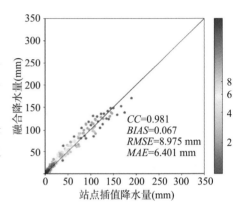

图 3.19　融合降水产品定量分析

升,且具有较长的时间序列,更适用于雅江流域。由于日尺度融合降水数据是由月尺度融合降水数据通过实测数据日值与月值的比例插值得到的,在空间上的分配系数与实测站点位置的分配系数较为相近,在月尺度融合结果较好的基础上则可认为日尺度数据具有良好的适用性,故在此不再验证。

表 3.12　融合降水产品定量分析结果对比

降水产品	CC	$BIAS$(%)	$RMSE$(mm)	MAE(mm)
TRMM 3B42 V7	0.963	1.279	71.906	53.805
GPM IMERG	**0.988**	0.213	13.801	10.093
GLDAS V2.0	0.962	0.455	32.556	20.504
PERSIANN-CDR	0.978	0.779	46.892	32.764
GSMaP MVK	0.798	0.278	31.325	20.053
融合降水产品	0.981	0.067	8.975	6.401

注:表中黑色部分数据产品为被评估的应用较为广泛的数据产品,红色部分为融合数据产品,蓝色提亮部分为每个指标的最优值。

3.3.1.3 融合降水产品站点尺度的精度评估

本节对融合降水产品数据空间精度进行分析,图 3.20 至图 3.23 分别展示了月尺度

上融合降水与本书提及的五套降水产品空间精度评估结果。由评估结果可以明显看出，融合降水产品明显地改善了卫星降水数据在雅江中下游高估的现象，表现在 $BIAS$、$RMSE$ 与 MAE 均有大幅度的下降(图 3.21、图 3.22、图 3.23)。融合降水模型在时空尺度上的精度评估结果，表明了所提出的 CNN-LSTM 耦合模型在高寒、高海拔的雅江流域降水数据融合中具有较强的适用性。

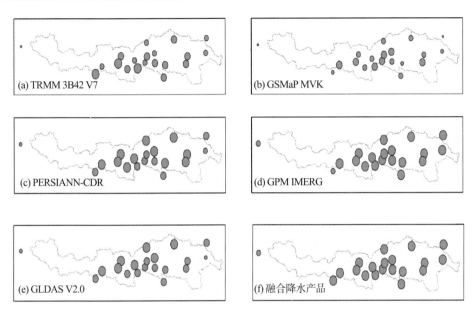

相关系数 CC ·0~0.4 ●0.4~0.6 ●0.6~0.8 ●0.8~0.9 ●0.9~1

图 3.20　融合降水产品 CC 空间尺度评估

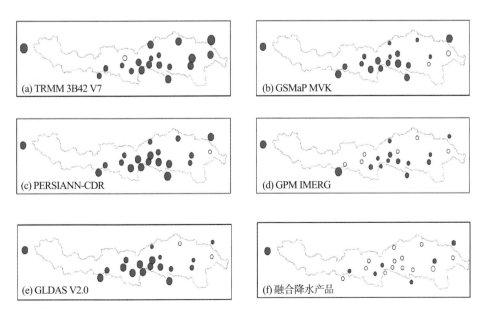

偏差 $BIAS$(%) ○-0.5~-0.3 ○ -0.3~0● 0~0.3 ● 0.3~0.5 ● 0.5~0.8 ● 0.5~1 ● 1~3 ● 3~5 ● 5~10

图 3.21　融合降水产品 $BIAS$ 空间尺度评估

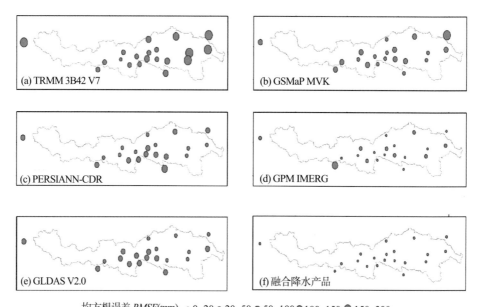

均方根误差 *RMSE*(mm)　•0~20　●20~50　●50~100　●100~150　●150~300

图 3. 22　融合降水产品 *RMSE* 空间尺度评估

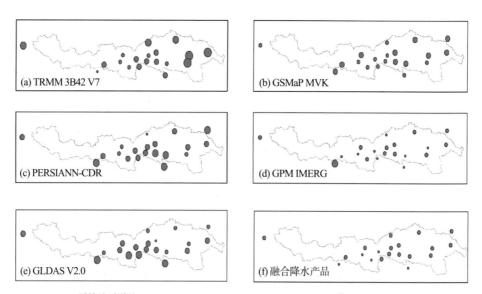

平均绝对误差 *MAE* (mm)　•0~10　•10~30　●30~50　●50~100　●100~200

图 3. 23　融合降水产品 *MAE* 空间尺度评估

3.3.2　澜沧江—湄公河流域遥感再分析降水产品偏差校正

3.3.2.1　基于站点观测数据对降雨产品的评估

图 3.24 展示了日尺度 AgMERRA、APHRODITE、CHIRPS、MSWEP 和 PERSIANN 与澜湄流域地面观测降雨数据之间相关系数 CC 的空间分布和箱图。总体而言,在整个流域尺度上,APHRODITE 与其他四种降雨产品相比具有最大的 CC(整个流域平均 CC 为 0.61),其次是 MSWEP($CC=0.49$)、AgMERRA($CC=0.39$),而 CHIRPS 和 PERSIANN 的 CC 最小($CC=0.35$)。对于五套降雨产品在逐个站点的 CC 表现来看,在所有观测站点中,APHRODITE 与 204 个雨量站观测降雨序列之间的 CC 值大于 0.5,而与 MSWEP、AgMERRA、PERSIANN 和 CHIRPS 的 CC 超过 0.5 的观测站点分别有 107 个、48 个、10 个和 9 个,在所有雨量站点中 CHIRPS 和 PERSIANN 降雨产品的最高 CC 值分别为 0.54 和 0.59。在空间分布方面,中国境内雨量站点观测数据(即澜沧江流域内)与五套降雨产品之间的 CC 通常高于下游湄公河流域的观测站点,这也表明了这五套降水产品在开发研制的过程中可能融合了来自研究区上游澜沧江流域内更多的地面观测降雨信息。

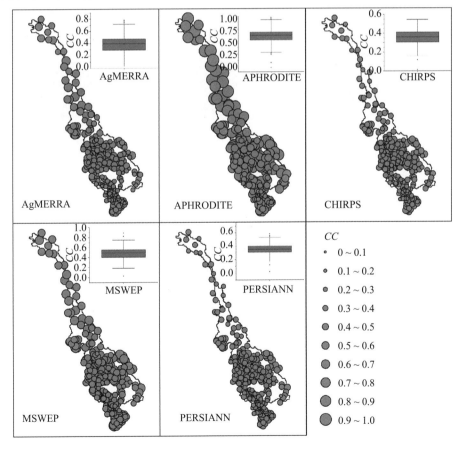

图 3.24　1979—2014 年逐日 AgMERRA、APHRODITE、CHIRPS、MSWEP、PERSIANN 与实测站点降水的相关系数图及箱图(右上角子图)

图 3.25 显示了日尺度 AgMERRA、APHRODITE、CHIRPS、MSWEP、PERSIANN 和地面观测降雨数据之间的 POD01 指标空间分布及其对应的箱图。与 CC 结果表现类似，CHIRPS 的 POD01 在五套降雨产品中最小。由图 3.25 中箱图呈现的结果可以看出，MSWEP 降雨产品的 POD01 最大（平均值为 0.995），这也意味着该降雨产品可以最准确地预测澜湄流域上降雨事件发生与否，次优的为 APHRODITE（0.98），其次为 PERSIANN 和 AgMERRA（分别为 0.95 和 0.93），而 CHIRPS 的 POD01 最小，仅为 0.90，这表明 CHIRPS 在站点尺度上对降水事件发生与否预估相对较差，这与其他相关研究得出的结论保持一致（Aksu 等，2020）。从空间分布的角度来看，MSWEP 在整个澜湄流域均具有较大的 POD01（高于 0.9）。与相关系数的空间分布情况相反，分布于研究区上游高海拔地区的站点的 POD01 低于下游站点，这可能是由于上游地区的降雨过程受到青藏高原复杂地形的影响，其降雨特性较难捕捉（Tang 等，2018）。

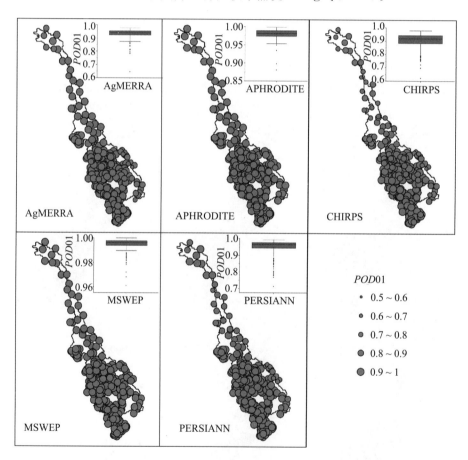

图 3.25　1979—2014 年逐日 AgMERRA、APHRODITE、CHIRPS、MSWEP、PERSIANN 与实测站点降水的 POD01 图及箱图（右上角子图）

从图 3.24 和图 3.25 中可以看到，APHRODITE 和 MSWEP 在整个澜湄流域绝大多数站点上具有较高的相关系数 CC 和 POD01，并且 APHRODITE 的 CC 表现更好，而对降雨事件发生与否的预估则较 MSWEP 略差。但是，考虑到 APHRODITE 仅提供到

2007 年的日尺度数据,并且根据 3.2.3 节的研究结果,APHRODITE 对于研究区下游地区存在着较为严重的低估现象(Lauri 等,2014)。因此,在 MSWEP 相关系数 CC 较高和对降雨事件发生与否预估较为准确的基础上,本研究选择 MSWEP 作为待校正的降雨数据集。

Reiter 等在 2018 年的研究中对比分析了年尺度、月尺度、季节尺度上降雨偏差校正的精度,结果发现在月尺度上偏差校正后的降雨数据精度更高。因此,本节对降雨数据的偏差校正也是在月尺度上进行的。根据本研究收集到的澜湄流域地面雨量站空间分布及可用数据序列年份(图 3.26),选取 1998—2007 年地面雨量站观测降雨数据,将这些站点的逐月累积降雨量插值至 0.25°空间分辨率,即与五套降雨产品空间分辨率一致。然后在全流域尺度上计算了 AgMERRA、APHRODITE、CHIRPS、MSWEP、PERSIANN 与插值后观测数据逐月、逐网格的平均误差 ME,图 3.27 展示了 1—12 月流域内所有格点(0.25°)1998—2007 年五套降雨产品与插值后站点观测降雨量相比具有最小 ME 的降雨产品分布。

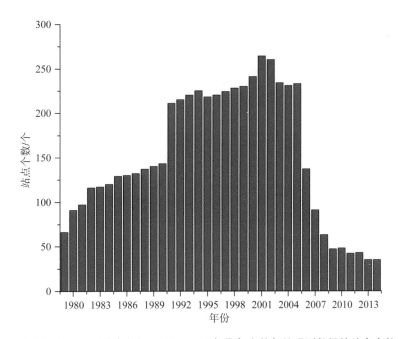

图 3.26   地面观测站点数据 1979—2014 年具备完整年份观测数据的站点个数

从图 3.27 可以看出,与站点插值后格点降雨量相比,在整个研究区内不存在一套降雨产品可以在所有格点均具有较小的 ME,即由于五套降雨产品在开发过程中融合了不尽相同的数据源,因此其表现在不同空间内各有优劣,这与表 3.7 呈现的结果保持一致。总的来说,1 月至 3 月、5 月至 6 月,在研究区上游地区(青藏高原)MSWEP 表现较好;在中部区域,PERSIANN 在 4 月和 6 月至 11 月表现良好;而在下游地区,AgMERRA 在 3 月至 9 月表现较好;对于其他月份和地区,没有一种产品的性能明显优于其他产品。表 3.13 列出了五套降雨产品月尺度降雨数据与站点观测插值得到的格点降水相比,在整个研究区域内具有最小 ME 的格点数量。从表中可以看出,自 3 月至 9 月(包括研究区域的雨季），APHRODITE 的网格最少，也就是说，尽管 APHRODITE 的 *CC* 相对于其他产品最大，但其降水量预估则相对较差。另一方面，与其他四种产品相比，MSWEP 在 2 月和 3 月、5 月至 7 月、11 月和 12 月具有最多的格点。在其他月份，AgMERRA、APHRODITE、CHIRPS 和 PERSIANN 分别在 9 月和 10 月、1 月、3 月和 4 月以及 8 月表现较好。

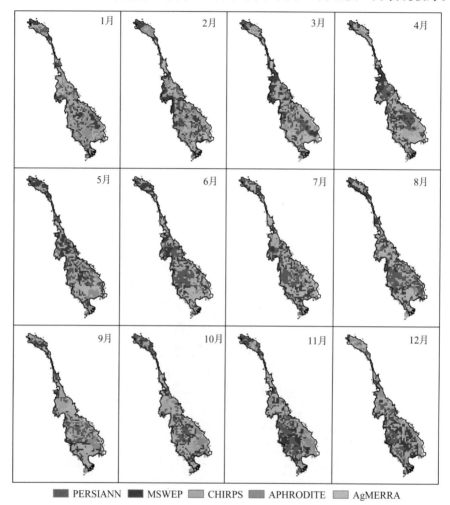

图 3.27　逐月 AgMERRA、APHRODITE、CHIRPS、MSWEP、PERSIANN 与站点观测
降雨相比具有最小 *ME* 的降雨产品空间分布

表 3.13　1998—2007 年月尺度 AgMERRA、APHRODITE、CHIRPS、MSWEP、PERSIANN
与站点观测降雨插值后格点降水相比具有最小 *ME* 的格点个数

降雨产品	1 月	2 月	3 月	4 月	5 月	6 月	7 月	8 月	9 月	10 月	11 月	12 月
AgMERRA	241	205	202	200	229	268	220	252	313*	292*	194	177#
APHRODITE	382*	300	156#	125#	143#	87#	110#	79#	121#	156#	217	286
CHIRPS	150	172	288*	281*	222	196	282	209	307	258	172#	203

降雨产品	1 月	2 月	3 月	4 月	5 月	6 月	7 月	8 月	9 月	10 月	11 月	12 月
MSWEP	239	322*	288*	274	364*	307*	283*	287	192	235	313*	295*
PERSIANN	127#	140#	205	259	181	281	244	312*	206	198	243	178

备注:五种降雨产品相比具有最多格点数的用"*"标注,最少格点数则用"#"标注。

3.3.2.2　基于格点校正后降雨产品评估

根据 3.2.2 节的研究结果和 3.1.2 节中介绍的降雨偏差校正机制,本研究选择 1979—2014 年的日尺度 MSWEP 作为待校正的产品,并使用 Quantile Mapping(QM)和 Linear Scaling(LS)方法逐网格、逐月份校正 MSWEP,即在全流域尺度上每一个网格、每一个月份具有最小 ME 的降雨产品被当作该月份、该网格的降雨真值,而利用两种方法校正后的降水分别称为 MSWEP-QM 和 MSWEP-LS。诚然,这样的校正机制仍然不能完全消除降雨误差,但这也是对像澜湄流域这样的地面观测信息较少的研究区获取一套长序列、具有较高精度降雨数据集的一种尝试。

图 3.28 展示了 1998—2007 年从地面观测降雨量、AgMERRA、APHRODITE、CHIRPS、MSWEP、PERSIANN 和两种校正后的产品(即 MSWEP-QM,MSWEP-LS)得出的研究区多年平均降水量的空间分布。与地面观测降雨量空间分布相比,MSWEP-QM 和 MSWEP-LS 可以完美地呈现整个澜湄流域的多年平均降雨量空间分布,两种校正后的产品均可以较好地预测研究区域的几个降水中心,包括研究区中部的呵叻高原,以及受印度洋季风和东南季风影响降雨量较大的泰国东北部和北部高地地区。从空间分布的

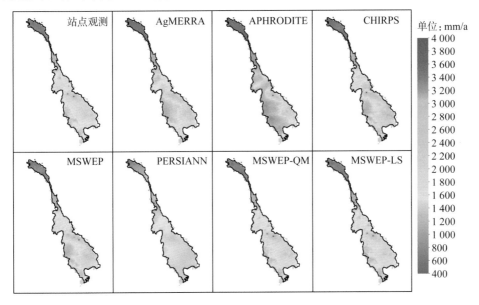

图 3.28　站点观测、AgMERRA、APHRODITE、CHIRPS、MSWEP、PERSIANN 及校正后的 MSWEP-QM 和 MSWEP-LS 1998—2007 年多年平均降雨量空间分布图

角度来看,在青藏高原上部,除 PERSIANN 以外的所有降雨产品均表现良好,这与另外四套降雨产品在研制过程中利用了中国境内澜沧江流域地面观测雨量数据进行校正有关;而 AgMERRA 和 APHRODITE 低估了中部地区的年降水量,而在研究区域下游的高海拔地区,CHIRPS、MSWEP 和 PERSIANN 与实测降雨量相比呈现出高估的现象,这与表 3.7 呈现的三种降雨产品在 Am 气候区的表现一致。总的来说,对于校正后的降水,可以看到利用本研究提出的降雨偏差校正框架得到的 MSWEP-QM 和 MSWEP-LS 降雨产品均可以较好地消除多年平均尺度上的降水预估误差。

图 3.29 显示了 AgMERRA、APHRODITE、CHIRPS、MSWEP、PERSIANN、MSWEP-QM、MSWEP-LS 与实测降水(格点降水)的散点图。如图所示,MSWEP-QM 和 MSWEP-LS 计算得到的逐网格多年平均降雨量与整个研究区域地面观测多年平均降雨量吻合得十分好(CC 分别为 0.97 和 0.98),二者的 CC 值和 R^2 值均大于原始的五套降雨产品;从 $BIAS$ 值来看,MSWEP-QM 的 $BIAS$ 与 MSWEP 相比有小幅度的降低,其 $BIAS$ 为 -1.90%,而 MSWEP-LS 的 $BIAS$ 也仅为 -3.12%。而对于校正前的五套降水产品,APHRODITE 低估了降水($BIAS=-19.01\%$),但具有最大的 CC 值(0.91);CHIRPS 和 MSWEP 的 CC 相对较大(分别为 0.85 和 0.87),但略高估了降水($BIAS$ 分别为 2.44\% 和 1.98\%);PERSIANN 具有最小的 CC,并且存在高估小降雨过程而低估大降雨过程的现象。总的来说,本研究提出的校正机制可以有效消除多年平均尺度上的降水误差,MSWEP-LS 和 MSWEP-QM 二者的表现并没有明显优劣之分,MSWEP-QM 的 $BIAS$(-1.9%)略小于 MSWEP-LS(-3.12%)。

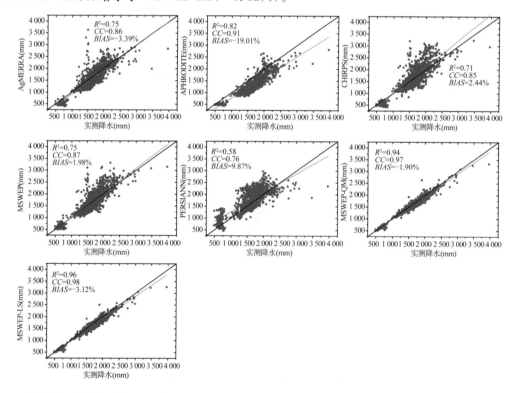

图 3.29 逐日 **AgMERRA、APHRODITE、CHIRPS、MSWEP、PERSIANN 及校正后 MSWEP-QM、MSWEP-LS 与实测降水(格点降水)的散点图及各自对应的 R^2、CC 和 $BIAS$ 值**

3.3.2.3　基于站点校正后降雨产品评估

本小节在站点尺度上评估了 1998—2007 年校正后降雨产品 MSWEP-QM、MSWEP-LS 和 MSWEP 与站点观测降雨量相比的预估精度。图 3.30 展示了 MSWEP、MSWEP-QM、MSWEP-LS 与地面站点观测降雨相比的 *BIAS* 空间分布情况,以及 MSWEP-QM 和 MSWEP-LS 与 MSWEP 相比,其相对应的 *BIAS* 变化情况。从图 3.30(a)、(b)、(c)来看,校正后的 MSWEP-QM 和 MSWEP-LS 降雨产品虽然在研究区的东南部和湄公河三角洲地区仍然具有 15%～20% 的偏差,这可能是因为这两个区域内站点观测降雨序列相对较短,导致插值后的降雨数据存在着一定的误差;但是在研究区上游高海拔地区与 MSWEP 相比校正后的降雨产品 *BIAS* 值均显著减小,特别是 MSWEP-LS,其与研究区上游站点观测降雨相比 *BIAS* 均在 ±10% 以内。总的来说,在 246 个观测站点中,与站点观测降雨相比,MSWEP-LS 和 MSWEP-QM 分别有 214 个和 211 个站点的 *BIAS* 在

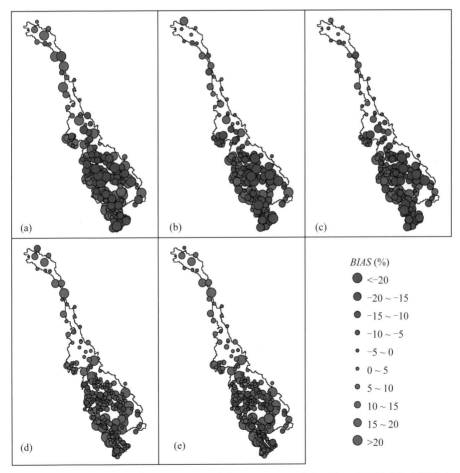

图 3.30　**1998 年至 2007 年逐日 MSWEP(a)、MSWEP-QM(b)、MSWEP-LS(c)与实测站点
观测降水之间的 *BIAS* 空间分布图,(d)和(e)分别代表 MSWEP-QM 和 MSWEP-LS
与观测降水之间的 *BIAS* 相较 MSWEP 与观测降水之间的 *BIAS* 的变化量,其中
蓝色的点代表 *BIAS* 呈现出减小趋势,红色的点则表示 *BIAS* 呈现出增大趋势**

−20％到20％之间,而 MSWEP 有183个站点的 $BIAS$ 介于−20％至20％之间。从图 3.30(d)和(e)可以看出,校正后的 MSWEP-QM 和 MSWEP-LS 与 MSWEP 相比,分别有 165个和171个站点的 $BIAS$ 呈现出减小的趋势,即在大多数站点校正后的降雨精度 与 MSWEP 相比有了不同程度的改善,而对于其他剩余站点,其 $BIAS$ 变化量也小于 10％。从所有站点 $BIAS$ 的平均值来看,MSWEP-QM 和 MSWEP-LS 与站点观测降雨 相比,其平均 $BIAS$ 分别达到了0.17％和−0.5％,这也远小于 MSWEP 原有的 $BIAS$ 值 (2.48％);从所有站点 $BIAS$ 绝对值的平均值来看,MSWEP-QM 和 MSWEP-LS 与 MSWEP 相比,也由原有的16.57％(MSWEP)分别减小至11.21％(MSWEP-QM)和 10.69％(MSWEP-LS),MSWEP-LS 的表现略优于 MSWEP-QM。总的来说,校正后 的 MSWEP-QM 和 MSWEP-LS 在绝大多数站点上对降雨量的预估性能优于 MSWEP, 且 MSWEP-LS 表现略好于 MSWEP-QM。

3.3.2.4　基于水文模拟校正后降雨产品评估

为了减小水文模拟中模型参数不确定性的影响,本节研究对校正后降雨数据的径流 模拟评估依然采用第二种模拟策略,即使用站点观测降雨率定得到的最优参数组合输入 校正后降雨产品数据进而评估模型效率表现,依然将1998—1999年作为模型的预热期。 表3.14展示了2000—2007年 AgMERRA、APHRODITE、CHIRPS、MSWEP、PERSIANN、 MSWEP-QM、MSWEP-LS 七套降水数据输入在第二种模拟策略下 SWAT 模型的效率 表现。由表可以看出,MSWEP-LS 降雨产品在允景洪站、清盛站、琅勃拉邦站、穆达汉站 和巴色站五个水文站点径流模拟结果均优于 MSWEP,而在上丁站径流模拟结果劣 于 MSWEP,根据图3.30呈现的结果,可以看出在巴色站至上丁站区域内校正后的结果 有8个站点的 $BIAS$ 呈现出变大的趋势,这是 MSWEP-LS 在该区域径流模拟结果劣 于 MSWEP 的主要原因,也就是说在该区域校正后的降雨产品依然存在着较大的不确定性。 而对于 MSWEP-QM 降雨产品,其在允景洪站点以上区域径流模拟结果 $BIAS$ 显著减小,这与 图3.28和图3.30呈现的结果一致,即在允景洪站以上区域,两套降雨产品均显著地减小 了 MSWEP 固有的降雨误差,而在其他站点除巴色站以外,其在第二种模拟策略下的模拟表现 略差于 MSWEP,但是也都取得了十分优秀的模拟表现。综上所述,MSWEP-LS 降雨产品在第 二种模拟策略下,其径流模拟表现在澜湄流域绝大多数站点优于 MSWEP 和 MSWEP-QM。

表3.14　第二种模拟策略下日尺度 AgMERRA、APHRODITE、CHIRPS、MSWEP、PERSIANN、

MSWEP-QM、MSWEP-LS 在澜湄流域六个水文站 SWAT 模型径流模拟评价指标

降雨产品	允景洪站		清盛站		琅勃拉邦站		穆达汉站		巴色站		上丁站	
	NSE	$BIAS$(％)	NSE	$BIAS$(％)	NSE	$BIAS$(％)	NSE	$BIAS$(％)	NSE	$BIAS$(％)	NSE	$BIAS$(％)
AgMERRA	0.78	−18.2	0.83	−4.9	0.89	7.9	0.90	−14.7	0.96	−5.6	0.97	−4.1
APHRODITE	0.63	−32.5	0.81	−12.5	0.89	−3.5	0.80	−26.2	0.95	−9.9	0.96	−9.7
CHIRPS	0.67	4.0	0.77	8.7	0.90	10.7	0.91	−11.6	0.96	−4.4	0.97	2.2
MSWEP	0.84	−6.9	0.83	0.3	0.91	8.4	0.93	−10.3	0.96	−5.9	0.97	−3.8
PERSIANN	−0.12	21.8	0.79	−0.7	0.90	10.1	0.91	−11.0	0.97	1.6	0.96	−3.4

续表

降雨产品	允景洪站		清盛站		琅勃拉邦站		穆达汉站		巴色站		上丁站	
	NSE	BIAS(%)	NSE	BIAS(%)	NSE	BIAS(%)	NSE	BIAS(%)	NSE	BIAS(%)	NSE	BIAS(%)
MSWEP-QM	0.75	**1.4**	**0.91**	3.3	0.90	12.8	0.93	−10.3	**0.97**	**−1.8**	0.97	−7.3
MSWEP-LS	**0.84**	−5.9	**0.90**	1.4	**0.91**	7.3	0.93	−9.7	**0.97**	**−2.4**	0.96	−8.6

备注:校正后降雨产品 MSWEP-QM 和 MSWEP-LS 模型评价指标优于 MSWEP 的用红色标注。

表 3.15 展示了 1998—2007 年逐日 AgMERRA、APHRODITE、CHIRPS、MSWEP、PERSIANN、MSWEP-QM、MSWEP-LS 与实测站点降水在允景洪站以上区域(a)、允景洪站至清盛站(b)、清盛站至琅勃拉邦站(c)、琅勃拉邦站至穆达汉站(d)、穆达汉站至巴色站(e)、巴色站至上丁站(f)、上丁站以下区域(g)七个区域的 BIAS 值。总体而言,两个校正后的降水产品的 BIAS 都在±9%以内,这意味着本研究提出的降雨偏差校正框架在日尺度上可以有效消除误差。从空间角度看,这两个校正后的产品在允景洪站以上区域、允景洪站至清盛站区域、巴色站至上丁站区域和上丁站以下区域与实测站点降水相比,其 BIAS 比原始五套降水产品的 BIAS 小,而在其他三个区域,校正后降雨产品的 BIAS 比 MSWEP 略大。从不同降雨产品的性能及其对水文模拟结果的影响可以看到,APHRODITE 低估了所有七个子区域的降水,这也是导致该产品水文模拟结果的流量过程被低估的主要原因(表 3.14);PERSAINN 在允景洪站以上区域的降雨误差为 20.99%,这也是导致其径流模拟结果较差的主要原因(NSE=−0.12,BIAS=21.8%)。总的来说,两个校正后的产品在四个子区域(允景洪站以上区域、允景洪站至清盛站区域、巴色站至上丁站区域和上丁站以下区域)中的 BIAS 都比原有的五套降雨产品小,而其他三个子区域中的 BIAS 则有小幅度的变大,这可能与图 3.30 呈现的结果相关,即这三个区域内存在着少量站点的 BIAS 与 MSWEP 相比呈现出增大的趋势,因此在求取区域平均 BIAS 的过程中,区域平均 BIAS 与 MSWEP 相比有变大的趋势,这一现象在其他相关研究中也有所提及(Tang 等,2016)。

表 3.15 逐日 AgMERRA、APHRODITE、CHIRPS、MSWEP、PERSIANN、MSWEP-QM、MSWEP-LS 与实测站点降水在七个区域的 BIAS 值 单位:%

区域	AgMERRA	APHRODITE	CHIRPS	MSWEP	PERSIANN	MSWEP-QM	MSWEP-LS
a	−2.10	−7.78	3.13	9.41	20.99	2.35	**1.22**
b	−5.20	−11.59	4.20	1.28	−8.32	0.88	**−0.81**
c	−1.57	−12.73	−2.61	**−0.72**	0.88	−0.96	−2.39
d	−11.49	−24.63	−9.79	−7.12	**−3.39**	−8.46	−8.91
e	−9.70	−24.50	−5.36	**−4.24**	5.73	−7.77	−8.18
f	−1.67	−14.45	12.20	7.49	5.29	**−4.86**	−5.12
g	8.89	−20.16	13.31	10.14	42.16	**−0.16**	−1.88

备注:各区域指标最小的用红色标注。

3.3.2.5 基于站点校正后降雨产品验证

在 3.3.2.2 节至 3.3.2.4 节中,主要利用 1998—2007 年站点观测数据从格点、站点和水文模拟三个角度对校正后降雨产品 MSWEP-QM 和 MSWEP-LS 进行了评估。本研究旨在通过评估遥感再分析降雨产品,利用本研究提出的降雨偏差校正框架融合多套降雨产品在研究区各个区域不同的降雨评估优势,得到一套在澜湄流域具有较高精度的长序列降雨数据集,为该流域水文气象研究提供数据支撑。由于气象研究、气候变化研究等均需要至少30年的气象数据序列,因此,本节又在 1979—1997 年和 2008—2014 年两个时间段上对校正后的降雨产品 MSWEP-QM 和 MSWEP-LS 进行了精度评估。与图 3.30 呈现的结果类似,图 3.31 展示了 1979—1997 年和 2008—2014 年两个时间段日尺度 MSWEP、MSWEP-QM、MSWEP-LS 与地面站点观测降雨相比的 $BIAS$ 值,以及 MSWEP-QM 和 MSWEP-LS 与 MSWEP 相比,其相对应的 $BIAS$ 变化情况,从图 3.31(a)、(b)和(c)可以看到,在澜湄流域上游地区,两组校正后的降水产品与 MSWEP 相比的 $BIAS$ 较小;但是,在研究区下游地区大多数站点仍显示出低估降水的趋势,造成这种现象的原因可能是,在下游地区,收集到的地面观测降雨序列相对较短,也就是说在降雨偏差校正的过程中包含了有限的下游地面观测站点降雨信息。进一步比较了日尺

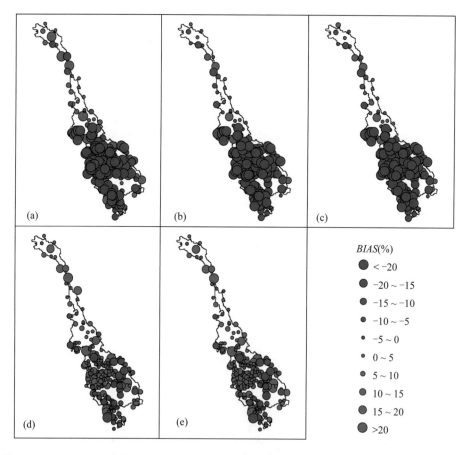

图 3.31 1979—1997 年和 2008—2014 年逐日 MSWEP(a)、MSWEP-QM(b)、MSWEP-LS(c)与站点观测降水之间 $BIAS$ 空间分布图,(d)和(e)分别代表 MSWEP-QM 和 MSWEP-LS 与观测降水之间的 $BIAS$ 相较 MSWEP 与观测降水之间的 $BIAS$ 的变化量,其中蓝色的点代表 $BIAS$ 呈现出减小趋势,红色的点则表示 $BIAS$ 呈现出增大趋势

度 MSWEP-QM、MSWEP-LS 和 MSWEP 在 $BIAS$ 方面的变化[图 3.31(d)、(e)]可以发现,校正后的降水产品可以有效减小大多数站的 $BIAS$,特别是在研究区的上游和中游地区,与 1998—2007 年校正后降雨产品表现类似,在流域东南部一些高海拔地区和湄公河三角洲一些站点的 $BIAS$ 呈现变大的趋势。从所有站点 $BIAS$ 的绝对值的平均值来看,MSWEP 的平均绝对 $BIAS$ 为 21.4%,校正后的 MSWEP-QM 和 MSWEP-LS 分别为 17.98% 和 17.87%,分别降低了 3.42% 和 3.53%。综上所述,校正后的 MSWEP-QM 和 MSWEP-LS 虽然在部分区域仍然存在着一定的不确定性,但是与 MSWEP 相比,其在绝大多数站点的 $BIAS$ 呈现出减小的趋势,且从平均绝对 $BIAS$ 变化来看,MSWEP-LS 略优于 MSWEP-QM。

3.4 本章小结

本章以雅江流域为例对 TRMM 3B42 V7、GPM IMERG、GLDAS V2.0、PERSIANN-CDR、GSMaP MVK 五套卫星遥感降水数据进行评估与融合,并以澜湄流域为例对五种遥感再分析降雨产品(遥感降雨产品 CHIRPS、MSWEP 和 PERSIANN 以及再分析降雨产品 AgMERRA 和 APHRODITE)进行了精度评估与偏差矫正。结果表明:

(1) 研究提出了 CNN-LSTM 的数据融合算法,构建了适用于高寒高海拔区域的多源降水数据融合模型,生成了雅江流域 1980—2019 年降水数据。在时空尺度上对融合降水数据进行评估,相较于本研究评估的降水数据产品,融合降水数据在保持了相对较高的 CC 基础上,大幅度减小了 $BIAS$、$RMSE$ 与 MAE,说明融合降水数据在雅江具有更强的适用性,在很大程度上弥补了雅江流域降水资料稀缺的问题。

(2) 根据 AgMERRA、APHRODITE、CHIRPS、MSWEP、PERSIANN 和两种校正后的降雨产品 MSWEP-QM、MSWEP-LS 得出的澜湄流域多年平均降水量(1998—2007 年)的空间分布,与地面观测降雨量空间分布相比,MSWEP-QM 和 MSWEP-LS 可以较好地呈现整个澜湄流域的多年平均降雨量空间分布,两种校正后的降雨产品都可以较好地预测研究区域的几个降水中心。从 CC 的角度来看,MSWEP-LS 略好于 MSWEP-QM。

参考文献

[1] ABDELMONEIM H, SOLIMAN M R, MOGHAZY H M. Evaluation of TRMM 3B42V7 and CHIRPS satellite precipitation products as an input for hydrological model over Eastern Nile Basin[J]. Earth Systems and Environment, 2020, 4(4): 685-698.

[2] AHMED E, AL JANABI F, ZHANG J, et al. Hydrologic assessment of TRMM and GPM-based precipitation products in transboundary river catchment (Chenab River, Pakistan)[J]. Water, 2020, 12(7): W12071902.

[3] AKSU H, AKGÜL M A. Performance evaluation of CHIRPS satellite precipitation estimates over Turkey[J]. Theoretical and Applied Climatology, 2020, 142(1-2): 71-84.

[4] ALAZZY A A, LV H, CHEN R, et al. Evaluation of satellite precipitation products and their potential influence on hydrological modeling over the Ganzi River Basin of the Tibetan Plateau[J].

Advances in Meteorology，2017，2017：3695285-1-3695285-23.

［ 5 ］ BAN C，XU Z，ZUO D，et al. Vertical influence of temperature and precipitation on snow cover variability in the Yarlung Zangbo River basin，China［J］. International Journal of Climatology，2021，41(2)：1148-1161.

［ 6 ］ BAI L，SHI C，LI L，et al. Accuracy of CHIRPS satellite-rainfall products over mainland China［J］. Remote Sensing，2018，10(3)：362.

［ 7 ］ BECK H E，VAN DIJK A I J M，LEVIZZANI V，et al. MSWEP：3-hourly 0.25 global gridded precipitation(1979—2015) by merging gauge，satellite，and reanalysis data［J］. Hydrology and Earth System Sciences，2017a，21(1)：589-615.

［ 8 ］ BECK H E，VERGOPOLAN N，PAN M，et al. Global-scale evaluation of 22 precipitation datasets using gauge observations and hydrological modeling［J］. Hydrology and Earth System Sciences，2017b，21(12)：6201-6217.

［ 9 ］ BHARTI V，SINGH C. Evaluation of error in TRMM 3B42V7 precipitation estimates over the Himalayan region［J］. Journal of Geophysical Research：Atmospheres，2015，120(24)：12458-12473.

［ 10 ］ CHEN C J，SENARATH S U S，DIMA-WEST I M，et al. Evaluation and restructuring of gridded precipitation data over the Greater Mekong Subregion［J］. International Journal of Climatology，2017，37(1)：180-196.

［ 11 ］ CHI K，PANG B，CUI L，et al. Modelling the vegetation response to climate changes in the Yarlung Zangbo River Basin using random forest［J］. Water，2020，12(5)：1433.

［ 12 ］ DERIN Y，ANAGNOSTOU E，BERNE A，et al. Multiregional satellite precipitation products evaluation over complex terrain［J］. Journal of Hydrometeorology，2016，17(6)：1817-1836.

［ 13 ］ FATOLAZADEH F，ESHAGH M，GOÏTA K. A new approach for generating optimal GLDAS hydrological products and uncertainties［J］. Science of the Total Environment，2020，730：138932.

［ 14 ］ GHIMIRE U，SRINIVASAN G，AGARWAL A. Assessment of rainfall bias correction techniques for improved hydrological simulation［J］. International Journal of Climatology，2019，39(4)：2386-2399.

［ 15 ］ GUMINDOGA W，RIENTJES T H M，HAILE A T，et al. Performance of bias-correction schemes for CMORPH rainfall estimates in the Zambezi River basin［J］. Hydrology and Earth System Sciences，2019，23(7)：2915-2938.

［ 16 ］ HAN Z，LONG D，FANG Y，et al. Impacts of climate change and human activities on the flow regime of the dammed Lancang River in Southwest China［J］. Journal of Hydrology，2019，570：96-105.

［ 17 ］ KARIMI P，BASTIAANSSEN W G M. Spatial evapotranspiration，rainfall and land use data in water accounting—Part 1：Review of the accuracy of the remote sensing data［J］. Hydrology and Earth System Sciences，2015，19(1)：507-532.

［ 18 ］ LAURI H，RÄSÄNEN T A，KUMMU M. Using reanalysis and remotely sensed temperature and precipitation data for hydrological modeling in monsoon climate：Mekong River case study［J］. Journal of Hydrometeorology，2014，15(4)：1532-1545.

［ 19 ］ LI B，ZHOU W，ZHAO Y，et al. Using the SPEI to assess recent climate change in the Yarlung Zangbo River Basin，South Tibet［J］. Water，2015，7(10)：5474-5486.

[20] LI D, LONG D, ZHAO J, et al. Observed changes in flow regimes in the Mekong River basin[J]. Journal of Hydrology, 2017, 551: 217-232.

[21] LI G, YU Z, WANG W, et al. Analysis of the spatial distribution of precipitation and topography with GPM data in the Tibetan Plateau[J]. Atmospheric Research, 2021, 247: 105259.

[22] LI H, LIU L, LIU X, et al. Greening implication inferred from vegetation dynamics interacted with climate change and human activities over the Southeast Qinghai-Tibet Plateau[J]. Remote Sensing, 2019, 11(20): 2421.

[23] LIU S, YAN D, QIN T, et al. Correction of TRMM 3B42 V7 based on linear regression models over China[J]. Advances in Meteorology, 2016(5): 1-13.

[24] RÄSÄNEN T A, SOMETH P, LAURI H, et al. Observed river discharge changes due to hydropower operations in the Upper Mekong Basin[J]. Journal of Hydrology, 2017, 545: 28-41.

[25] REITER P, GUTJAHR O, SCHEFCZYK L, et al. Does applying quantile mapping to subsamples improve the bias correction of daily precipitation? [J]. International Journal of Climatology, 2018, 38(4): 1623-1633.

[26] TANG G, MA Y, LONG D, et al. Evaluation of GPM Day-1 IMERG and TMPA Version-7 legacy products over Mainland China at multiple spatiotemporal scales[J]. Journal of Hydrology, 2016, 533: 152-167.

[27] TANG G, LONG D, HONG Y, et al. Documentation of multifactorial relationships between precipitation and topography of the Tibetan Plateau using spaceborne precipitation radars[J]. Remote Sensing of Environment, 2018, 208: 82-96.

[28] TAN M L, SANTO H. Comparison of GPM IMERG, TMPA 3B42 and PERSIANN-CDR satellite precipitation products over Malaysia[J]. Atmospheric Research, 2018a, 202: 63-76.

[29] TAN M L, SAMAT N, CHAN N W, et al. Hydro-meteorological assessment of three GPM satellite precipitation products in the Kelantan River Basin, Malaysia[J]. Remote Sensing, 2018b, 10(7): 1011.

[30] USHIO T, SASASHIGE K, KUBOTA T, et al. A Kalman Filter Approach to the Global Satellite Mapping of Precipitation (GSMaP) from Combined Passive Microwave and Infrared Radiometric Data[J]. Journal of the Meteorological Society of Japan. Ser. II, 2009,87A: 137-151.

[31] WANG W, LU H, YANG D, et al. Modelling hydrologic processes in the Mekong River Basin using a distributed model driven by satellite precipitation and rain gauge observations[J]. PLoS ONE, 2016, 11(3): e0152229.

[32] WILLMOTT C J. On the validation of models[J]. Physical Geography, 1981, 2(2): 184-194.

[33] WU H, YANG Q, LIU J, et al. A spatiotemporal deep fusion model for merging satellite and gauge precipitation in China[J]. Journal of Hydrology, 2020, 584: 124664.

[34] XIANG Y, CHEN J, LI L, et al. Evaluation of eight global precipitation datasets in hydrological modeling[J]. Remote Sensing, 2021, 13(14): 2831.

[35] XU R, TIAN F, YANG L, et al. Ground validation of GPM IMERG and TRMM 3B42V7 rainfall products over southern Tibetan Plateau based on a high-density rain gauge network[J]. Journal of Geophysical Research: Atmospheres, 2017, 122(2): 910-924.

[36] XU R, TIAN F, YANG L, et al. Groud validation of GPM IMERG and TRMM 3B42 V7 rainfall products over souchern Tibetan Plateam based on a high-deasity rain gauge network[J]. Journal of

Geophysical Research：Atmospheres，2017，122(2)：910-924.

［37］ YANG M，LIU G，CHEN T，et al．Evaluation of GPM IMERG precipitation products with the point rain gauge records over Sichuan，China[J]．Atmospheric Research，2020，246：105101.

［38］ YONG B，REN L L，HONG Y，et al．Hydrologic evaluation of Multisatellite Precipitation Analysis standard precipitation products in basins beyond its inclined latitude band：A case study in Laohahe basin，China[J]．Water Resources Research，2010，46(7)：W07542.

［39］ YOU Q，KANG S，WU Y，et al．Climate change over the Yarlung Zangbo river basin during 1961—2005[J]．Journal of Geographical Sciences，2007，17：409-420.

［40］ ZHU Q，XUAN W，LIU L，et al．Evaluation and hydrological application of precipitation estimates derived from PERSIANN-CDR，TRMM 3B42V7，and NCEP-CFSR over humid regions in China[J]．Hydrological Processes，2016，30(17)：3061-3083.

［41］ 付新峰，杨胜天，刘昌明．雅鲁藏布江流域 NDVI 时空分布及与降水量的关系[J]．北京师范大学学报(自然科学版)，2006(5)：539-542＋551.

［42］ 胡庆芳．基于多源信息的降水空间估计及其水文应用研究[D]．北京：清华大学，2013.

［43］ 焦鹏程．基于傅里叶谱分析原理的雷达数据插值及其效果对比分析[D]．南京：南京信息工程大学，2016.

［44］ 李霞，高艳红，王婉昭，等．黄河源区气候变化与 GLDAS 数据适用性评估[J]．地球科学进展，2014，29(4)：531-540.

［45］ 刘晓婉，徐宗学，彭定志．雅鲁藏布江流域 NDVI 与降水量时空分布特征及其相关性分析[J]．中国农村水利水电，2018(1)：89-95.

［46］ 吕洋，董国涛，杨胜天，等．雅鲁藏布江流域 NDVI 时空变化及其与降水和高程的关系[J]．资源科学，2014，36(3)：603-611.

［47］ 孟庆博，刘艳丽，鞠琴，等．雅鲁藏布江流域近 18 年来植被变化及其对气候变化的响应[J]．南水北调与水利科技(中英文)，2021，19(3)：539-550.

［48］ 万思成．气候植被协同影响下漳河上游水文过程响应与模拟[D]．南京：河海大学，2021.

［49］ 王兆礼，钟睿达，赖成光，等．TRMM 卫星降水反演数据在珠江流域的适用性研究——以东江和北江为例[J]．水科学进展，2017，28(2)：174-182.

［50］ 杨艳青．多源土壤水数据融合及其在降水径流模拟中应用研究[D]．成都：四川大学，2023.

［51］ 曾彪．青藏高原植被对气候变化的响应研究(1982—2003)[D]．兰州：兰州大学，2008.

［52］ 赵海根，杨胜天，周旭，等．TRMM3B42 降雨数据在渭河流域的应用分析[J]．水文，2015，35(1)：61-67.

第四章

中小河流产汇流过程模拟

缺资料地区常用的水文模型参数确定方法有区域化方法(彭安帮等,2020)、基于水文模型过程和水文相似框架(Ragettli 等,2017)等。水文相似流域应具有相似的流域特征,因此找出能够影响水文响应的关键气候和下垫面特征成为缺资料流域参数移植的关键(姬海娟等,2018;Pagliero 等,2019)。大部分研究在进行产汇流过程与环境因子的相互关系研究中,选取的气候和下垫面因子有限,导致结果具有一定的局限性。为进一步全面理解产汇流过程的影响机制,有必要考虑更多的环境因子进行分析。本章以中国主要中小河流为研究对象,构建气候和流域下垫面多维特征因子,分析气候和下垫面与产汇流过程的关系。

4.1 中小河流气候和下垫面与产汇流关系

4.1.1 中小河流气候和下垫面因子特征分析

在对中国典型中小河流进行流域气候和下垫面空间分析时,尽量选择受人类活动影响较小的出山口站作为流域集进行研究,亦根据可以获取的资料进行适当的调整(胡天祥,2012;邵金鑫等,2023),流域集求取过程如下:①因主要考虑中小河流,根据水文监测网首先去除 4 级以上河网水文站以及离 5 级河网 2 km 以外的水文站;②考虑人类活动影响较小,根据夜间灯光数据去除亮度大于 30 亮度值[nW/(cm² · sr)]的水文站,去除土地利用是农业和居民地的水文监测站;③由于平原河网受人类活动影响较大,去除典型的平原河网监测站;④利用 90 m DEM 进行填洼、流向、汇流累计计算,最后得到 340 个中小河流域。

日值气象数据来自中国大气同化驱动数据集(CMADS),空间分辨率为 $0.25° \times 0.25°$,时间范围为 2008—2016 年,数据包括日平均温度、日最高低温度、日累计 24 h 降水量、日平均太阳辐射、日平均气压、日比湿度、日相对湿度、日平均风速。

基于收集的气象和下垫面数据,构建气候和下垫面指标体系。将影响产汇流过程环境因子分为气候、植被和土地利用、土壤、地貌和地质、地形、人类活动及流域形态 7 类,每一类因子包含若干环境因子,共有 80 个气候和下垫面因子(表 4.1)。气候数据来源于中国大气同化驱动数据集(CMADS),年潜在蒸散发(PET)采用 FAO-PM 公式进行计算,干燥度计算公式为 $AI = PET/Pre$,其中 Pre 为同期降水量,所有气候变量取 2008—2016 年均值。植被和土地利用主要包括三部分:植被状况,如 LAI、$NDVI$ 及 FVC;土地利用情况,耕地、林地、草地等的百分比;不同类型林地和草地的面积百分比,以上数据年份为 2015 年,均来自资源环境科学数据平台(https://www.resdc.cn)。土壤主要包括土壤质地百分比(沙粒、粉粒、黏粒含量),土壤有效含水量各等级比重以及各土壤类型比重(淋溶土、半淋溶土、水成土等),其中土壤质地和土壤类型来自资源环境科学数据平台,土壤有效含水量和土壤参考深度来自世界土壤数据库(Harmonized World Soil Database, HWSD)。地貌和地质主要包括地貌(平原、台地、丘陵、山地)和地质覆盖类型比重(沉积岩、火山岩等),其中地貌数据来自资源环境科学数据平台,地质数据来自世界地质图委员会(https://ccgm.org)。地形包括流域高程、坡向、坡度、地形指数、湿润指数均值和标准差,由 90 m 分辨率的 DEM 数据计算而来。人类活动主要包括栅格化的人口数据、GDP 数据、DMSP/OLS 夜间灯光数据,数据年份为 2015 年,来源于资源环境科学数据平台。

表 4.1　构建的气候和下垫面因子

类别	指数	指标数量
气候	年平均降水(降水)、年平均降水变异系数(降水 cv)、年潜在蒸散发(蒸散发)、年潜在蒸散发变异系数(蒸散发 cv)、干燥度、气温	6
植被和土地利用	农田比重(农田)、森林比重(森林)、草地比重(草地)、水体与湿地比重(水体湿地)、其他比重(其他)、有林地比重(有林地)、灌木林比重(灌木林)、其他林地比重(其他林地)、高覆盖度草地比重(高覆盖草地)、中覆盖度草地比重(中覆盖草地)、低覆盖度草地比重(低覆盖草地)、年 NDVI(NDVI)、月最小 NDVI(2 月 NDVI)、月最大 NDVI(8 月 NDVI)、植被覆盖度(FVC)、叶面积指数(LAI)、年 NDVI 标准差(NDVIS)、月最小 NDVI 标准差(2 月 NDVIS)、月最大 NDVI 标准差(8 月 NDVIS)、植被覆盖度标准差(FVCS)、叶面积指数标准差(LAIS)	21
土壤	砂土百分比(砂土)、粉砂土百分比(粉砂土)、黏土百分比(黏土)、土壤侵蚀量(Erosion)、砂土百分比标准差(砂土 S)、粉砂土百分比标准差(粉砂土 S)、黏土百分比标准差(黏土 S)、土壤侵蚀量标准差(土壤侵蚀量 S)、土壤参考深度(30 cm)(土壤深度 1)、土壤参考深度(100 cm)(土壤深度 2)、土壤有效含水量(大于 100 mm/m)(AWC1)、土壤有效含水量(小于 100 mm/m)(AWC2)、淋溶土-半淋溶土比重(淋溶土)、钙层土比重(钙层土)、干旱土-漠土比重(干旱土漠土)、初育土比重(初育土)、水成土-半水成土比重(水成土)、人为土比重(人为土)、高山土比重(高山土)、铁铝土比重(铁铝土)	20
地貌和地质	平原面积比重(平原)、台地面积比重(台地)、丘陵面积比重(丘陵)、山地面积比重(山地)、变质岩面积比重(变质岩)、沉积岩面积比重(沉积岩)、深成岩面积比重(深成岩)、火山岩面积比重(火山岩)	8
地形	高程(DEM)、坡度、坡向、高程标准差(DEMS)、坡度标准差(坡度 S)、坡向标准差(坡向 S)、地形指数(Topidx)、湿润指数(Twi)	8
人类活动	GDP、人口(POP)、夜间灯光亮度(灯光亮度)、GDP 标准差(GDPS)、人口标准差(人口 S)、夜间灯光亮度标准差(灯光亮度 S)	6
流域形态	流域面积、流域周长、质心经度、质心纬度、河流长度、流域形状系数、河网密度、Strahler 河网 1 级比重(1 级河网)、Strahler 河网 2 级比重(2 级河网)、Strahler 河网 3 级比重(3 级河网)、Strahler 河网 4 级比重(4 级河网)	11

对 340 个流域 80 个气候和下垫面因子进行提取,采用 K-means 聚类分析对流域进行分类处理,分析了其空间分布趋势。K-means 算法是一种基于划分的聚类算法,它以 k 为参数,把 n 个数据对象分成 k 个簇,使簇内具有较高的相似度,而簇间的相似度较低。采用欧氏距离作为相似性的评价指标,即认为两个对象的距离越近,其相似度就越大。分析结果发现气候、植被、土壤质地、GDP 等特征表现出显著的东南—西北变化的空间分布规律。以 NDVI 为例,其值从东南向西北递降,在中国南方,NDVI 值高达 0.9,但在西北的某些流域,其值减少到 0.1。也有部分指数的空间分异不是很明显,如地形指数和流域形状系数等,这些指数空间变异相对较小。

对各种因子间的相关系数进行了计算(图 4.1),发现气候、植被和土地利用中环境因子相关性较大。气候变量中,仅有潜在蒸散发和干燥度不显著。大部分植被和土地利用

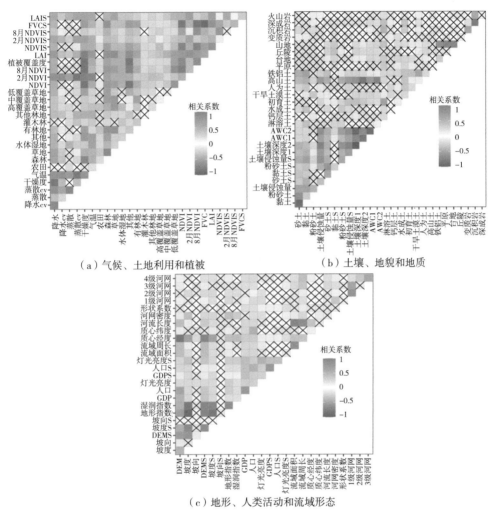

（a）气候、土地利用和植被　　（b）土壤、地貌和地质

（c）地形、人类活动和流域形态

图 4.1　气候和下垫面因子相关系数图

之间的相关系数达到显著水平,不显著水平集中在农田比重与其他植被和土地利用变量中,这说明农田生态系统作为人类生态系统,与自然生态系统有明显的区别。灌木林比重与其他林地比重、高覆盖草地比重和中覆盖草地比重相关系数不显著,这可能与灌木林和这些植被类型相连、遥感解译区分度不够有关。植被指数(如 NDVI、LAI 和 FVC)的均值和标准差呈负相关,说明植被指数高的流域,其空间变异也相对较小。相较于气候、植被和土地利用,土壤、地貌和地质的相关系数显著降低,但同类型之间大部分指数仍存在显著相关关系,不同类型之间的相关系数则显著降低。土壤质地百分比与土壤有效含水量各等级比重内部的相关系数较高,土壤类型比重(淋溶土、半淋溶土、水成土等)虽然达到显著相关,但相关系数相对较低。地貌和地质内部的指数具有相关关系,但地貌和地质之间的指数均无显著相关关系。地形除坡向和坡向标准差外,其他变量之间存在显著相关关系。在坡向分析中,一般可以分为八方向(东、东南、南、西南、西、西北、北和东北)或者四方向(阴坡、半阴坡、阳坡和半阳坡),在本书中,直接用角度表征,导致数据在流域尺度

的变化相对较小。人类活动的 6 个指标均表现为显著相关,这与人口、GDP 和灯光亮度的良好一致性有关。有趣的是,地形与人类活动指数之间存在显著相关,DEM、坡度与人口呈显著负相关,与地形指数和湿润指数呈显著正相关,这表明高程和坡度越小,湿度越大,人类活动也越大。流域形态各个指数的相关性相对较低,这可能与指数描述的流域状态不同有关,部分指数描述几何形态,而另一部分描述河流状态,而这些指标空间相似性本身就较低。

在 K-means 分析中,首先采用霍普金斯统计量(Hopkins Statistic)分析了所有流域的可聚集性,结果显示霍普金斯统计量为 0.83,大于 0.5,表明数据高度可聚合。采用肘部法则确定最佳聚类数为 3(图 4.2)。由此可见,类别之间的分类良好,流域大致可以分为三类,分别为南方地区、北方地区和西北地区。对计算的因子进行主成分分析得知,主成分载荷相对不集中,第一主成分解释方差为 24.5%,第二主成分为 11.5%,达到 85% 的解释方差需要前 27 个主成分,一方面说明变量之间具有多重共线性,另一方面也说明环境因子来自不同的类别,导致了降维的困难。

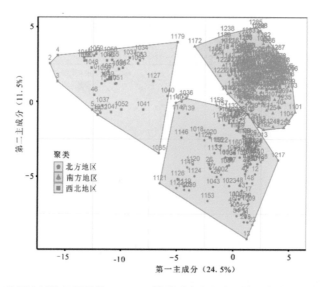

图 4.2　基于流域特征因子的 K-means 聚类分析(流域用前两个主成分散点表示,每个聚类周围绘制一个多边形)

在 K-means 聚类分析对流域进行分类处理的基础上,采用主成分分析研究环境因子降维的可能性。主成分分析(PCA)是最常用的线性降维方法,PCA 的主要思想是将 n 维特征映射到 k 维上,这 k 维具有全新的正交特征也被称为主成分,是在原有 n 维特征的基础上重新构造出来的 k 维特征。PCA 能将大量相关变量转化为一组很少的不相关变量。主成分个数采用碎石图和平行分析确定,平行分析基本原理是若基于真实数据的某个特征值大于一组随机模拟的平均特征值,则保留该主成分。

分别对 7 类环境因子进行主成分分析,主成分个数由碎石图(图 4.3)得到。碎石图横轴表示特征根由大到小排列后各个特征根的序数,纵轴表示特征根的值。从图中可看出,气候、植被和土地利用、土壤、地貌和地质、地形、人类活动和流域形态的主成分个数分别为 2 个、4 个、5 个、2 个、1 个、1 个和 4 个。对不同类别进行主成分分析后,前两个主成分的解释率显著增大(图 4.4)。气候 PC1 和 PC2 的方差解释率分别为 63.6% 和 19.7%,气候 PC1 表示与蒸散发、气温和降水呈正相关,而与其他变量呈负相关,可以理解为气候状态。植被和土地利用的 PC1 的方差解释率为 42.3%,主要表征植被状况均值和土地利用的变化;PC2 的方差解释率为 10.6%,表征植被状况方差的变化。土壤、地貌和地质 PC1 方差解释率分别为 35.1% 和 30.2%,其意义表征相对复杂。地形 PC1 方差解释率达到 58.3%[图 4.4(e)],表征为除坡向以外的变量组合与湿润指数和地形指数呈正相关,而与其他变量呈负相关;PC2 方差解释率为 13.3%,表征坡向的变化。人类活动 PC1 方差解释率为 52.6%,表示各变量的线性组合。流域形态的 PC1 方差解释率为 30.8%[图 4.4(g)],表征河流几何形态的变化,如面积、周长、河流长度等;PC2 的方差解释率为 17.1%,表征的是 Strahler 各级河网比重。从主成分图也可以看出,气候、植被和土地利用、土壤、地形的流域分类效果较好,而地貌和地质、人类活动和流域形态的分类效果不理想,这也可能与上述三类指数的空间分布规律不明显有关。

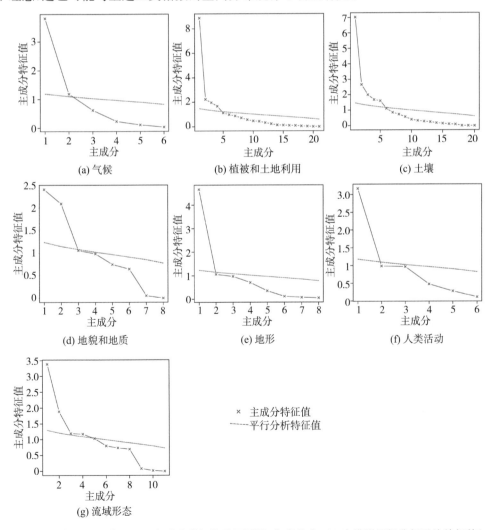

图 4.3　气候和下垫面因子主成分特征值碎石图(红色虚线为 100 次模拟平行分析平均特征值)

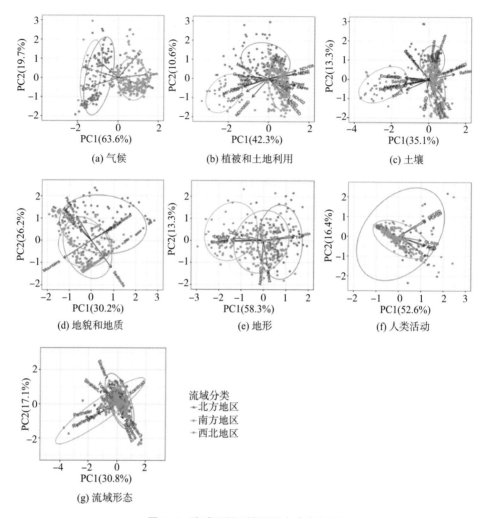

图 4.4 流域不同环境因子主成分分析

4.1.2 基于 GR4J 模型的水文模拟

GR4J 水文模型(modèle du Génie Rural à 4 paramèters Journalier)是一个概念性降雨径流模型,已在全世界不同气候条件下得到验证,被广泛应用于洪水预报和水资源规划。GR 模型可以在不同时间尺度(从小时到年际)进行高效模拟,开发模型结构的不同版本满足了模拟的复杂性和有限的数据要求,根据其参数的差异可以分为 GR4J(4 参数)、GR5J(5 参数)、GR6J(6 参数)。GR 模型可以与 Valéry 等(2014)提出的 CemaNeige 积雪模块进行耦合,因此其适用范围得到大大拓展。该模型输入数据较为简单,包括日降水量、日潜在蒸散量、日径流量、流域面积和高程等数据,在缺资料地区区域化中能够保证留一法交叉验证(Leave-one-out Cross Validation)的效率。本研究采用 GR4J 模型,日潜在蒸散发采用 FAO-56 Penman-Monteith 公式(彭曼公式)计算,由于每个水文站点的数据长度有少许差异,模型预热期取第一年数据,后续数据的 2/3 用于率定,1/3 用于验证。

GR4J 模型主要包括四个水文模型参数：产流水库容量（Production Store Capacity，PSC）、地下水交换系数（Intercatchment Exchange Coefficient，IEC）、汇流水库容量（Routing Store Capacity，RSC）和单位线汇流时间（Unit Hydrograph Time constant，UHT）。采用基于差分进化的全局优化算法获取导致纳什效率系数最大化的 GR4J 最优参数，模型具体计算过程参考相关文献（Coron 等，2017；Sauquet 等，2019）。采用 GR4J 水文模型模拟流域径流，为系统分析模型模拟效率与气候和下垫面因子的相互关系奠定基础。

图 4.5 给出了呼兰河铁力站 GR4J 模型模拟效果图。对降水径流模型 GR4J 模拟效率与环境因子的关系研究（图 4.6）发现，在 80 个气候和下垫面因子中，与模型效率（率定期和验证期确定性系数）显著相关的因子有 40 个，这些因子主要集中在气候、植被和土地利用、土壤等方面。其中与干燥度的相关系数最大，达到了 -0.81，这说明 GR4J 模型在湿润地区的效果最好。其次为黏土含量，相关系数达到了 0.79，黏土含量高，水分不容易下渗，使得降水-径流关系线性更强。叶面积指数与 GR4J 模型效率的相关系数亦较高，达到了 0.785，叶面积指数较大的流域一般位于降水丰富地区，有利于模型的模拟。在其他研究中，还分析了降水、高程与面积的关系，本节也将这三个指数与模型模拟效率进行了单独绘制（图 4.7）。GR4J 模型效率与降水呈正相关，相关系数为 0.74，降水越丰

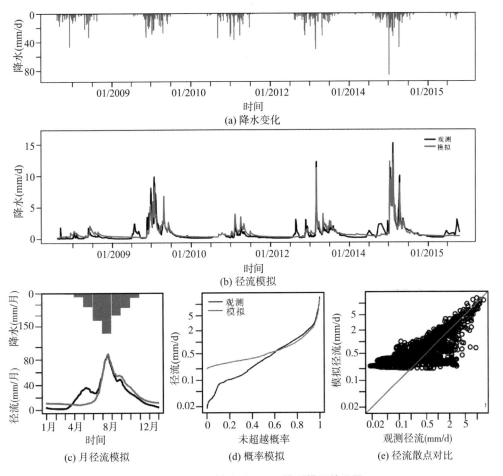

(a) 降水变化

(b) 径流模拟

(c) 月径流模拟 (d) 概率模拟 (e) 径流散点对比

图 4.5　呼兰河铁力站 GR4J 模型模拟效果图

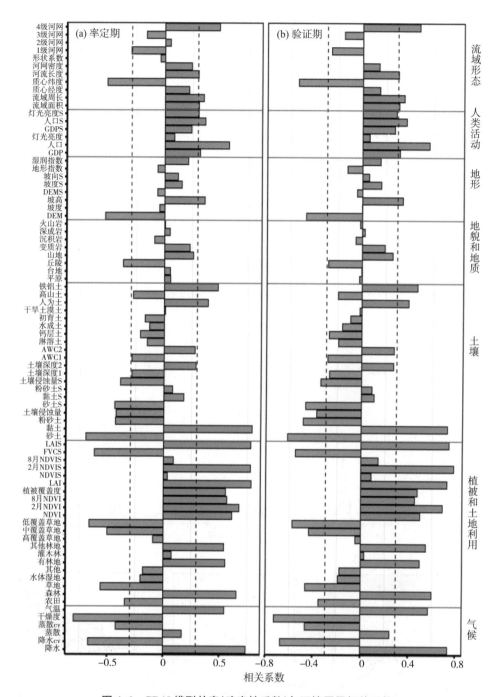

图 4.6　GR4J 模型效率(确定性系数)与环境因子相关系数

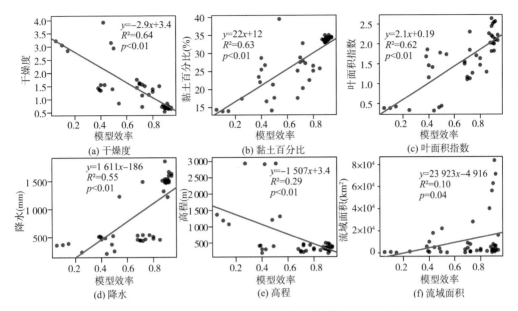

图 4.7　气候和下垫面因子与 GR4J 水文模型效率相关关系图

富的流域,模型效率越高。流域高程与模型效率之间大致呈负相关,这与流域的地理位置有关。模型效率与流域面积呈正相关,流域面积增加导致一些水文变率被平均,且较大的流域往往面降雨量的估计方差较小,这改善了水文模拟效果。

4.1.3　产汇流参数与环境因子的关联分析

首先采用相关系数研究气候和下垫面因子与产汇流过程之间的相互关系,在此基础上,引入逐步回归分析水文模型产汇流参数的主要影响因子。逐步回归的基本思想是将自变量逐个引入模型,每引入一个解释变量后进行 F 检验,并对已经引入的解释变量逐个进行 t 检验,以确保每次引入新的变量之前回归方程中只包含显著性变量。经过逐步回归,最后保留在模型中的解释变量既是重要的,又没有严重多重共线性。

在有测站流域的气候和下垫面相关分析中(图 4.8),中国 340 个流域不同类型环境因子之间的相关系数表现相似,即类别内部的相关系数相对较高,不同类型之间的相关系数较低,这也说明有测站流域是中国中小河流一个很好的样本,其后续的规律可以在一定程度上代表中小河流演变规律。对产汇流参数与环境因子进行相关分析发现(图 4.9),在 GR4J 模型四个参数中,产流水库容量(PSC)达到显著相关的因子数有 29 个,相关性最高的 3 个环境因子为其他林地(0.57)、降水(0.52)和叶面积指数(0.50)。地下水交换系数(IEC)达到显著相关的因子有 22 个,相关性最高的 3 个指数为蒸散发(-0.61)、气温(-0.56)和砂土标准差(0.60)。蒸散发和气温高的流域易发生径流补给地下水,而土壤质地影响土壤渗透性,进而影响地下水与地表水之间的相互作用。汇流水库容量(RSC)达到显著相关的因子相对较少(9 个),相关性最高的 3 个指数为低覆盖草地比重(0.68)、初育土比重(0.55)和丘陵面积比重(0.49),值得注意的是,汇流调蓄容量与地形和流域形态所有因子相关系数均不显著。单位线汇流时间(UHT)达到显著相关的因子有 30 个,相关性最高的 3 个环境因子为湿润指数(0.76)、台地面积比重(0.67)和水成土比重(0.6 以上)，湿润指数和台地面积比重大的地区，地势较为平坦，汇流时间一般相对较长。

有测站的 44 个流域的气候和下垫面相关分析结果与中国 340 个流域相似，即类别内部的相关系数相对较高，而不同类型之间的相关系数较低，这说明有测站流域是中国中小河流域的一个抽样。对有测站流域的气候和下垫面进行主成分分析(表 4.2)，发现气候、植被和土地利用、土壤、地貌和地质、地形、人类活动、流域形态的主成分个数与中国 340 个中小河流域的 PCA 结果基本一致，显著主成分的累计方差解释率均在 0.6 以上，同样反映出所取子流域是总体的抽样。对 GR4J 模型产汇流参数与环境因子的关系进行逐步回归(表 4.3)，所有的模型参数均达到显著水平($P<0.01$)。从主成分和原变量回归方程可以看出，产流水库容量(PSC)影响因子较多，囊括了气候、地貌和地质、土壤、地形、人类活动、流域形态等。从主成分回归方程来看，影响地下水交换系数(IEC)的因子为地貌和地质、地形、人类活动，影响汇流水库容量(RSC)的因子主要有植被和土地利用、土壤、地貌和地质、流域形态。单位线汇流时间(UHT)的影响因素亦相对较多，主要集中在气候、土壤和流域形态。这些分析表明从气候和下垫面角度估计产汇流参数具有可行性。

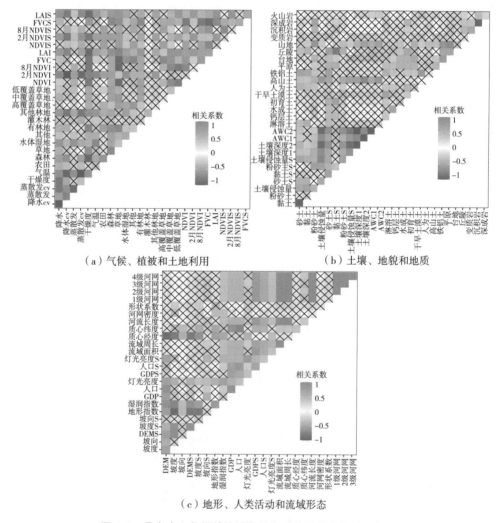

（a）气候、植被和土地利用　（b）土壤、地貌和地质

（c）地形、人类活动和流域形态

图 4.8　具有水文数据的流域气候和下垫面因子相关系数图

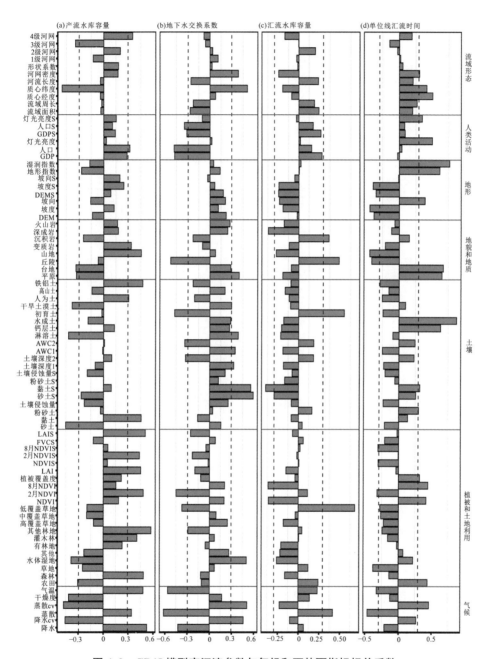

图 4.9　GR4J 模型产汇流参数与气候和下垫面指标相关系数

表 4.2　具有水文数据的流域气候和下垫面因子主成分分析结果

	气候	植被和土地利用	土壤	地貌和地质	地形	人类活动	流域形态
显著主成分个数	1	3	4	2	1	1	4
PC1 方差解释率	0.80	0.47	0.40	0.40	0.61	0.65	0.33
PC2 方差解释率	0.16	0.22	0.18	0.26	0.15	0.18	0.16
PC3 方差解释率	0.02	0.12	0.13	0.15	0.13	0.08	0.14
PC4 方差解释率	0.01	0.05	0.11	0.10	0.06	0.05	0.12

表 4.3　GR4J 模型产汇流参数与环境因子逐步回归方程

参数	方程	R^2	P
PSC	$102.83PC1_{气候} - 214.55PC1_{地貌和地质} + 298.51PC2_{地貌和地质} - 206.02PC3_{土壤} - 298.51PC2_{地形}$ $70.44PC1_{人类活动} - 95.29PC2_{流域形态} + 119.09PC3_{流域形态}$	0.60	<0.01
IEC	$1.06PC1_{地貌和地质} - 3.76PC2_{地貌和地质} - 1.20PC1_{地形} - 0.79PC1_{人类活动}$	0.57	<0.01
RSC	$-39.85PC3_{植被和土地利用} - 28.13PC3_{土壤} + 23.64PC1_{地貌和地质} + 22.7078PC1_{流域形态} - 33.21PC2_{流域形态}$	0.50	<0.01
UHT	$-1.60PC1_{气候} + 0.48PC1_{土壤} + 1.45PC2_{土壤} + 0.86PC4_{土壤} + 0.56PC1_{流域形态} - 1.09PC2_{流域形态} + 0.43PC3_{植被和土地利用}$	0.82	<0.01

注:P 为显著性水平。

4.2　基于水文相似性的资料短缺地区参数确定性方法

4.2.1　研究区域、数据与方法

呼兰河流域位于黑龙江省中部,是松花江流域左岸的一级支流(图 4.10,表 4.4),河流全长 523 km,流域面积 3.1 万 km²,兰西水文站控制断面以上流域面积 27 736 km²,山区、丘陵、平原面积占比依次为 37%、22% 和 41%。呼兰河为一扇形枝状河系,地势东北高、西南低,流域高程范围为 7~1 427 m。1956—2015 年多年平均径流量 33.82 亿 m³,最大年径流量 75.18 亿 m³(1985 年),最小年径流量 4.84 亿 m³(2008 年)。呼兰河流域属温带大陆性季风气候,年平均气温为 0~3℃,1 月气温最低,为 -26~-21℃;7 月气温最高,为 20~23℃。降水年内分配极不均匀,多年平均年降水量为 574.7 mm,主要分布在 6—9 月,约占全年的 70% 以上。植被类型中,面积最大的为混交林和耕地,分别占流域面积的 39.50%、39.00%,其次为有林草地、落叶阔叶林和落叶针叶林,分别占流域面积的 17.08%、1.77% 和 1.48%。

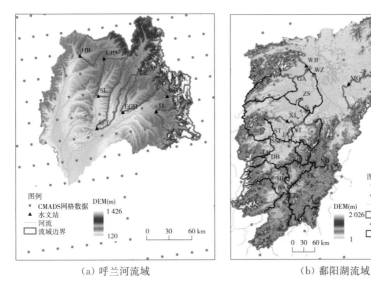

（a）呼兰河流域　　　　　　　（b）鄱阳湖流域

注：图中字母对应的水文测站名称见表4.4。

图 4.10　研究区水文站和气象站点分布

　　鄱阳湖流域位于江西省北部，总流域面积 16.22 万 km²（图 4.10，表 4.4），由修河、饶河、信江、抚河、赣江五大子流域组成。流域地形为三面环山，中部平原、丘陵与盆地交错分布，地貌类型以丘陵山地为主，约占总面积的 78.0%，平原岗地约占 12.1%，水面约占 9.9%。鄱阳湖流域以亚热带常绿阔叶林为代表性植被类型，地层古老，山体多由变质岩、花岗岩、碳酸盐岩、红砂岩等组成，流域内土壤主要有红壤、黄壤、山地黄棕壤、山地草甸土、石灰土和水稻土等，其中以红壤分布范围最广，面积约 9.31 万 km²。鄱阳湖流域属典型的亚热带湿润性季风气候，降水丰富，日照充足，蒸发强烈。年平均气温为 18℃，1960—2012 年平均年降水量为 1 676 mm，鄱阳湖流域降水年内分布呈现出显著的季节性差异，一般从 4 月开始进入雨季，5—6 月降水量达全年最高值，其间径流量迅速增加，雨季径流量约占全年径流量的 50%；从 7 月开始，降水量减小，在 9 月之后，鄱阳湖流域开始进入旱季并持续到 12 月。鄱阳湖流域约占长江 9% 的流域面积，向长江输送 15.5% 的水量，是长江重要的调蓄湖泊水系，在调节气候、控制土壤侵蚀、调蓄洪水、降解污染物、维护生态环境及生物多样性等方面具有十分重要的作用。

表 4.4　流域及水文站点信息

流域名称	河名	测站（缩写）
呼兰河流域	呼兰河	铁力（TL）
	依吉密河	北关（BG）
	欧根河	欧根河（EGH）
	努敏河	四方台（SFT）
	克音河	绥棱（SL）
	通肯河	海北（HB）
	扎克河	陈家店（CJD）

续表

流域名称	河名	测站(缩写)
鄱阳湖流域	修河	万家埠(WJF)
	信江	梅港(MG)
	赣江	峡江(XJ)
	赣江	石城(SC)
	赣江	宁都(ND)
	赣江	麻州(MZ)
	赣江	翰林桥(HLQ)
	赣江	居龙滩(JLT)
	赣江	坝上(BAS)
	赣江	林坑(LK)
	赣江	上沙兰(SSL)
	赣江	赛塘(ST)
	赣江	白沙(BS)
	赣江	新田(XT)
	赣江	高安(GA)
	赣江	汾坑(FK)
	赣江	外洲(WZ)
	赣江	峡山(XS)
	赣江	栋背(DB)
	赣江	吉安(JA)
	赣江	樟树(ZS)

　　鄱阳湖流域 1960—2010 年日平均温度、降水、日照时数、风速、气压数据来自中国气象数据服务中心(http://data.cma.cn/en),该数据在发布之前,经过严格检查,质量良好。呼兰河流域气象数据来自中国大气同化驱动数据集(CMADS),空间分辨率为 0.25°×0.25°,时间为 2008—2016 年,数据包括日平均温度、日最高和最低温度、日累计 24 h 降水量、日平均太阳辐射、日平均气压、日比湿度、日相对湿度、日平均风速。2008—2016 年呼兰河日径流数据来自水文年鉴,1960—2010 年鄱阳湖流域修河(万家埠站)、信江(梅港站)、赣江(峡江站)数据来自水文年鉴,赣江流域其他站点水文模型参数源于相关文献。

　　将影响产汇流过程环境因子分为气候、植被和土地利用、土壤、地貌和地质、地形、人类活动和流域形态 7 类,每一类因子包含若干环境因子,共计构建如表 4.1 中的 80 个气候和下垫面因子。

　　基于收集到的气象和下垫面数据,采用水文模型对流域径流进行模拟,并进行参数区域化处理,分析模型模拟效率与气候和下垫面因子的相互关系,在此基础上,采用回归分析明确水文相似度与参数移植效率的关系。

1. GR4J 水文模型

鄱阳湖流域采用 GR4J 模型(见 4.1.2 节),呼兰河流域由于地处东北寒冷地区,采用具有积雪模块的 CemaNeige-GR4J 模型。CemaNeige-GR4J 模型在 GR4J 模型的基础上,增加了积雪热状态加权系数(weighting coefficient for snow pack thermal state,STC)和度日融雪系数(Degree-day Melt Coefficient,DMC)。采用基于差分进化的全局优化算法来获取导致纳什效率系数最大化的 GR4J 最优参数,模型具体计算过程可参考相关文献(Coron 等,2017;Sauquet 等,2019)。

2. 参数区域化方法

区域化方法具有较好的物理基础,是目前最常用和最具潜力的径流预估方法。常用的区域化方法包括算术平均、物理相似度、空间邻近度和参数回归。不同区域化方法的适用性仍在讨论和发展中,总体上物理相似度和空间邻近度较其他方法模拟效果更好(图4.11),因此本节选择物理相似度和空间邻近度进行参数移植。缺资料流域采用留一法交叉验证确定,即 N 个流域中,将某一个观测流域设置为缺资料流域,其余 $N-1$ 个流域设置为观测流域进行交叉验证。

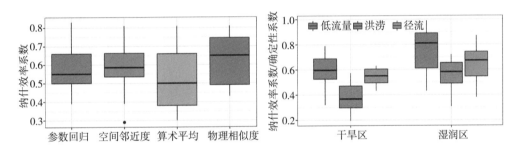

图 4.11　缺资料流域区域化效率评估(低流量为确定性系数,径流和洪涝为纳什效率系数,数据来源:Hrachowitz 等,2013)

空间邻近度依据地理学第一定律,彼此接近的流域比彼此更远的流域具有更为相似的水文特征,其空间邻近度采用欧氏距离 D_{td} 表示:

$$D_{td} = \sqrt{(x_t - x_d)^2 + (y_t - y_d)^2} \tag{4-1}$$

其中:(x_t, y_t) 和 (x_d, y_d) 分别代表目标和参证流域的质心坐标。

物理相似度通过选择与研究流域相似的有资料流域作为参证流域,将参证流域率定的模型参数移用到缺资料流域。水文相似流域应具有相似的流域特征,因此,找出影响水文响应的关键气候和下垫面特征成为缺资料流域参数移植的关键。然而,大部分研究在进行产汇流过程与环境因子的相互关系研究中,选取的气候和下垫面因子有限,导致结果具有一定的局限性。水文过程受气候、地形、地质、土壤和土地覆盖等控制,为全面了解产汇流过程的影响机制,须纳入非常庞大的环境因子进行分析,但流域特征因子之间存在多重共线性。如干燥度与降水、NDVI 和 DEM 相关,因此需要在采用在一定的降维手段保留大部分属性信息的基础上,减少主成分的个数。

物理相似度由下式计算：

$$HSI(a,b) = 1 / \sqrt{\sum_{i=1}^{n} \beta_i \left(\frac{|PCA_{a,i} - PCA_{b,i}|}{PCA\sigma} \right)} \qquad (4-2)$$

式中：$PCA_{a,i}$ 和 $PCA_{b,i}$ 分别表示流域 a，b 第 i（$i=1,2,\cdots,n$）个水文特征主成分载荷；β_i 为第 i 个水文特征主成分权重，避免人为赋值带来的主观性，采用熵值法进行确定；$PCA\sigma$ 为载荷标准差。HSI 越高，表示流域 a 和 b 水文相似程度越高。

3. 相关和回归分析

采用相关分析来分析气候和下垫面因子之间的相互关系以及模拟效率与气候和下垫面因子的相互关系。在此基础上，采用回归分析明确水文相似度与参数移植效率的关系。

4.2.2　流域气候和径流变化

呼兰河流域年平均降水量为 620～674 mm，克音河和通肯河年降水量最大，均超过 700 mm，依吉密河年降水量最少，仅有 620 mm。潜在蒸散发与降水量呈显著负相关，克音河和通肯河潜在蒸散发最小，分别为 432 mm 和 450 mm，呼兰河、依吉密河和欧根河潜在蒸散发均超过 506 mm。温度与降水大致呈正相关，克音河温度最高，年均气温能达到 1.8℃，可能与其海拔较低有关；依吉密河温度最低（0.42℃），可能与其大部分地区海拔较高有关。依吉密河径流最大，为 1.06 mm/d，克音河和通肯河最小，分别为 0.25 mm/d 和 0.29 mm/d。呼兰河径流与降水呈显著正相关，所有流域相关系数均达到 0.82 以上，5—9 月是降水量比较集中的月份，同样也是径流较大的月份，这说明呼兰河流域径流主要源于降雨（图 4.12）。呼兰河各子流域径流月分布整体呈"单峰型"，1—3 月径流较小，4 月份开始，气温由负转正，冰雪消融，降水增多，河道水位抬升，至 7、8 月径流达到峰值，之后气温不断降低，降水骤减，河道径流回落至低值。从相关系数图（图 4.13）也可以看出，气温和径流呈显著正相关，这也说明呼兰河流域径流除了降雨补给，兼有融雪、消冰径流补给。

鄱阳湖的三个子流域中，信江降水量最大（1 808 mm），修河和赣江分别为 1 660 mm 和 1 596 mm。修河潜在蒸散发和赣江接近，均约为 1 020 mm；信江最大，为 1 050 mm。气温方面，赣江和信江接近，均约为 18℃；修河海拔相对较高，为 17.2℃。与降水相似，信江径流最大，为 3.14 mm/d；赣江最小，为 2.28 mm/d。从月过程变化可以看出，降水和径流呈同步变化规律，1—6 月降水量逐步增大，径流亦增大；8—12 月，降水量逐步减少，径流亦同步减少（图 4.14）。从相关系数（图 4.13）得知，降水和径流的相关系数均超过 0.9，而与其他气候变量关系不显著，这说明降水变化是影响鄱阳湖流域径流的主要控制气候因子。

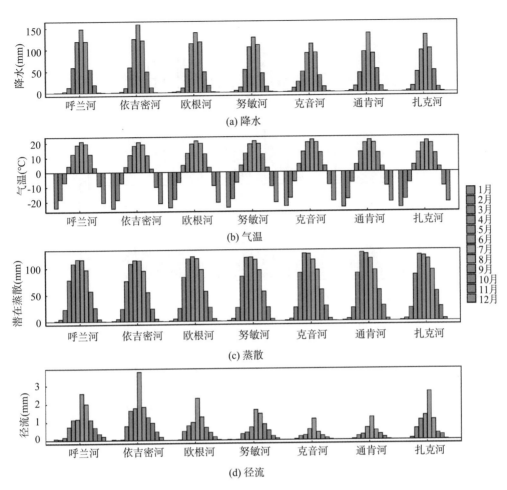

图 4.12　呼兰河流域降水、气温、潜在蒸散发和径流月变化

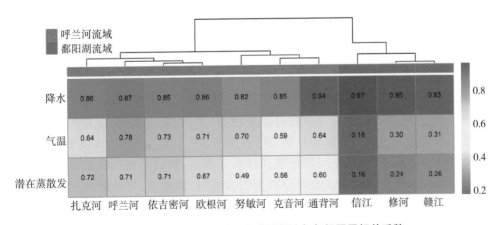

图 4.13　呼兰河流域和鄱阳湖流域径流与气候因子相关系数

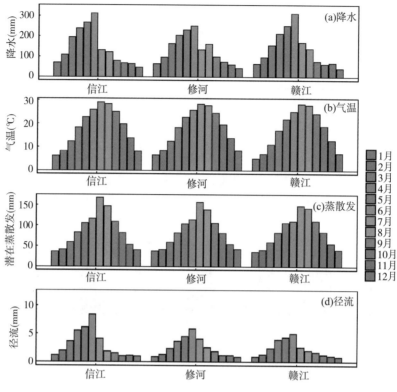

图 4.14　鄱阳湖流域降水、气温、潜在蒸散发和径流月变化

4.2.3　水文相似性及参数区域化

对呼兰河流域气候和下垫面属性数据进行降维处理,除植被和土地利用、人类活动具有 2 个主成分外,其他类别均为 1 个主成分。将植被和土地利用、人类活动的第一主成分和第二主成分采用熵值法进行权重确定,计算得到最后的主成分载荷(表 4.5)。将表 4.5 的主成分载荷进行熵值法权重确定,发现气候、植被和土地利用、土壤、地貌和地质、地形、人类活动以及流域形态的权重分别为 0.121 6、0.220 0、0.100 5、0.117 7、0.136 8、0.164 3 和 0.139 0。将呼兰河、依吉密河、欧根河、努敏河、克音河、通肯河和扎克河分别设置为缺资料流域,其他流域设置为参证流域,采用留一法交叉验证分别计算物理相似度(表 4.6)。物理相似度越大,表示两个流域越相似,物理相似度最大的流域即为缺资料流域的参证流域。由表可以发现,呼兰河、依吉密河、欧根河、努敏河、克音河、通肯河和扎克河的参证流域分别为依吉密河、呼兰河、努敏河、依吉密河、通肯河、扎克河、克音河。同样,采用空间邻近度选择参证流域,距离最近的流域即为缺资料流域的参证流域,上述流域的参证流域分别为依吉密河、欧根河、努敏河、扎克河、扎克河、扎克河和努敏河。从上面的分析可以看出,通过物理相似度和空间邻近度选择的缺资料流域的参证流域差异较大。

表 4.5　呼兰河流域基于物理相似度的气候和下垫面因子主成分载荷和权重

流域	气候	植被和土地利用	土壤	地貌和地质	地形	人类活动	流域形态
呼兰河	−1.903 9	−2.685 6	−2.765 4	−2.333 7	−3.916 1	−0.729 8	−0.433 6
依吉密河	−3.168 4	−2.929 6	−5.340 5	−3.869 7	−3.371 3	−2.361 1	0.990 9
欧根河	−0.431 0	−0.250 4	1.600 2	−0.084 5	0.489 9	−1.827 0	−2.125 5
努敏河	−0.044 4	−1.944 7	0.629 9	−0.511 0	0.620 4	1.477 6	−3.272 1
克音河	2.979 5	4.716 1	3.541 0	2.754 7	1.954 4	2.999 3	1.070 6
通肯河	1.744 2	2.115 6	1.598 3	2.279 4	2.093 1	1.028 9	−0.468 4
扎克河	0.824 0	0.978 7	0.736 5	1.764 9	2.129 5	−0.587 7	4.238 1
权重	0.121 6	0.220 0	0.100 5	0.117 7	0.136 8	0.164 3	0.139 0

表 4.6　基于留一法交叉验证的呼兰河流域物理相似度和空间邻近度(黑体表示最为相似)

方法	河流	呼兰河	依吉密河	欧根河	努敏河	克音河	通肯河	扎克河
物理相似度	呼兰河	—	**1.85**	0.77	0.66	0.40	0.50	0.57
	依吉密河	**1.85**	—	0.97	**1.64**	0.63	1.09	1.10
	欧根河	0.97	0.77	—	0.97	0.66	1.07	0.86
	努敏河	0.97	0.66	**1.64**	—	0.46	1.48	0.88
	克音河	0.46	0.40	0.63	0.66	—	0.65	**1.53**
	通肯河	0.65	0.50	1.09	1.07	**1.48**	—	0.68
	扎克河	0.68	0.57	1.10	0.86	0.88	**1.53**	—
空间邻近度	呼兰河	—	44 658	62 456	93 509	106 676	139 106	115 220
	依吉密河	**44 658**	—	37 722	58 260	85 381	108 254	82 863
	欧根河	62 456	**37 722**	—	32 950	48 265	76 759	52 808
	努敏河	93 509	58 260	**32 950**	—	40 125	50 379	**24 972**
	克音河	106 676	85 381	48 265	40 125	—	40 083	30 291
	通肯河	139 106	108 254	76 759	50 379	40 083	—	25 440
	扎克河	115 220	82 863	52 808	**24 972**	**30 291**	**25 440**	—

　　对鄱阳湖 21 个流域气候和下垫面属性数据进行主成分分析,气候、植被和土地利用、土壤、地貌和地质、地形、人类活动和流域形态的主成分个数分别为 2 个、2 个、3 个、3 个、2 个、1 个和 1 个。将多个主成分的环境变量采用熵值法得到最终的主成分载荷(表 4.7),在此基础上,进一步采用熵值法确定每一类分类变量的权重。结果显示,气候、植被和土地利用、土壤、地貌和地质、地形、人类活动和流域形态的权重分别为 0.094 2、0.116 6、0.109 8、0.071 7、0.195 7、0.089 0 和 0.323 0。将有观测径流资料的修河、信江和赣江(峡江站)分别设置为缺资料流域,采用留一法交叉验证分别选择参证流域(表 4.8)。根据物理相似度法,修河、信江和赣江(峡江站)的参证流域分别为信江、修河和赣江(吉安站),其相似度分别 1.36、1.33 和 9.56。采用空间邻近度得到的上述流域的

参证流域差异较大,修河、信江和赣江(峡江站)的参证流域分别为赣江(高安站)、赣江(新田站)和赣江(吉安站)。

表 4.7　鄱阳湖流域基于物理相似度的气候和下垫面因子主成分载荷和权重

站点	气候	植被和土地利用	土壤	地貌和地质	地形	人类活动	流域形态
万家埠	2.124 8	0.752 4	−0.868 8	−0.107 2	2.860 2	−2.148 4	−2.250 8
梅港	0.149 5	−1.873 2	−1.481 6	−0.676 0	1.631 1	−4.250 0	−2.248 3
峡江	−0.415 9	−1.152 5	0.752 3	0.210 2	−0.113 1	−0.345 2	4.511 1
石城	0.296 0	0.639 1	−0.695 2	−0.433 3	0.296 9	2.973 7	−1.817 0
宁都	−0.116 4	−0.471 4	0.381 7	−0.839 7	−0.608 5	2.000 3	−1.565 8
麻州	−1.877 4	2.187 0	1.486 0	−0.013 3	−1.111 0	2.297 5	−1.415 4
翰林桥	−0.525 6	−3.513 7	−1.687 1	−0.231 1	−1.141 3	0.709 0	−1.373 0
居龙滩	−1.115 9	0.833 9	0.456 0	0.265 9	−1.292 0	0.734 5	−0.597 9
坝上	−0.774 4	−1.146 2	−0.944 9	1.346 5	0.684 9	−2.533 5	−0.619 2
林坑	1.805 0	6.271 8	−0.784 2	1.652 2	2.094 7	2.233 5	−1.470 3
上沙兰	1.220 4	0.985 3	−0.447 2	0.576 1	0.589 9	1.078 0	−0.995 1
赛塘	1.236 8	0.518 1	−0.576 7	0.858 5	1.277 9	0.688 4	−1.356 0
白沙	0.386 6	5.650 3	1.234 6	1.017 2	−0.508 1	2.703 8	−1.589 6
新田	0.300 9	1.101 2	−0.121 2	−0.891 5	−0.389 6	1.563 8	−1.446 8
高安	1.095 8	−0.308 8	−1.306 7	−0.499 2	−0.975 7	−2.482 4	−1.156 7
汾坑	−0.950 4	−1.350 5	1.103 4	−0.864 2	−0.960 8	1.508 5	−1.040 3
外洲	−0.039 6	−2.656 3	0.364 1	−0.047 5	−0.240 5	−3.889 2	6.467 3
峡山	−1.435 0	−1.018 2	1.299 6	−0.354 2	−0.990 8	0.847 5	0.042 6
栋背	−1.030 2	−1.254 3	0.900 4	0.275 1	−0.286 6	−0.549 1	2.543 5
吉安	−0.508 8	−1.021 4	0.813 3	0.333 6	−0.067 4	−0.295 7	4.022 7
樟树	−0.215 2	−1.692 7	0.656 2	0.078 3	−0.138 7	−2.193 3	5.326 9
权重	0.094 2	0.116 6	0.109 8	0.071 7	0.195 7	0.089 0	0.323 0

表 4.8　基于留一法交叉验证的鄱阳湖流域物理相似度和空间邻近度(黑体表示最为相似)

站点	物理相似度			空间相似度(m)		
	修河	信江	赣江	修河	信江	赣江
万家埠	—	**1.33**	0.50	—	240 853	282 511
梅港	**1.36**	—	0.57	240 853	—	340 173
峡江	0.50	0.57	—	282 511	340 173	—
石城	1.04	1.17	0.72	286 835	232 083	144 358
宁都	0.73	0.93	0.87	239 497	233 853	109 760
麻州	0.58	0.60	0.70	391 844	378 049	129 470
翰林桥	0.66	0.97	0.71	272 815	307 814	36 729

站点	物理相似度			空间相似度(m)		
	修河	信江	赣江	修河	信江	赣江
居龙滩	0.64	0.66	0.91	410 488	447 855	128 432
坝上	0.89	1.22	0.83	353 555	431 255	91 082
林坑	1.11	0.76	0.47	263 942	377 566	78 533
上沙兰	1.10	0.95	0.77	230 073	368 720	111 994
赛塘	1.33	1.17	0.68	181 480	333 014	134 291
白沙	0.61	0.61	0.66	225 790	260 159	80 460
新田	0.84	0.95	0.80	180 291	**227 609**	122 331
高安	0.93	1.13	0.70	**75 879**	286 198	228 678
汾坑	0.59	0.77	0.89	272 136	254 644	103 953
外洲	0.45	0.57	1.67	231 904	308 886	50 771
峡山	0.56	0.66	1.02	318 992	312 136	84 468
栋背	0.54	0.62	2.71	330 557	367 333	49 680
吉安	0.51	0.58	**9.56**	296 082	351 833	**13 824**
樟树	0.50	0.59	3.93	262 496	329 159	20 469

对呼兰河流域选择的参证流域进行空间邻近度参数移植,结果显示,除了呼兰河和欧根河流域参数移植效果较好以外,其他流域的参数移植均不理想(表4.9)。依吉密河的参数移植效果在所有参数移植选项中排名第3,扎克河排名第5,克音河、通肯河和努敏河排名第6。而物理相似度的参数移植效果有了明显的改善,呼兰河、依吉密河、欧根河、努敏河、克音河和通肯河均在所有的方案排序中排名第1,而扎克河的移植效果相对较差,排名第4,可能与两个原因有关:扎克河本身的水文模型模拟效果较低,扎克河流域面积与其他流域相差较大。但与空间邻近度相比,其方案排序仍有一定的提高。同样对鄱阳湖流域选择的参证流域进行参数移植(表4.10),结果发现,修河、信江和赣江(峡江站)空间邻近度的方案排序分别为第6位、第5位和第1位,而物理相似度的方案排序均为第1位。这说明,不同气候和下垫面条件下,将主成分与熵值法结合构建的物理相似度可以很好地找到最为相似的流域。

表4.9 基于物理相似度和空间邻近度的呼兰河流域参数移植效果

方法	河流	率定期	验证期	参证流域	最短距离(m)/物理相似度	方案排序
空间邻近度	呼兰河	0.76	0.79	依吉密河	44 658	1
	依吉密河	0.57	0.53	欧根河	37 722	3
	欧根河	0.75	0.74	努敏河	32 950	1
	努敏河	0.10	0.29	扎克河	24 972	6
	克音河	0.02	0.23	扎克河	30 291	6
	通肯河	0.28	0.51	扎克河	25 440	6
	扎克河	0.42	0.34	努敏河	24 972	5

续表

方法	河流	率定期	验证期	参证流域	最短距离(m)/物理相似度	方案排序
物理相似度	呼兰河	0.76	0.79	依吉密河	1.85	1
	依吉密河	0.79	0.73	呼兰河	1.85	1
	欧根河	0.75	0.74	努敏河	1.64	1
	努敏河	0.75	0.71	依吉密河	1.64	1
	克音河	0.73	0.64	通肯河	1.48	1
	通肯河	0.73	0.60	扎克河	1.53	1
	扎克河	0.46	0.40	克音河	1.53	4

表 4.10　基于物理相似度和空间相似度的鄱阳湖流域参数移植效率

方法	河流	率定期	验证期	参证流域	最短距离(m)/物理相似度	方案排序
空间邻近度	修河	0.51	0.56	高安	75 879	6
	信江	0.87	0.85	新田	147 975	5
	赣江	0.86	0.86	吉安	13 824	1
物理相似度	修河	0.64	0.68	信江	1.36	1
	信江	0.88	0.87	赛塘	1.33	1
	赣江	0.86	0.86	吉安	9.56	1

　　分别对物理相似度和参数移植效率系数进行回归分析,呼兰河和鄱阳湖流域均达到显著水平(图 4.15)。鄱阳湖流域可以采用 Logistic 模型描述,呼兰河流域可以采用线性回归模型描述。呼兰河流域参数移植效率随着物理相似度的增加而增加,回归方程表明,物理相似度增加 1 会导致参数移植效率增加 0.15。对于鄱阳湖流域,虽然参数移植效率随着物理相似度的增加而增加,但在物理相似度达到一定阈值(范围为0.7~1.1)后,参数移植效率趋于稳定。

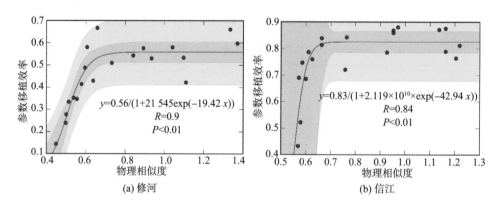

$$y=0.56/(1+21\ 545\exp(-19.42\ x))$$
$$R=0.9$$
$$P<0.01$$

$$y=0.83/(1+2.119\times10^{10}\times\exp(-42.94\ x))$$
$$R=0.84$$
$$P<0.01$$

(a) 修河　　　　　　　　　　　(b) 信江

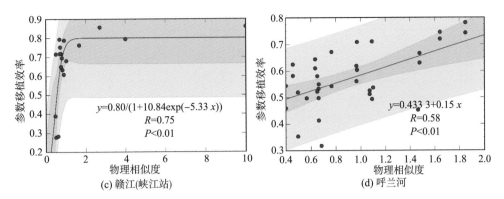

图 4.15　呼兰河流域和鄱阳湖流域物理相似度与参数移植效率相关关系

4.3　缺资料地区洪水预估效率分析

4.3.1　区域化效率影响要素分析

　　缺资料地区径流水文过程预测主要基于水文模型,包括集总式模型和分布式模型。在集总式模型中,通常不能从测量流域中推断模型参数,而需要从该地区参证流域转移(区域化)参数。模型区域化对模型本身没有很强的依赖性,尽管多参数可能增加率定性能,但实际径流预测的差异很小或可以忽略不计(Wang 等,2021)。Oudin 等(2008)的研究表明简单模型的应用效果可能会略微超越复杂模型,有一种倾向是干旱、半干旱半湿润地区运用简单模型,而在湿润和寒冷地区运用复杂模型。

　　区域化的效果或称之为性能,在湿润地区一般较高,而在干旱地区则相对较低,这可能与湿润地区降雨-径流过程更加线性导致水文模型模拟效率更高有关。随着流域面积的增加,区域化性能明显增加。随高程的变化规律大致可以分为两个阶段:高程小于1 200 m 时,随着高程的增加,预估效果降低;而大于 1 200 m 以后,随着海拔的增加,模拟效果提高。随着流域规模的增加,区域化性能趋于增加,这可能与水文变率被平均从而改善水文模拟有关(图 4.16)。

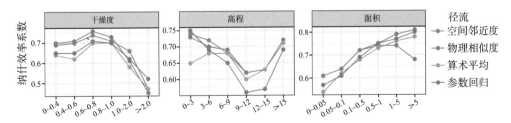

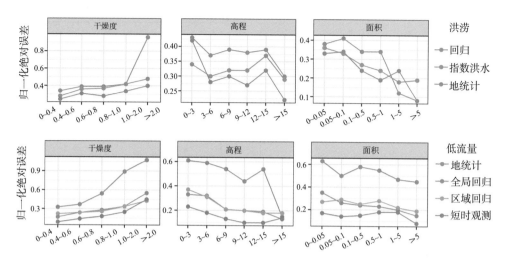

图 4.16 缺资料地区水文计算纳什效率系数/归一化绝对误差均值与干燥度、高程和
流域面积的关系(高程单位为 100 m,面积单位为 1 000 km²)

4.3.2 缺资料地区洪水计算

常用的缺资料地区洪水预估方法如表 4.11 所示。国内的相关研究主要集中在比较各种单位线、地区综合法、推理公式法、经验公式法、等值线图法和水文比拟法等方法的适用性,且各省一般编制了相应的水文手册(图集),可用于设计洪水的计算。在国外的研究中,常用的方法有地统计学法、回归法和指数洪水法。一般情况下,地统计学法表现最佳,回归法具有最低的性能,指数洪水法介于两者之间。与径流和低流量预估相似,湿润和高海拔地区的洪水参数移植效率一般更高。随着流域面积增大,缺资料流域预估的可能性也增加,在较大的流域,洪水在发生过程中存在聚集效应,洪水往往不那么快速,因此更容易预测。流域规模的增加也会导致洪水区域化性能增加,这与数据可用性有关。

表 4.11 洪水计算方法

方法	方法介绍	优势与劣势
水文比拟法	将参证流域径流特征参数按要求移植到缺资料流域。当两流域的径流影响因素相似,仅有部分因子有较大差别,可以对缺资料流域做修正移置,公式如下:$X_缺=(A_缺/A_参证)X_参证$,其中 $X_缺$、$X_参证$ 分别为缺资料和参证流域的径流特征值;$A_缺$、$A_参证$ 分别为缺资料和参证流域水文影响因子(面积、降水等)	参证站应具有较长的实测径流,参证流域的选择非常困难
洪峰模数法	选用参证流域的洪峰模数,推算目标流域设计频率下的洪峰流量模数:$Q_p=M_p×F$,其中:Q_p 为设计洪峰流量(m^3/s);M_p 为设计洪峰流量模数 $[m^3/(s·km^2)]$;F 为流域面积(km^2)	参数少,洪峰流量与面积关系单一,成果可靠性低
指数洪水法	指数方法由一组方法组成,其中洪水分布函数通过指数洪水(例如平均年度洪水或中位数年度洪水)进行缩放,并假设在该区域内是同质的。首先估算测量流域的指数洪水(例如通过对流域特征的回归来计算),然后将该指数洪水与区域规模洪水分布函数相乘	—

续表

方法	方法介绍	优势与劣势
区域回归法	区域回归法首先划分水文子区域边界,再在同一水文区内建立一定重现期的洪峰流量与流域特征变量的线性/非线性回归方程,最后针对建立的回归方程采用线性回归分析或非线性优化方法确定回归方程的参数	环境因子的选取缺乏物理解释
地统计学法	利用洪水在空间或沿着河网的空间相关性来求取洪水统计量	不需要明确定义流域相似组,但需要相对密集的水文站
地区综合经验公式法	利用水文相似区已有的水文站资料,利用洪量形成的影响因素建立洪水计算模型。例如,以流域面积 $F(km^2)$ 作为影响洪峰流量的主要因素,其他因素用一个综合系数 n 来表示,设计洪量 $Q_m(m^3/s)$ 可以用下式来计算: $Q_m = C_p F n$,其中 C_p 为 P-Ⅲ型曲线模比系数	经验公式的地区性极强,不易解决外延问题
推理公式法	常用的为北京市水科学技术研究院推理公式: $$\begin{cases} Q_{mp} = 0.278\left(\dfrac{S_p}{\tau_n} - \mu\right)F \\ \tau = 0.278L/(mJ^{1/3}Q_{mp}^{1/4}) \end{cases} t_c \geqslant \tau, \quad \begin{cases} Q_{mp} = 0.278\left(\dfrac{nS_p t_c^{1-n}}{\tau}\right)F \\ \tau = 0.278L/(mJ^{1/3}Q_{mp}^{1/4}) \end{cases} t_c < \tau$$ 式中: n 为暴雨递减指数; t_c 为设计暴雨产流历时(h); τ 为流域汇流历时(h); S_p 为设计暴雨强度(mm/h); μ 为暴雨损失强度; m 为汇流参数; L 为河道长度(km); J 为河道比降; Q_m 为洪峰流量(m^3/s); F 为流域面积(km^2)	计算产汇流的假设条件与区域实际情况的出入大小无法估计,同时,产汇流各种参数的选定可能与区域实际情况不同
区域洪水频率分析法	区域洪水频率分析主要步骤包括选择相似流域组、由流域特征值估算指标洪水、推求区域综合增长曲线和计算设计流域的洪水频率曲线	扩充信息量,克服单站样本系列资料短缺情况
区域流量历时曲线法	流量历时曲线表示在某个时段内某个流量与大于或等于该流量所对应的时间之间的相关关系。利用目标流域日平均流量资料构建各自的流量历时曲线 Q_p,其与气候和下垫面密切相关,例如,流量 Q_p 与流域面积 A 和流域坡度 S 可以用幂函数表示: $Q_p = \alpha_1 A^{\alpha_2} S^{\alpha_3}$,其中 α_1、α_2、α_3 为拟合参数	
单位线法	在给定流域上,单位时段内时空分布均匀的一次降雨产生的单位净雨量在流域出口断面所形成的地面径流过程线为单位线。将地貌因子定量地引入流域响应并较少地依赖于水文资料是地貌瞬时单位线,它能以地貌特征反映流域对单位线的作用,更接近实际情况	单位线的推求过程中需要利用大量的水文资料。地貌瞬时单位线要求水质点之间呈弱相互作用,但实际情况并非如此
暴雨洪水法	我国大部分地区的洪水由暴雨形成,由暴雨推求设计洪水,其基本假设是设计暴雨和设计洪水是同频率的。主要步骤包括:①设计暴雨推求,根据实测暴雨资料,用统计分析计算设计暴雨;②推求洪水过程线,由求得的设计暴雨和产流方案推求设计净雨,利用流域汇流方案和设计净雨过程求得设计洪水过程	在实际工作中,中小河流域暴雨资料可能缺乏
区域化方法	该方法包括建立概念性降雨-径流模型的参数,模拟每日水位线得出洪水特征;采用区域化方法对水文模型参数实现移植	目前的水文模型对洪水预测存在困难

4.4 本章小结

产汇流过程与气候和下垫面密切相关,本章在340个中小河流域分析了80个气候和下垫面因子,探讨了水文模型模拟效率对环境因子的敏感性,分析了产汇流因子与环境因子的相互关系。在此基础上，构建了气候和下垫面指标体系，选取了两个典型流域，系统分析了径流变化与气候的相互关系以及产汇流因子与环境因子的相互关系，提出了一种基于主成分分析和熵值法相结合的水文相似度构造方法，并检验了其参数移植效率，结果表明：

（1）GR4J模型在中国河流的适用性良好，模型模拟效率显著相关的因子主要集中在气候、植被和土壤，其中影响最大的气候和下垫面因子为干燥度、黏土含量和叶面积指数；水文模型参数中，产流水库容量影响因子包括气候、地貌和地质、土壤、地形、人类活动和流域形态，地下水交换系数影响因子为地貌和地质、地形、人类活动，汇流水库容量影响因子主要有植被和土地利用、土壤、地貌和地质以及流域形态，单位线汇流时间的影响因素集中在气候、土壤和流域形态。该研究结果表明从气候和下垫面角度估计产汇流参数具有可行性，成果可为缺资料地区水文参数移植提供依据和参考。

（2）气候和下垫面以及水文模型参数之间存在显著相关关系，相较于鄱阳湖流域，不管是环境因子之间还是环境因子与水文模型参数之间，呼兰河流域表现为显著相关的因子均较少，这可能与其纳入分析的流域数目较少有关。构建的基于主成分分析和熵值法相结合的物理相似度指数（HSI）可以高效地找出缺资料地区最为相似的流域。HSI与参数移植效率之间存在显著的正相关关系。在鄱阳湖流域和呼兰河流域，HSI与参数移植效率的关系可以分别用Logistic回归和线性回归来表示。HSI能够更好地量化流域间气候和下垫面的水文相似性，可以为流域水文模型参数的移植提供科学参考。

（3）通过梳理缺资料地区水文预测相关文献，系统总结了缺资料地区水文预估方法，并就区域化方法的适用性、存在问题及影响因素进行讨论。结果表明，水文相似性的识别可以通过基于气候和地貌特征以及基于流量特征的分类算法获得。不同区域化方法的适用性仍在讨论和发展中，总体上物理相似度和空间邻近度较其他方法模拟效果更好。参数区域化方法对模拟性能的影响因研究区不同而有所差异，湿润地区水文预测比干旱地区更准确，同时模拟性能也会随着流域面积和流域数目的增加而增强，且预测性能与水文模型参数的数量没有明确的关系。

参考文献

［1］CORON L，THIREL G，DELAIGUE O，et al. The suite of lumped GR hydrological models in an R package[J]. Environmental Modelling & Software，2017，94：166-171.

［2］HRACHOWITZ M，SAVENIJE H H G，BLÖSCHL G，et al. A decade of Predictions in Ungauged Basins (PUB)—A review[J]. Hydrological Sciences Journal，2013，58(6)：1198-1255.

［3］OUDIN L，ANDRÉASSIAN V，PERRIN C，et al. Spatial proximity，physical similarity，regression and ungaged catchments：A comparison of regionalization approaches based on 913 French catchments[J]. Water Resources Research，2008，44(3)：W03413-1-W03413-15.

［4］PAGLIERO L，BOURAOUI F，DIELS J，et al. Investigating regionalization techniques for large-scale hydrological modelling[J]. Journal of Hydrology，2019，570：220-235.

［5］RAGETTLI S，ZHOU J，WANG H，et al. Modeling flash floods in ungauged mountain catchments of China：A decision tree learning approach for parameter regionalization[J]. Journal of Hydrology，2017，555：330-346.

［ 6 ］SAUQUET E，RICHARD B，DEVERS A，et al. Water restrictions under climate change：A Rhône—Mediterranean perspective combining bottom-up and top-down approaches ［J］. Hydrology and Earth System Sciences，2019，23(9)：3683-3710.

［ 7 ］VALÉRY A，ANDRÉASSIAN V，PERRIN C. 'As simple as possible but not simpler'：What is useful in a temperature-based snow-accounting routine? Part 1 – Comparison of six snow accounting routines on 380 catchments[J]. Journal of Hydrology，2014，517：1166-1175.

［ 8 ］WANG H，CAO L，FENG R. Hydrological similarity-based parameter regionalization under different climate and underlying surfaces in ungauged basins［J］. Water，2021，13(18)：2508.

［ 9 ］胡天祥. 基于DEM中小河流流域几何特征分析与应用[J]. 治淮，2012(11)：6-7.

［10］姬海娟，刘金涛，李瑶，等. 雅鲁藏布江流域水文分区研究[J]. 水文，2018，38(2)：35-40＋65.

［11］彭安帮，刘九夫，马涛，等. 辽宁省资料短缺地区中小河流洪水预报方法[J]. 水力发电学报，2020，39(8)：79-89.

［12］邵金鑫，刘旋旋. 基于统计分析法的中小河流预警预报研究[J]. 广东水利水电，2023(5)：57-61.

第五章

中小河流洪水预报实时校正方法

自 2008 年起,国家先后印发了多个关于中小河流治理的文件,要求着重建设中小流域的基础设施,建立健全中小河流洪水预报预警系统。同时,由于水文资料在水文预报中有着基石作用,针对水文资料的信息提取与利用越来越受到重视。因此,基于对场次洪水信息的处理,进行洪水预报及其校正工作,从而研究如何更加准确而可靠地得到洪水的结果对于中小流域的洪水预报预警有着重要的意义。

误差修正作为保障和提升洪水预报精度的有效手段,是洪水预报研究中必不可少的重要过程(张健,2020;黄一昕等,2021;汪昊燃等,2023)。目前,洪水预报的实时校正技术大多基于复杂洪水预报模型和校正模型(Liu 等,2017),大体可以分为两类:一类是终端误差校正方法,即不直接考虑预报过程中逐个环节产生的误差以及误差在各个过程中的传播,仅对终端误差进行修正,主要方法包括实测流量代入法(周全,2005)、误差自回归校正算法(宋星原等,2000)、反馈模拟实时校正方法(徐宁等,2014)、基于水文相似预报误差修正方法(王东升等,2019)、K 最邻近校正方法(Karlsson 等,1987)以及 BP 神经网络实时校正方法(Thirumalaiah 等,2000)等;另一类是过程误差校正方法,即先对水文预报过程众多各个子过程或预报模型的状态变量、参数变量等进行误差校正,校正后再重新运行模型得到新的预报值,通过减少预报过程中各个环节的误差,以实现降低误差的目的,主要方法包括递推最小二乘校正法(郭磊等,2002)、卡尔曼滤波方法(陆波,2006)、基于 K 均值聚类的实时分类修正方法(Kanungo等,2002)、动态系统响应曲线方法(Si 等,2015)等。当然,两类校正方法并不是截然分割的,也可以通过联合多种校正方法来进行误差的修正,如结合人工神经网络技术与自回归(Auto Regressive,AR)模型的综合实时校正方法、联合自适应卡尔曼滤波(Auto Kalman Filtering,AKF)技术和 AR 模型的实时校正方法以及联合递归最小二乘法(Recursive Least Squares,RLS)算法与 AR 模型的实时校正方法等。葛守西(1984)将滤波法中的KF 技术与概念性水文模型结合,实现了单独对产流预报动态的实时校正。随着时间的推移,上述实时校正方法已被广泛应用于洪水预报工作当中,在防灾减灾与水文学科的发展上发挥了重大的作用。

基于以上现状与存在的问题,对中国境内 5 个较为典型的中小流域进行洪水预报的实时校正研究工作,同时对方法的适用性、预见期阈值以及各自的表现进行评估与分析,以获取适用于中小流域的校正方法。

5.1 洪水预报校正方法

5.1.1 K 均值聚类分析方法

由于各场次洪水的特征指标存在一定的差异,直接采用原始数据进行分类与后续分析,难免会使得分类结果存在一定的偏差。因此,为综合考虑降雨以及下垫面的各项指标因素,以得到较为准确的洪水分类,采用主成分分析法对其进行分析,并根据各场次洪水的主成分分析结果,对其采用 K 均值聚类算法进行分类分析,主成分分析的主要步骤包括:

（1）将 n 场洪水的 m 项指标作为观测指标，并组成观测样本矩阵：

$$\boldsymbol{X} = \begin{bmatrix} x_{11} & \cdots & x_{1m} \\ \vdots & & \vdots \\ x_{n1} & \cdots & x_{nm} \end{bmatrix} \tag{5-1}$$

式中：x_{ij} 为第 i 场洪水的第 j 个指标。

（2）将原始数据进行标准化处理，并得到标准化矩阵：

$$\bar{x}_j = \frac{1}{n}\sum_{i=1}^{n} x_{ij} \tag{5-2}$$

$$S_j^2 = \frac{1}{n}\sum_{i=1}^{n}(x_{ij} - \bar{x}_j) \tag{5-3}$$

$$y_{ij} = \frac{x_{ij} - \bar{x}_j}{S_j} \tag{5-4}$$

$$\boldsymbol{Y} = \begin{bmatrix} y_{11} & \cdots & y_{1m} \\ \vdots & & \vdots \\ y_{n1} & \cdots & y_{nm} \end{bmatrix} \tag{5-5}$$

式中：$\boldsymbol{Y}$ 为最终得到的标准化矩阵。

（3）计算 $\boldsymbol{Y}$ 矩阵的特征值以及特征向量，并将特征值从大到小排列，进而计算相应的贡献率以及累计贡献率。

（4）按照累计贡献率超过 70%～80% 的要求，挑选相应的特征值以及特征向量，并将其对应的主成分值计算出来，作为洪水分类的标准。

K 均值聚类算法是一种迭代求解的聚类分析算法，其步骤是随机选取 k 个对象作为初始的聚类中心，然后计算每个对象与各个种子聚类中心之间的欧氏距离，把每个对象分配给距离它最近的聚类中心。聚类中心以及分配给它们的对象就代表一个聚类。每分配一个样本，聚类的聚类中心会根据聚类中现有的对象被重新计算。这个过程将不断重复直至满足某个终止条件。终止条件可以是没有（或最小数目）对象被重新分配给不同的聚类，或者没有（或最小数目）聚类中心再发生变化，或者误差平方和局部最小，其数学模型为

$$E = \sum_{i=1}^{k}\sum_{p \in C_i} |p - m_i|^2 \tag{5-6}$$

$$m_i = \frac{\sum\limits_{p \in C_i} p}{|C_i|} \tag{5-7}$$

式中：E 为所有聚类对象的误差平方和；p 是聚类对象；m_i 是类 C_i 的各个聚类对象的平均值；$|C_i|$ 表示类 C_i 聚类对象的数目。

洪水指标的选择是洪水聚类分析中十分关键的环节，在选择相应的洪水指标时应

充分考虑显著影响洪水过程的特征值，且该特征值在洪水发生之前就可以获得，这样才可以对未来发生的洪水进行分类判断。由于事先已经建立起相应的暴雨洪水特征数据库，因此在指标的选择上将按照暴雨洪水特征数据库收集到的特征值进行选择，但随着后续资料的补充以及特征值代表性的进一步分析，特征要素的选择可能会发生相应的变化。

在系统运行过程中，模型会根据已输入的降水与模拟的径流结果，计算出本场洪水与历史洪水数据库中历史洪水的对应关系，首先通过 K-means 聚类分析方法来进行聚类分析，在聚类分析的基础上采用特征向量的欧氏距离来匹配对应场次的历史洪水数据。

5.1.2 集合卡尔曼滤波校正方法

集合卡尔曼滤波(EnKF)是基于蒙特卡洛方法，利用集合统计量来估计预报协方差的序列数据同化方法。集合卡尔曼滤波的数据同化步骤如下：

（1）针对模型自身的特点，对状态变量和观测值加以一系列合理范围的干扰，形成随机变量集合，对于本节而言，状态变量分别为不同栅格的产流量以及流域出口预报流量，样本数量为 N，观测值为流域出口断面的实测流量。

（2）对状态变量进行预报，获得模型预测集合：

$$X_{t,i} = \Phi(X_{t-1,i}, W_{t-1}) \quad (i = 1, 2, \cdots, N) \tag{5-8}$$

$$Z_{t,i} = \boldsymbol{H}\begin{bmatrix} X_{t,i} & V_{t,i} \end{bmatrix} \tag{5-9}$$

式中：$X_{t,i}$，$X_{t-1,i}$ 分别为 t 时刻与 $t-1$ 时刻第 i 个样本的状态变量；$\Phi(\cdot)$ 为状态转移函数；W_{t-1} 为 $t-1$ 时刻的系统噪声；$Z_{t,i}$ 为 t 时刻第 i 个样本的观测值；$\boldsymbol{H}$ 为观测矩阵；$V_{t,i}$ 为 t 时刻第 i 个样本的观测噪声。系统噪声与观测噪声均为高斯白噪声。

（3）选取模型预测集合平均值 $\overline{X}_t$ 代替真实值，由预测样本集合计算得到预测协方差矩阵 $\boldsymbol{P}_t$。

$$\overline{X}_t = \frac{1}{N} \sum_{i=1}^{N} X_{t,i} \tag{5-10}$$

$$\boldsymbol{P}_t = \frac{1}{N-1} \boldsymbol{E}_t \boldsymbol{E}_t^{\mathrm{T}} \tag{5-11}$$

$$\boldsymbol{E}_t = \begin{bmatrix} X_{t,1} - \overline{X}_t, X_{t,2} - \overline{X}_t, \cdots, X_{t,N} - \overline{X}_t \end{bmatrix} \tag{5-12}$$

（4）根据实测值与预测值，结合预测协方差矩阵 $\boldsymbol{P}_t$ 得到卡尔曼增益矩阵 $\boldsymbol{K}_t$，并更新预测值得到分析值 $X_{t,i}^a$。

$$\boldsymbol{K}_t = \boldsymbol{P}_t \boldsymbol{H}^{\mathrm{T}} (\boldsymbol{H} \boldsymbol{P}_t \boldsymbol{H}^{\mathrm{T}} + \boldsymbol{R})^{-1} \tag{5-13}$$

$$X_{t,i}^a = X_{t,i} + \boldsymbol{K}_t [Z_{t,i} - \boldsymbol{H} X_{t,i}] \tag{5-14}$$

（5）对样本集合取均值，得到分析值的均值，作为 u 集合中 N 个样本更新后的系统状态量，代入构成循环，回到步骤（2）。

5.1.3　KNN 校正方法

KNN 法用于洪水预报中时,其主要计算步骤可分为以下几步:

(1) 计算历史场次洪水的误差序列:

$$W_t = Q_t - QC_t \tag{5-15}$$

式中:W_t 为 t 时刻模型计算误差,m^3/s;Q_t 为 t 时刻实测流量,m^3/s;QC_t 为 t 时刻预报流量,m^3/s。

(2) 由已知误差序列$(W_1, W_2, W_3, \cdots, W_{m+e})$,建立大小为 θ 的误差向量,且每个向量与预见期内相应的误差值对应,构建历史样本库。历史样本库中向量对应关系如下:

$$\begin{bmatrix} W_1 & W_2 & W_3 & \cdots & W_\theta \\ W_2 & W_3 & W_4 & \cdots & W_{\theta+1} \\ \vdots & \vdots & \vdots & & \vdots \\ W_{m-\theta+1} & W_{m-\theta+2} & W_{m-\theta+3} & \cdots & W_m \end{bmatrix} \sim \begin{bmatrix} W_{\theta+e} \\ W_{\theta+1+e} \\ \vdots \\ W_{m+e} \end{bmatrix} \tag{5-16}$$

(3) 分别计算当前误差向量$(W_{i-\theta+1}, W_{i-\theta+2}, W_{i-\theta+3}, \cdots, W_i)$与建立的样本误差向量之间的欧氏距离,记录距离并由小到大排序。

$$d = pdist2(\boldsymbol{A}, \boldsymbol{B}) \tag{5-17}$$

式中:$\boldsymbol{A}, \boldsymbol{B}$ 分别代表索要计算距离的两个向量。

(4) 取距离最近的 K 个向量为修正样本,将向量对应的误差值进行反距离加权,其计算公式如下:

$$W_{i+e} = \frac{\sum\limits_{j=1}^{k} \dfrac{W_j}{d_j}}{\sum\limits_{j=1}^{k} \dfrac{1}{d_j}} \tag{5-18}$$

式中:W_j 为第 j 时刻洪水预报误差;d_i 为第 j 时刻对应的历史样本向量与当前时刻向量的欧氏距离。

(5) 所得反距离加权值即为预报误差值,将与原预报值的加和作为真实预报值。

5.1.4　主成分分析方法

主成分分析方法是一种化繁为简、尽可能压缩指标个数的降维(即空间压缩)技术,其基本思想是通过对原始指标相关矩阵内部结构关系的研究,找出影响某一水文过程的几个综合指标,使综合指标为原来变量的线性组合。其要求主要有 2 个:①要求新指标能够最大限度地、集中地反映原始水文指标的总方差;②要求这些新指标相互独立。

求解主成分的主要数学工具是特征方程。通过求解观测变量相关矩阵的特征方程得到 p 个特征值和对应的 p 个单位特征向量,把 p 个特征值按从大到小的顺序排列,分别

代表 p 个主成分所解释的观测变量的方差，主成分是观测变量的线性组合，线性组合的权数即为相应的单位特征向量中的元素。这里仅给出如下计算步骤：

（1）设有 n 场洪水作为样本，每场洪水选择 p 个变量作为观测指标，于是构成观测样本矩阵：

$$\boldsymbol{X} = \begin{bmatrix} x_{11} & x_{12} & \cdots & x_{1p} \\ x_{21} & x_{22} & \cdots & x_{2p} \\ \vdots & \vdots & & \vdots \\ x_{n1} & x_{n2} & \cdots & x_{np} \end{bmatrix} \tag{5-19}$$

式中：x_{ij} 为第 i 场洪水的第 j 个指标。

（2）将原始数据进行标准化处理：

$$y_{ij} = \frac{x_{ij} - \overline{x}}{S_j} \tag{5-20}$$

$$\overline{x}_j = \frac{1}{n} \sum_{i=1}^{n} x_{ij} \tag{5-21}$$

$$S_j^2 = \frac{1}{n} \sum_{i=1}^{n} (x_{ij} - \overline{x}_j)^2 \tag{5-22}$$

得到标准化矩阵：

$$\boldsymbol{Y} = (y_{ij})_{n \times p} \tag{5-23}$$

（3）计算标准化矩阵的相关系数矩阵：

$$\boldsymbol{R} = \begin{bmatrix} r_{11} & r_{12} & \cdots & r_{1p} \\ r_{21} & r_{22} & \cdots & r_{2p} \\ \vdots & \vdots & & \vdots \\ r_{n1} & r_{n2} & \cdots & r_{np} \end{bmatrix} \tag{5-24}$$

其中，

$$r_{jk} = \frac{1}{n-1} \sum_{i=1}^{n} y_{ij} y_{ik} \tag{5-25}$$

（4）求相关系数矩阵 $\boldsymbol{R}$ 的 p 个非负的特征值，并从大到小进行排列，对应的特征向量 $\boldsymbol{C}$ 满足：

$$\boldsymbol{C}_i^{\mathrm{T}} \boldsymbol{C}_j = \begin{cases} 1, i = j \\ 0, i \neq j \end{cases} \tag{5-26}$$

（5）确定主成分并计算主成分下的样本矩阵 $\boldsymbol{Z}$，按照累计贡献率大于某一个特定值准确选择前 m 个主成分，得到主成分下的样本矩阵。

5.2 网格化洪水预报校正方法

5.2.1 网格化新安江模型

新安江模型是赵人俊等在新安江水库流域大量观测资料的基础上发展起来的概念水文模型,已在国内外洪水预报和流域水文过程模拟中得到较广泛的应用,特别是在中国湿润地区,得到预报精度很好的应用效果。三水源新安江模型如图5.1所示。

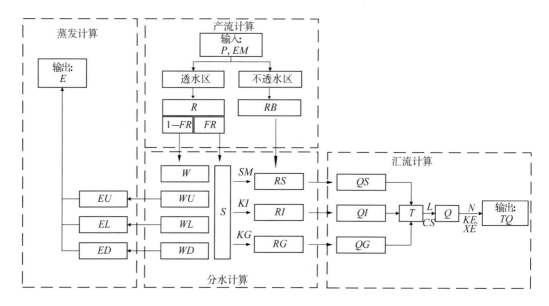

图 5.1　三水源新安江模型结构示意图

网格新安江模型(Gird Xin'anjiang Model,Grid-XAJ)是将 1 km 栅格作为计算单元,以新安江模型为基础构建的分布式水文模型,其构建原理是:将流域栅格离散化,在每个栅格上均采用新安江模型进行产流计算,以马斯京根模型进行地表水流逐栅格汇流计算,并以滞后演算法进行壤中流与地下径流的汇流计算,逐栅格汇流计算直至流域出口。

在网格新安江模型的使用过程中,需要实况降雨场资料的输入,以实现网格的产流计算。由于本章目前采用的气象资料为实测站点资料,因此存在站点气象数据无法覆盖至每一个栅格的情况。针对气象数据与模型输入不匹配的现象,在计算了各个站点的面积权重之后,采用反距离插值方法将站点气象数据插值到每一个格点,以达到模型的输入条件。对于下垫面数据,则根据模型单元网格的大小,对原有的下垫面数据网格大小进行重采样,以适应模型网格的大小,这样做同时是为了适应大平台中的网格模型。

5.2.2　基于 KNN 和集合卡尔曼滤波的网格化联合校正方法

集合卡尔曼滤波方法和 KNN 方法是较常应用的方法。集合卡尔曼滤波方法可充分利用洪水产汇流过程中的前面时段的状态信息形成预报误差方差,对预报洪水过程进行校正,其优势在于对实时观测信息的更新和应用,体现在对洪峰流量和峰现时间的修正;KNN 方法是通过识别历史相似洪水特征库,利用相似历史洪水实测系列对预报洪水系列进行修正,其主要特征是对历史发生过的类似洪水过程信息的应用,体现在整个洪水预报过程的修正。基于此,联合两种实时校正方法有望同时充分利用实时观测信息和历史经验,从而提高洪水预报实时校正的精度和稳定性。

基于 KNN 和集合卡尔曼滤波的网格化联合校正方法(图 5.2)具体步骤如下:

(1) 依据网格尺度的降水、蒸发、土壤墒情等信息,输入上述率定好的网格水文模型参数,得到初始洪水预报结果;

(2) 应用集合卡尔曼滤波方法,结合实时网格流量、水位、降水或土壤含水量,计算预测协方差矩阵和增益矩阵,更新状态变量,对初始洪水预报结果进行初步校正,尤其是洪峰流量和峰现时间的修正;

(3) 进一步结合历史洪水特征库,应用 KNN 方法,选择历史相似洪水过程,通过模型预报得到历史洪水误差序列,计算洪水误差序列与历史特征库中的误差向量的欧氏距离,使欧氏距离最小以求得修正序列,从而对洪水预报过程进行再修正。

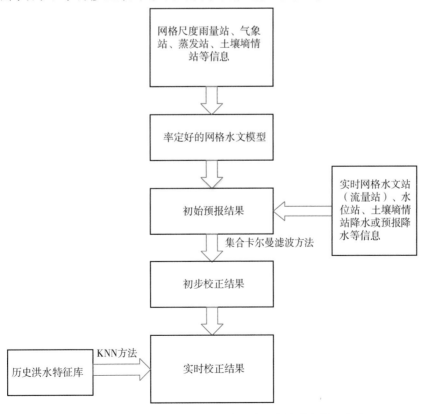

图 5.2　基于 KNN 和集合卡尔曼滤波的网格化联合校正方法

5.2.3 网格尺度下的洪水预报实时校正

对于流域下垫面,按照项目整体的设计标准,应根据当前时刻气象预报产品、暴雨中心信息、库塘闸坝的蓄泄信息、上游水库调度信息、土壤含水量信息等,应用 GIS 及相关工具对实时信息进行网格化处理。在预报过程中,实时更新模型计算参数及下垫面状态信息,实现对洪水预报过程的偏差校正。基于上述设计理念以及思想,本研究首先对下垫面网格层面的产汇流过程进行相应校正框架的设计,从而更好地与项目进行对接。网格尺度的实时校正流程如图 5.3 所示。

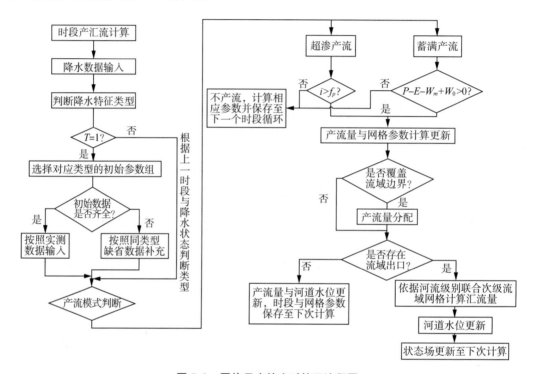

图 5.3　网格尺度的实时校正流程图

5.2.4 流域尺度下的洪水预报实时校正

在确立网格尺度的校正流程后,将整体的校正目标集中在流域以及子流域的出口上,同时将流域内的库塘闸坝因素加以考虑,从而达到:①对流域关键水文站点的预报流量进行实时校正;②进一步更新完善暴雨洪水特征数据;③为后续调度工作提供较为准确科学的数据支撑。流域以及子流域的实时校正框架如图 5.4 所示。

在建立起相应的校正方案后,即可开展流域相应的校正工作,本专题目前已将相应的文档与程序提供给项目组,由于模型调试以及调用接口存在一定的困难,因此本专题在考量项目组所使用的模型后,自行构建了网格化新安江模型,尽可能还原项目组的使用环境。

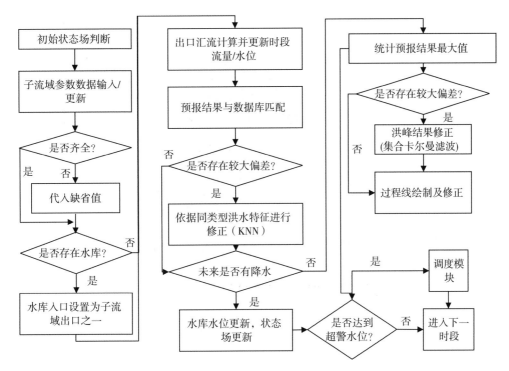

图 5.4　流域及子流域尺度实时校正流程图

5.3 洪水过程模拟与校正应用实例

5.3.1 屯溪流域

5.3.1.1 流域情况

屯溪流域地处安徽黄山市南部,流域集水面积 2 696.76 km²,位于亚热带季风气候区,年平均温度 17℃,冬季盛行西北风,天气晴冷干燥;夏季多东南风,气温高,光照强,空气湿润;春秋两季气旋活动频繁,冷暖变化大。春季及初夏多锋面雨,夏秋之际多台风,季风环流的方向与主要山脉走向基本正交,山脉起着阻滞北方寒流和台风的作用。屯溪流域地势西高东低,相对高差较大。年平均降水量 1 600 mm,降水在年内年际分配极不均匀,其中 4—6 月多雨,约占 50%,易发生洪涝灾害;7—9 月约占 20%。河川径流年内、年际变化较大。屯溪流域内植被良好,主要包括常绿针叶林、落叶阔叶林、混合林,土壤类型主要为黏壤土。流域水系站点分布见图 5.5。

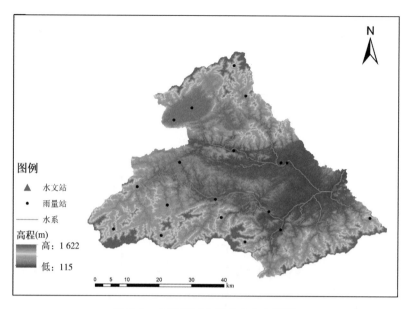

图 5.5　屯溪流域水系站点分布概况

5.3.1.2　模拟资料与相关性验证

由于 2002—2008 年黟县站降雨量资料缺失,可通过建立点面关系(点雨量和面雨量)来推求流域面平均雨量,选取 1996—2000 年场次洪水来计算点面相关性(点面折减系数)并验证。

相关分析是研究存在相关关系的两个或几个变量之间密切联系程度的常用统计方法,采用统计指标相关系数可以定量描述两个变量间的线性相关程度。相关系数可用如下公式计算:

$$r = \frac{\sum\limits_{i=1}^{n}(x_i - \overline{x})(y_i - \overline{y})}{\sqrt{\sum\limits_{i=1}^{n}(x_i - \overline{x})^2 \sum\limits_{i=1}^{n}(y_i - \overline{y})^2}} \tag{5-27}$$

式中:r 为变量 x、y 间的线性相关系数;$\overline{x}$、$\overline{y}$ 分别为 x、y 的均值;x_i、y_i 分别为 x、y 样本系列的第 i 个值;n 为样本数。

本研究收集流域内 n 场历史降雨过程,计算每场降雨过程各测站的降雨总量及流域平均降雨量,以 n 为样本数,计算各测站降雨总量与流域面雨量的相关系数(表 5.1)。分析流域内各雨量站点雨量与流域面雨量的相关关系,结合水文站流域分布图选出与流域面雨量相关性高且有区域代表性的雨量站作为关键测站,并保证其稳定运行。通过建立点面关系将关键测站的时段点雨量转化为流域时段面雨量进行洪水预报。

表 5.1　屯溪流域内各测站降雨总量与流域面雨量相关系数

站点	呈村	儒村	上溪口	石门	屯溪	五城	休宁	岩前	黟县
相关系数 r	0.966 0	0.972 3	0.995 2	0.922 2	0.974 9	0.980 1	0.997 5	1.000 0	0.970 6

使用泰森多边形将流域按照雨量站划分(图 5.6),计算流域内 9 个站点的相关系数,再计算无黟县站时的平均点雨量,进行平均点雨量及面雨量的频率分析并统计估计参数。

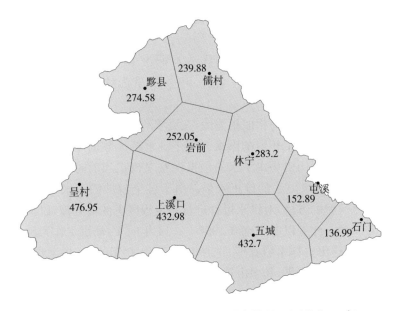

图 5.6　屯溪流域泰森多边形分区及站点控制面积(单位:km²)

由统计参数(表 5.2)可知,同一时段平均点雨量与相应的流域时段面雨量的偏态系数 C_S、变差系数 C_V 基本相同,即相同历时不同频率的点面系数近似等于时段面雨量均值与时段平均点雨量均值之比。因此,该流域的点面折减系数为 0.979 5。通过计算缺少黟县站的面平均雨量乘以相应的点面折减系数,可得到流域平均面雨量。

表 5.2　统计参数及点面折减系数

参数	均值(mm)	C_V	C_S	C_V/C_S	点面折减系数
平均点雨量(部分)	2.93	1.28	2.48	0.516 13	0.979 5
面雨量	2.87	1.27	2.46	0.516 26	

5.3.1.3　场次洪水校正结果

本研究选择的资料为屯溪流域 1996—2017 年、2019 年的汛期(4—10 月)摘录的 8 个雨量站的实测降雨量资料和屯溪站的实测水文资料,从中筛选出 52 场洪水进行场次洪水模拟,其中 41 场作为率定场次,11 场作为检验场次。根据参数率定结果,应用新安江模型和 BP 神经网络模型对场次洪水进行模拟,计算步长均为 1 h,BP 神经网络模型预见期为 3 h。从洪峰模拟情况看,两者相差不大,但 BP 神经网络模型稍优于新安江模型;两者峰现时间均处于许可误差范围内,但新安江模型要优于 BP 神经网络模型;从确定性系数角度来看,BP 神经网络模型整体模拟效果优于新安江模型。

在模型结构确定的情况下,参数的确定是模型成功应用的关键。模型参数率定一般采用人工经验率定和自动率定,常见的参数率定方法有人机交互率定、单纯形法、遗传算法、粒子群法、SCE-UA 算法、GLUE 方法等。

遗传算法是一种借鉴自然界生物遗传和进化规律而形成的高效全局优化搜索方法,遵循自然界生物"适者生存"的法则。遗传算法应用于水文模型参数率定时,不拘束于模型参数的多少和模型本身结构是否复杂的问题,直接在模型优化准则的引导下进行多点并行自适应全局寻优。本研究调用 MATLAB 遗传算法工具箱,以洪峰合格率及峰现时间合格率各占 50% 权重为约束条件,对新安江模型参数进行率定。

由于洪水时间存在时空上的相似相关性,在流域产汇流与洪水的演进过程中,相似的下垫面与降水条件往往会产生相似的洪水。基于洪水特征数据库的洪水预报校正方法,是利用与当前状况相似的历史场次洪水的预报误差来校正当前时刻洪水预报的,因此历史样本的数量决定了 KNN 方法的校正效果。由于各个流域的洪水场次数目不一,因此结合了集合卡尔曼滤波的方法,对洪水过程进行一定程度上的前处理,以消除因场次洪水不足带来的误差问题。此处以屯溪流域 1996—2014 年的 41 场洪水作为洪水数据库的历史洪水记录,用于构建历史样本数据库;选择 2015—2020 年的 12 场洪水作为验证样本,用于对比不同方法的校正效果,其中由于 2020 年洪水序列时间较长,且社会影响较大,因此将此场洪水作为系统完全录入历史数据的测试样本。为综合评价系统的校正效果,此处选择 NSE、洪峰流量误差(ΔQ_{max})、洪量误差(ΔR)以及峰现时间误差(ΔT)来进行对比分析,其结果分别如图 5.7 及表 5.3 所示。

从洪水要素的校正效果以及 NSE 的结果上看,联合校正方法相较于模型初始输出与单一校正方法,在对洪水洪峰流量的预报、峰现时间的预测以及洪水总量的预报上均有着较好的效果。同时在对 11 场验证期洪水进行模拟时,KNN 与集合卡尔曼滤波单一校正法得到的结果均存在着一定的锯齿状波动,但这一现象在联合校正方法中得到了有效的缓解。由于用于 KNN 校正的序列事先经过了集合卡尔曼滤波处理,在模拟过程中出现异常值的可能性大大降低,产生的误差序列相对于未校正流量结果,具有更好的稳定性与一致性,从而使得依赖于历史误差的 KNN 方法校正的效果更好。同时 KNN 方法对于消除集合卡尔曼滤波方法产生的误差后传播有着一定的修正作用,因此从预报结果上来看,由于集合卡尔曼滤波校正方法产生的锯齿状波动在联合校正方法下有了明显的改善,这也说明联合校正方法相较于单一校正方法存在着一定的优势。

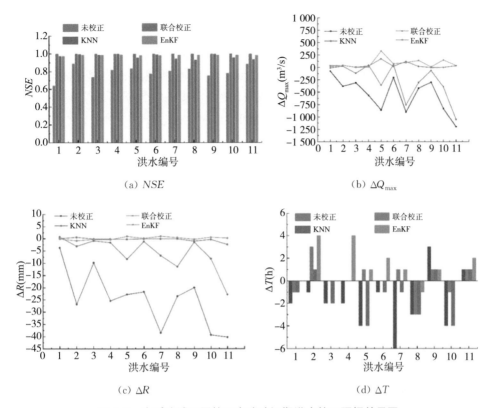

图 5.7　屯溪流域不同校正方法验证期洪水校正预报效果图

表 5.3　屯溪流域验证期洪水校正预报合格率统计

校正方法	合格率		
	ΔR	ΔQ_{max}	ΔT
未校正	72.72%	72.72%	36.36%
联合校正	100%	100%	81.82%
KNN	100%	100%	54.55%
EnKF	100%	100%	63.64%

为系统讨论联合校正方法中预见期的改变与样本向量的变化对预报效果的影响,分别对不同预见期设置下的评价指标效果与预见期变化下各个指标的变化量进行对比分析,其结果如图 5.8 及表 5.4 所示。

从预见期变化条件下的模拟效果来看,随着预见期的增加,联合校正序列的各项评价指标均存在着一定程度的下降,其中 NSE 与洪量误差 ΔR 存在着较为明显的组间差异。从 NSE 的表现来看,在预见期为 3 h 以内时,11 场验证洪水的 NSE 均在 0.9 以上,联合校正方法整体上能够较好地还原洪水过程;自 4 h 以后,各个场次洪水的模拟效果有了一定程度的差别,箱型图的区间范围逐渐扩大,说明其稳定性有了一定程度的下降,但仍保证了一定的模拟效果。洪峰流量误差的均值与箱形图上下峰边界均随着预见期的上升有一定程度的增大,但洪峰流量误差在前 6 h 时均在 200 m³/s 以内,此误差对于 11 场验证洪水均可满足要求。从洪量来看,预见期在 3 h 以上时,洪量误差均值变化至 2 mm 以上,且箱形图上下峰边界超过 10 mm,但整体均值较为稳定,符合校正的要求。从峰现时间来看,预见期在 6 h 以内时,联合校正方法均能较好预测洪峰发生的时间,在 4 h 后峰现时间误差均值大于 1 h,但整体偏差并没有达到 2 h。综上所述,联合校正方法的校正效果在预见期 6 h 以内是可以保证的,且可以预见,随着历史洪水数据库的样本上升,对于部分样本洪量与峰现时间的校正误差会逐渐减小。

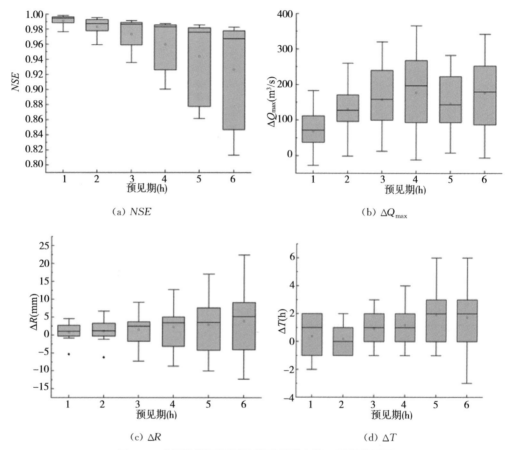

(a) NSE (b) ΔQ_{max}

(c) ΔR (d) ΔT

图 5.8　屯溪流域不同预见期下的联合校正预报效果图

表 5.4　屯溪流域不同预见期设置下的校正误差对比

预见期(h)	ΔQ_{max}(m^3/s)	ΔR(mm)	ΔT(h)
1	75.18	0.64	0.36
2	130.58	1.07	0.18
3	157.41	1.49	0.90
4	179.97	2.17	1.18
5	145.28	2.86	1.90
6	177.56	3.84	1.72

为进一步验证联合校正方法以及历史样本数量的影响,对屯溪流域 2020 年洪水进行实时校正分析。2020 年 7 月,安徽省黄山市屯溪流域发生了 50 年一遇的洪水。自 7 月 2 日以来,安徽省遭遇新一轮强降水,造成黄山、宣城、芜湖、蚌埠等 7 市 31 县不同程度受灾,部分历史遗迹遭到冲毁,受灾较为严重的歙县,其高考时间也受到了影响。为了验证该系统对洪水模拟的校正效果,选择了 2020 年 7 月 2—14 日的屯溪流域洪水过程作为测试对象,对 1~3 h 预见期以内的校正效果进行测试,其结果如图 5.9 及表 5.5 所示。

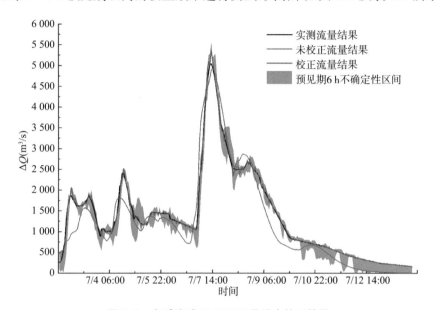

图 5.9 屯溪流域 20200702 号洪水校正效果

表 5.5 屯溪流域 20200702 号洪水要素校正效果

	NSE	$\Delta Q_{\max}(m^3/s)$	$\Delta R(mm)$	$\Delta T(h)$
未校正	0.909 3	319.657 9	55.200 0	3
预见期 1 h	0.995 7	111.732 9	0.908 2	1
预见期 2 h	0.988 4	344.653 3	2.661 6	1
预见期 3 h	0.980 9	346.260 0	8.849 5	1
预见期 4 h	0.971 4	416.295 8	20.199 6	1
预见期 5 h	0.949 6	430.295 8	27.173 6	1
预见期 6 h	0.936 5	472.612 7	29.390 2	1

从校正结果可以看出,联合校正方法可以较好地还原洪水过程,在预见期设置在 6 h 阈值范围内时,该方法虽然在前期涨水与退水过程中出现了一定的波动,但对于洪水关键要素的校正,特别是在洪峰流量、洪量与峰现时间的校正上有着较好的效果,这验证了之前该方法预见期阈值为 6 h 的结论。且由于历史洪水数据库添加了用于验证的 11 场洪水,校正效果在该场次洪水中的表现超过了验证期的 11 场洪水。在保证洪峰流量与峰现时间校正效果的前提下,该方法可以将洪水预报的预见期向前推进 6 h,这对于决策者准确把握洪水信息,从而采取相应的洪水预警方案而言有着较为重要的意义。

5.3.2 北辛店流域

5.3.2.1 流域情况

北辛店水文站位于河北省保定市清苑区北店乡北辛店村,属于海河流域大清河水系清水河。清水河为唐河最大支流,于清苑区东石桥处入唐河,属海河流域大清河水系南支,其上游段分别称为龙泉河和界河。清水河上游有蒲阳河、七节河、曲逆河、金线河、新九龙河、新开河等主要支流汇入,新开河在南林水汇入龙泉河,以下称清水河。北辛店水文站设立于 1955 年 6 月,测站性质为基本站。实测最高水位 19.70 m,最大流量 710 m³/s(1966 年 8 月 14 日)。北辛店流域是指北辛店水文站到龙潭水库之间的流域,流域面积 1 650 km²,该流域处于华北山丘平原过渡区。流域多年平均年降水量 450 mm,最大年降水量 833.7 mm(2008 年),最高温度 41℃,最低温度−23.8℃。

北辛店水文站上游主要有 9 个水库,分别为位于清水河上界河顺平县境内的龙潭水库、司仓水库、西荆尖水库、大李各庄水库以及唐县境内的西显口水库、北固城水库、南固城水库、高昌水库、水头水库、峪山庄水库;2 个灌渠,分别为龙潭灌渠(界河顺平县)、唐河灌渠(唐县)以及 1 个扬水站:南辛庄扬水站(清苑区)。上游流域共有 7 处雨量站和 1 处水文站。北辛店水文站控制流域如图 5.10 所示。

对北辛店流域现有降雨径流资料的相关性进行分析后发现(图 5.11),该流域降雨径流相关性在不同时段的表现情况不一,部分场次洪水降雨径流相关性较差。流域历史场次洪水整体流量较小,相对于降水,河道涨水响应时间平均有 30 h 的延迟,且流域洪水流量的陡涨缓落现象较为显著。对于单次洪水过程中发生的多场降水,部分场次洪水并没有反映在流量过程的变化中。

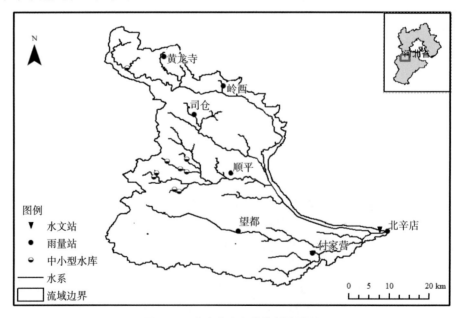

图 5.10　北辛店水文站控制流域图

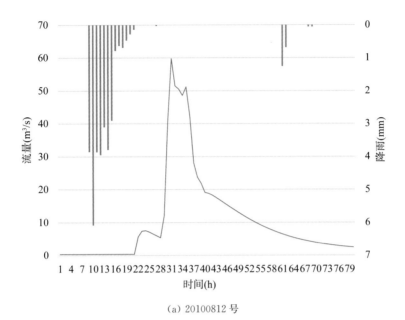

(a) 20100812 号

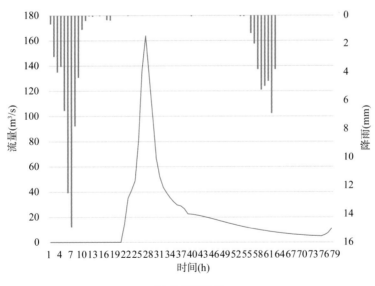

(b) 20100819 号

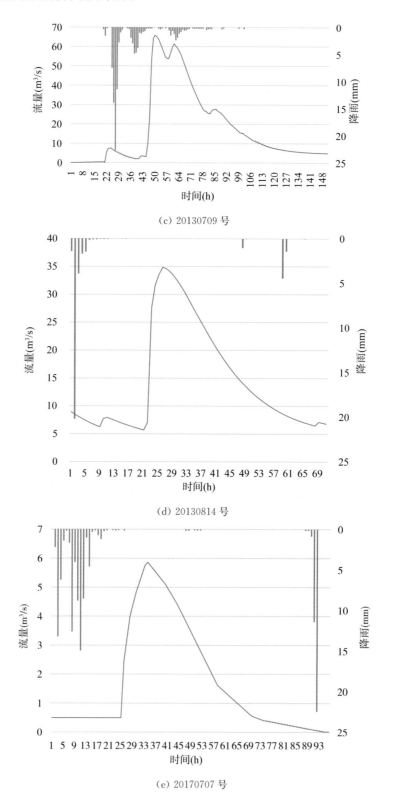

(c) 20130709 号

(d) 20130814 号

(e) 20170707 号

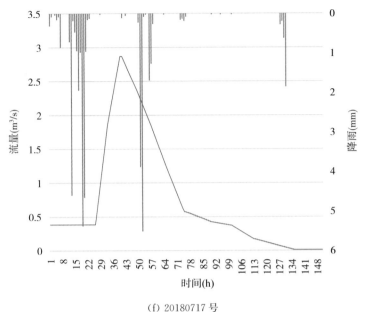

(f) 20180717 号

图 5.11　北辛店流域部分历史场次洪水降雨流量过程

5.3.2.2　场次洪水校正结果

　　研究选择的资料为北辛店流域 2010—2018 年汛期(4—10 月)摘录的 7 个雨量站的实测降雨资料和北辛店站的实测水文资料,从中筛选出 13 场洪水进行场次洪水模拟,其中 9 场作为率定场次,4 场作为检验场次。由于项目已经先期开发出了网格化的新安江模型,因此洪水模拟的校正工作将以新安江模型为主。采用三种方法的校正效果如图5.12、表 5.6 所示。

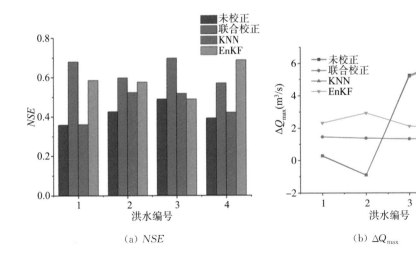

(a) NSE　　　　　　　　　　　　　(b) ΔQ_{max}

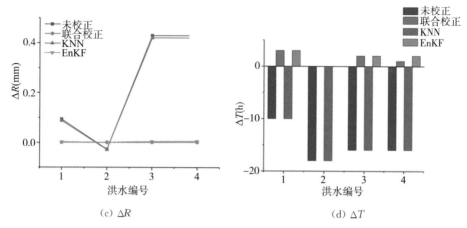

(c) ΔR (d) ΔT

图 5.12 北辛店流域不同校正方法验证期洪水校正预报效果图

从 NSE 校正结果来看，未校正得到的洪水预报结果整体较差，大部分场次洪水 NSE 未超过 0.5，模拟洪峰流量序列与实测序列有着较大的偏差。联合校正方法对于 4 场洪水的预报结果均有着一定的修正作用，对部分场次的洪水校正效果显著，集合卡尔曼滤波的表现次之，该方法对于退水阶段的校正效果欠佳，使得流量序列的整体表现较为波动，但在大部分场次洪水的校正效果上与联合校正方法相当，部分场次甚至优于联合校正方法。从洪峰流量的表现来看，联合校正方法的校正效果整体维持在较为稳定的水平，但部分场次校正水平不如集合卡尔曼滤波，KNN 方法由于较大程度受限于初始模拟效果与历史洪水数据库的数据丰富程度，因此在不同的验证期，其表现程度不尽相同。从洪量误差的校正结果来看，联合校正方法与集合卡尔曼滤波均有着较好的表现，但 KNN 方法在不同验证场次上有着不同的表现，这一点在峰现时间上也有着相同的体现。从 4 场洪水的校正结果来看，联合校正方法的表现基本实现了对洪水模拟结果的修正功能，但受限于历史样本以及流域自身的特点，使得对此流域的校正效果并没有屯溪流域效果稳定。

表 5.6 北辛店流域验证期洪水校正预报合格率统计

校正方法	合格率		
	ΔR	ΔQ_{max}	ΔT
未校正	0%	25%	25%
联合校正	75%	75%	50%
KNN	25%	25%	25%
EnKF	50%	75%	0%

与先前的研究区域一样，为讨论不同预见期对系统的影响，分别对不同预见期设置下的评价指标效果与预见期变化下各个指标的变化量进行对比分析，其结果如图 5.13、表 5.7 所示。

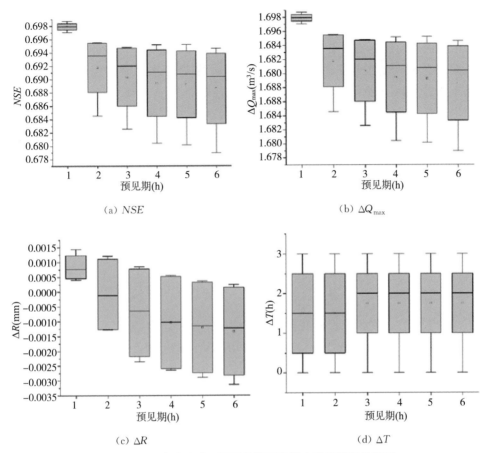

(a) NSE

(b) ΔQ_{max}

(c) ΔR

(d) ΔT

图 5.13 北辛店流域不同预见期下的洪水校正预报效果图

表 5.7 北辛店流域不同预见期下的洪水要素表现

	NSE	$\Delta Q_{max}(m^3/s)$	$\Delta R(mm)$	$\Delta T(h)$
未校正	0.372 1	5.246 5	0.437 21	4
预见期 1 h	0.697 8	1.697 9	0.000 78	1.5
预见期 2 h	0.693 6	1.693 5	−0.000 81	1.5
预见期 3 h	0.692 1	1.692 1	−0.000 63	2
预见期 4 h	0.695 1	1.691 3	−0.001 06	2
预见期 5 h	0.691 3	1.690 7	−0.001 17	2
预见期 6 h	0.691 0	1.690 3	−0.001 25	2

从预见期变化下各项评价指标的变化来看,随着预见期的增加,联合校正方法的校正效果总体呈现下降的趋势。从 NSE 的表现来看,预见期为 1 h 时的校正效果最佳,且在不同场次洪水的表现均有着十分稳定的校正效果,从预见期为 2 h 开始,不同场次洪水的表现开始出现差异,且差异性一直维持至预见期 6 h,这与参与测试洪水的序列长度和历

史洪水数据库均有着一定的关系,但总的来说,联合校正方法在预见期 6 h 内,其 NSE 均能维持在 0.65 以上,说明该方法在不同预见期内对洪水过程的整体校正效果较好;从洪水洪峰流量误差的校正结果来看,预见期为 1 h 时洪峰流量的整体误差最大,但在 2 h 时其校正偏差逐渐降低,但校正效果的不确定性显著增强,至 6 h 时达到最大值;从洪量误差的校正效果来看,洪量误差随着预见期的增加而增加,但 1 h 预见期的结果与其他预见期的结果有着明显的分段现象;从峰现时间误差的校正结果来看,不同预见期下的峰现时间校正效果无明显偏差,说明联合校正方法在校正洪峰发生的时间上具有一定的稳定性。总的来说,联合校正方法在不同预见期均有着较为出色的表现,从 NSE 与峰现时间误差的校正效果就可以看出;从洪峰流量误差与洪量误差的校正结果来看,预见期 1 h、2～5 h、6 h 为三个不同的校正效果表现阶段,其校正效果会随着阶段的变化逐渐降低,联合校正方法在 1 h 预见期内能维持相对稳定的水平,5 h 内则整体保持一定的效果。

5.3.3　千河流域

5.3.3.1　流域情况

千河发源于甘肃省张家川回族自治县唐帽山南麓石庙梁,于宝鸡市陈仓区千河镇冯家嘴村汇入渭河,河道干流长 157 km,河道平均比降 5.8‰,流经华亭市、陇县、千阳县、凤翔区、陈仓区等县(市、区),流域面积 3 506 km²,多年平均径流量 4.85 亿 m³,多年平均含沙量 8.76 kg/m³,多年平均输沙率 469 万 t。千河是渭河中游左岸较大的一级支流,干支流呈羽毛状排列,较狭长,对称性差(图 5.14)。

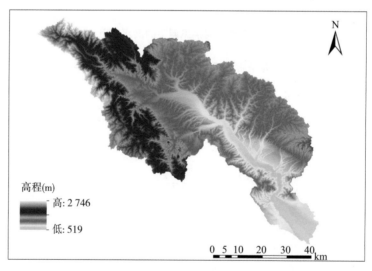

图 5.14　千河流域图

千河流域地形西北高、东南低,流域中上游呈扇形,中下游略呈东西窄、南北长的矩形,流域平均宽度 23 km,上游为土石山区,森林茂密,植被良好;中游为黄土高原沟垄区,地表覆盖较差,水土流失严重,是河流含沙量主要来源;下游为黄土川台区,水土流失不大。左岸有较大支流 13 条,右岸有较大支流 7 条,主要支流有石罐沟、咸宜河、捕鱼河、峡口河、普洛河等。冯家山水库在千河干流下游,距河口 25.0 km,控制流域面积 3 232 km²,占全流域面积的 92.2%。

千河流域属暖温带大陆性半湿润季风气候区,冬季寒冷,夏季炎热多暴雨。多年平均气温 10.8℃,多年平均降雨量 629 mm,降水集中在 7—9 月,占全年降水量的 56%;多年平均水面蒸发量在 1 000 mm 左右,多年平均径流深 100~200 mm,径流系数 0.17~0.25。局地暴雨引发的洪水峰形尖瘦、陡涨陡落,洪峰滞时短,涨峰历时一般为 3~6 h;流域性降雨引发的洪水峰形较胖、涨落缓慢,洪峰滞时较长,涨峰历时 9~15 h,长者可达 15~18 h。

段家峡水库是千河上游最主要的水库,距千阳站断面约 46 km,属于中型水库。该水库于 1972 年竣工,控制集水面积 634 km²,总库容 1 832.4 万 m³,有效库容 1 127 万 m³,滞洪库容 538.4 万 m³,死库容 167 万 m³,兴利库容 864 万 m³。大坝自由溢洪道设计 50 年一遇下泄流量 520 m³/s,放水洞最大下泄流量 36 m³/s,坝后式电站尾水流量 6 m³/s 左右。

千阳站断面上游还建有千丰渠、咸惠渠以及中小型水电站 2 座、小(1)型水库 7 座。千阳站断面以下约 10 km 处建有冯家山水库,冯家山水库是一座以灌溉为主,兼作防洪、供水、发电、养殖、旅游等综合利用的大(2)型水利工程。水库枢纽位于宝鸡市陈仓区桥镇冯家山村千河峡谷,上游 56 km 处有陇县段家峡水库,下游 17 km 处有宝鸡峡引渭灌溉工程总干渠(以下简称宝鸡峡总干渠)跨越千河的王家崖渠库结合工程。水库枢纽工程由拦河大坝、泄洪洞、溢洪洞、非常溢洪道、输水洞和电站等组成。汛限水位 707.00 m,正常蓄水位 710.00 m,远期正常蓄水位 712.00 m,设计洪水位 708.80 m,校核洪水位 714.83 m,死水位 688.50 m,坝顶高程 716.00 m。水库总库容 4.27 亿 m³,其中防洪库容 1.27 亿 m³,有效库容为 2.86 亿 m³,死库容 0.91 亿 m³。

王家崖水库位于宝鸡市陈仓区千河镇王家崖村东北千河干流上,宝鸡峡总干渠从坝顶通过,大坝既是宝鸡峡总干渠跨千河的过沟建筑物,又可拦蓄千河径流、调济宝鸡峡灌区用水。水库总库容 9 420 万 m³(已淤 3 744 万 m³),防洪库容 1 346 万 m³,现有效库容 4 506 万 m³,正常蓄水位 602.00 m,汛限水位 601.80 m,死库容 450 万 m³(已淤完),死水位 583.00 m。控制流域面积 3 288km²,占千河全流域面积的 93.8%,是一座以灌溉为主,兼有防洪、养殖功能的综合水库。2011 年除险加固后的防洪标准:100 年一遇洪水设计,洪峰流量 1 296m³/s,相应水位 602.07 m;1 000 年一遇洪水校核,洪峰流量 1 730 m³/s,相应水位 603.26 m,其洪水预报完全依赖于上游冯家山水库的泄水预报,水库下游安全泄洪能力 500 m³/s。

千阳水文站位于陕西省千阳县,为渭河西部北岸较大支流千河区域代表站,也是冯家山水库的入库站,属国家重要水文站,控制流域面积 2 935 km²。千阳水文站建立于 1964 年 1 月,迄今已累积 48 年水位、流量、泥沙、降雨、蒸发等系列水文资料。流域内设立有固关、曹家湾、火烧寨、清河里、上店、八渡镇、东风 7 个报汛雨量站。千阳站多年平均降水量 610 mm,多年平均径流量 3.705 亿 m³,自建站以来实测最大流量 2 160 m³/s,发生于 2010 年 7 月 23 日;调查最大流量 3 840 m³/s,发生于 1907 年 8 月;实测最大含沙量

604 kg/m³,发生于 1974 年 7 月 3 日。千阳站在冯家山水库建库后,测验河段河床逐年淤积,且受回水顶托影响,断面水位流量关系极为不稳定,流域洪水特征为陡涨陡落。

对千河流域现有降雨径流资料的相关性进行分析后发现(图 5.15),该流域降水径流相关性较好,仅有少部分场次洪水出现了降水径流变化不匹配的现象,相对于河北北辛店流域,该流域洪水变化响应时间较短,且实时流量的变化能够较好反映出阶段降水的变化情况。

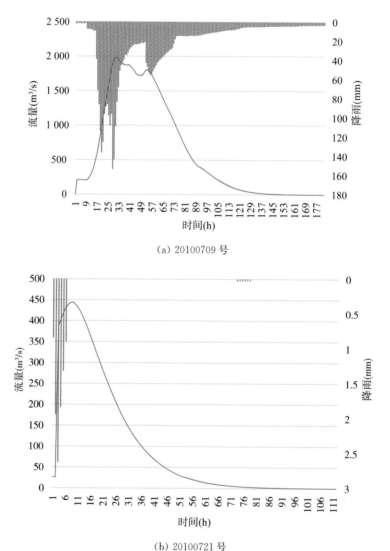

(a) 20100709 号

(b) 20100721 号

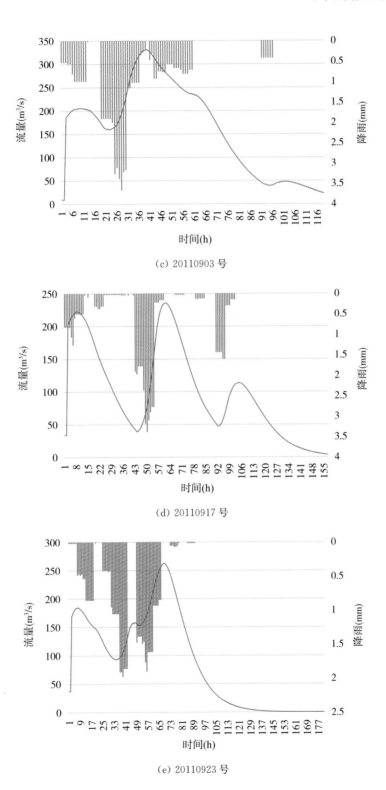

(c) 20110903 号

(d) 20110917 号

(e) 20110923 号

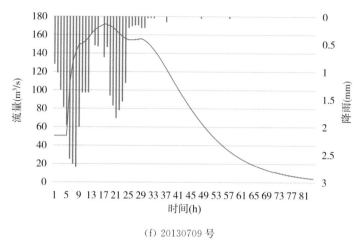

(f) 20130709 号

图 5.15　千河流域部分场次洪水降雨流量过程

5.3.3.2　场次洪水校正结果

研究选择的资料为千河流域 2010—2018 年汛期(4—10 月)摘录的 7 个雨量站的实测降雨量资料和千阳站的实测水文资料,从中筛选出 21 场洪水进行场次洪水模拟,其中 13 场作为率定场次,5 场作为检验场次。由于项目已经先期开发出了网格化的新安江模型,因此洪水模拟的校正工作将以新安江模型为主。三种校正方法的效果如图 5.16、表 5.8 所示。

基于洪水特征数据库的洪水预报校正方法,是利用与当前状况相似的历史场次洪水来解决当前时刻洪水预报的,因此历史样本的数量决定了 KNN 方法的校正效果。由于各个流域的洪水场次数目不一,因此结合了集合卡尔曼滤波的方法,对洪水过程进行一定程度上的前处理,以消除因场次洪水不足带来的误差问题。此处以千河流域 2010—2017 年的 16 场洪水作为洪水数据库的历史洪水记录,用于构建历史样本数据库,选择 2018 年的 5 场洪水作为验证样本,用于对比不同方法的校正效果。为综合评价系统的校正效果,此处选择 NSE 系数、洪峰流量误差(ΔQ_{max})、洪量误差(ΔR)以及峰现时间误差(ΔT)来进行对比分析,校正效果如图 5.16、表 5.8 所示。

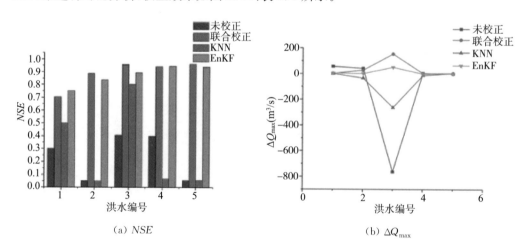

(a) NSE　　　　　　　　　　　(b) ΔQ_{max}

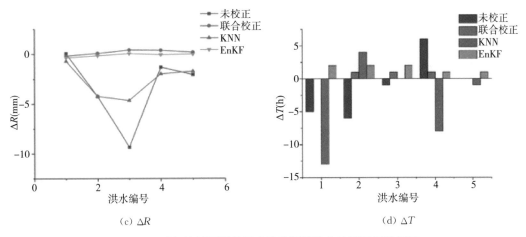

（c）ΔR （d）ΔT

图 5.16　千河流域不同校正方法验证期洪水校正预报效果图

表 5.8　千河流域验证期洪水校正预报合格率统计表

校正方法	合格率		
	ΔR	$\Delta Q_{\max}$	ΔT
未校正	40%	40%	20%
联合校正	100%	100%	100%
KNN	40%	40%	40%
EnKF	100%	100%	40%

从 NSE 的结果上看,联合校正方法整体表现较好,除 1 场次洪水的校正效果略逊于 EnKF 外,大部分洪水校正效果均为三种方法的最佳方案。KNN 方法在第四场洪水中存在负校正效果,这与样本数据量有着较大的关系。从其余三项指标来看,三种校正方法均可以较为明显地对相应的洪水要素进行修正,其中联合校正方法的整体表现最佳,EnKF 与 KNN 在部分场次上较联合校正方法有着一定的差距,但相较于未校正结果仍有着明显的改进。从 5 场洪水的校正结果来看,联合校正方法虽在部分场次的校正效果上并没有达到最佳,但其校正结果具有一定的稳定性。

与先前的研究区域一样,为讨论不同预见期对联合校正方法的影响,分别对不同预见期设置下的评价指标效果与预见期变化下各个指标的变化量进行对比分析,其结果如图 5.17、表 5.9 所示。

从预见期变化下各项评价指标的变化来看,随着预见期的增加,联合校正方法的校正效果总体是呈现下降趋势的,但是部分场次洪水的指标存在一定的异常表现,这与流域暴雨洪水数据库的丰富程度有关。从 NSE 的表现来看,不同预见期下的组间差异较为明显,其中预见期增加至 6 h 后,5 场洪水的平均 NSE 小于 0.7,且区间范围较大,说明联合校正方法在 6 h 预见期下的表现存在较大的差异;从洪峰流量误差与洪量误差的表现来看,大部分洪水的校正效果受预见期的影响较小,但部分场次的洪水在预见期发生变化时产生了明显的校正偏差;从峰现时间误差的表现来看,随着预见期的增加,峰现时间误差逐渐扩大,若以1h为合格的峰现时间误差上限,则联合校正方法在预见期3h以上时表现不理想。综上所述,联合校正方法的校正效果在预见期3h以内是可以保证的,由于受到了历史洪水数据库数据量的影响,其表现相较于屯溪流域有着一定的下降,在未来数据丰富后,该情况将得到一定程度的改善,同时模型的选择也是影响校正效果表现的重要因素之一。

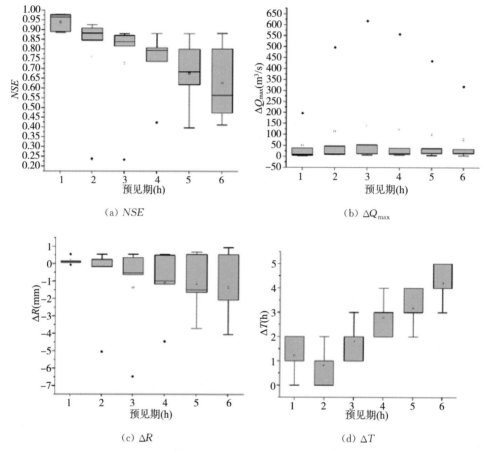

(a) NSE (b) ΔQ_{max}

(c) ΔR (d) ΔT

图5.17 千河流域不同预见期下的洪水校正预报效果图

表5.9 千河流域不同预见期下的校正要素表现

预见期(h)	$\Delta Q_{max}(m^3/s)$	$\Delta R(mm)$	$\Delta T(h)$
1	50.21	0.18	1.20
2	114.08	1.23	0.80
3	140.07	1.70	1.80
4	124.87	1.52	2.80
5	100.72	1.61	3.20
6	76.96	1.93	4.20

5.3.4 大理河流域

5.3.4.1 流域情况

大理河是无定河最大的一级支流(图 5.18),其发源于榆林市靖边县南部白于山东侧,自西向东流经榆林市靖边、横山、子洲、绥德 4 县(区),在绥德县城附近的清水沟村注入无定。河流全长 172 km,流域面积 3 910 km²,其中青阳岔以上区域为河源梁涧区,面积 662 km²,占全流域面积的 16.9%;其余均为黄土丘陵沟壑区,该区域具有地形支离破碎、重山秀岭起伏不平、水土流失极为严重、黄土覆盖较薄、基岩切割很深、山大沟深、峁梁交错等显著特点。

大理河流域属于典型大陆性季风气候区,具有春冬季寒冷干燥少雨、夏季炎热多雷雨或暴雨、秋季昼暖夜凉温差较大等特点。流域多年平均气温 7.8~9.6℃。降水量年内分配不均,主要集中在 6—9 月,其他月份降水量较少,其变化与海洋气团的进退大体一致。冬季受强大的蒙古高压控制,气候干燥寒冷;进入春季后,蒙古高压逐渐衰退,北太平洋湿热空气逐渐向西发展,但这一阶段,温热气团势力还较弱,空气中的水分不足,降水量仍然较少;夏季在西太平洋副热带高压的影响下,由东南季风引入西太平洋大量海洋湿热空气向西北内陆推进,形成一年中的主要降水季节,雨量大、频次高,且多以暴雨形式出现;秋季西太平洋副热带高压缓慢南退,降水逐渐减少。

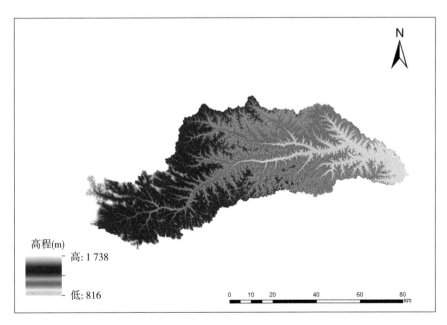

图 5.18　大理河流域图

大理河流域暴雨主要成因是来自东南洋面、西南孟加拉湾海面的暖湿气流与来自青藏高原的冷空气激烈交锋,形成高强度的暴雨,具有量级大、强度高、分布广等特点,并且多发生在 7、8 月。暴雨移动路径基本是由南向北或由西向东,并逐渐减弱,但是也有局部小面积暴雨发生,其历时短、强度大,易形成超渗洪水。流域内的长历时、小强度降雨,因黄土高原土质疏松易下渗,所以较难形成洪水;短历时、高强度降雨易形成洪水,洪水的大小主要取决于暴雨面积和强度。大理河洪水主要是由暴雨形成的,受流域地形地貌和暴雨特点影响很大,具有涨落快、历时短、峰形较瘦等特点。

流域内径流量主要由降雨产生,降雨量的时空分布决定了径流的时空分布,受降雨量年内及年际间变化的影响,径流量的年内分配集中在夏季、年际间变化较大。大理河现有常年水情站 10 处,其中水文站 4 处(干流水文站有青阳岔、绥德 2 站;支流水文站有小理河李家河站、岔巴沟河曹坪站)、雨量站 6 处。

对大理河流域现有降雨径流资料的相关性进行分析后发现(图 5.19),相对于同属黄河流域的千河流域,大理河流域降水径流变化不匹配的特征更为明显,且部分场次洪水出现了在没有降水的情况下流量上升的现象,这与流域内库塘闸坝的蓄泄作业有着较大的关系。

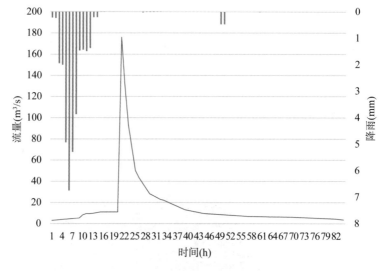

(a) 20100802 号

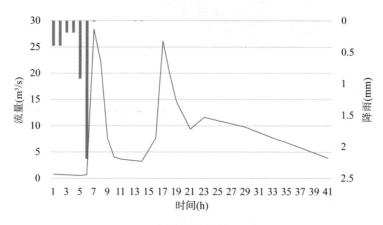

(b) 20110710 号

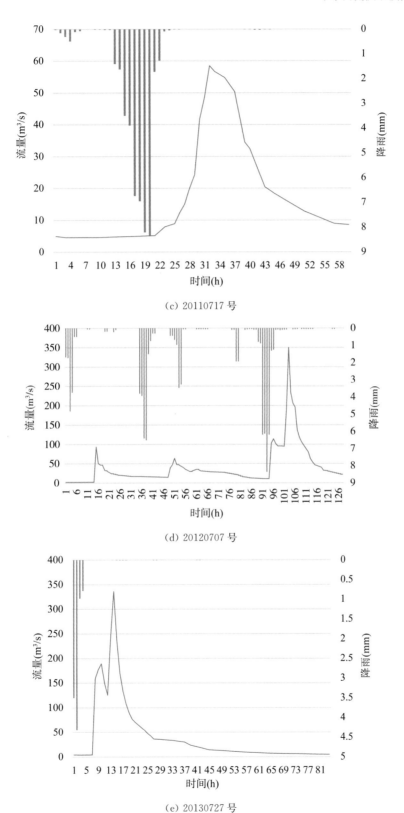

(c) 20110717 号

(d) 20120707 号

(e) 20130727 号

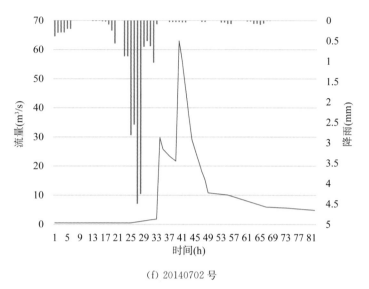

（f）20140702 号

图 5.19　大理河流域部分历史场次洪水降雨流量过程

5.3.4.2　场次洪水校正结果

　　研究选择的资料为大理河流域 2010—2017 年汛期（4—10 月）摘录的 10 个雨量站的实测降雨量资料和 4 处水文站的实测水文资料，从中筛选出 21 场洪水进行场次洪水模拟，其中 17 场作为率定场次，4 场作为检验场次。由于项目已经先期开发出了网格化的新安江模型，因此洪水模拟的校正工作将以新安江模型为主。三种校正方法的校正效果如图 5.20、表 5.10 所示。

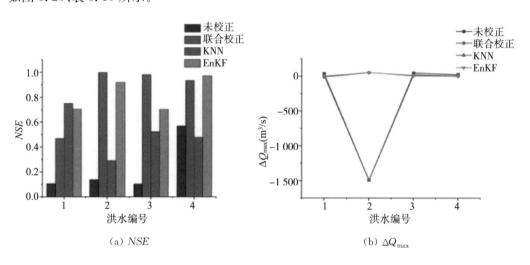

（a）NSE　　　　　　　　　　（b）ΔQ_{max}

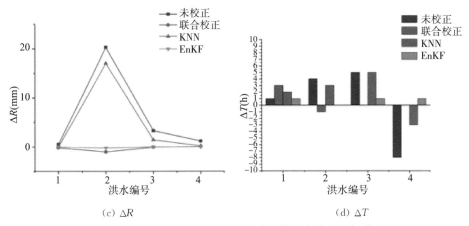

（c）ΔR 　　　　　　　　（d）ΔT

图 5.20　大理河流域不同校正方法验证期洪水校正预报效果图

从 NSE 的结果来看，联合校正方法的整体表现较好，4 场验证洪水中有两场为最佳表现，剩余两场分别为 KNN 与 EnKF 表现更好，整体表现与千河流域一致。从其余三种洪水要素的校正结果来看，KNN 方法对于大理河流域的校正效果很差，对于流域洪水预报效果的提升幅度相当有限，这是由于 KNN 方法高度依赖模型初始模拟效果与历史洪水模拟的误差序列，在模型条件限制与历史样本不足的条件下，此方法的表现效果较差，尤其体现在第 2 场验证洪水的预见期误差上。从 4 场洪水的校正结果来看，联合校正方法的校正结果仍然具有一定的稳定性。

表 5.10　大理河流域验证期洪水校正预报合格率表

校正方法	合格率		
	ΔR	ΔQ_{max}	ΔT
未校正	0%	0%	25%
联合校正	100%	75%	100%
KNN	50%	50%	0%
EnKF	100%	75%	75%

与先前的研究区域一样，为讨论不同预见期对联合校正方法的影响，分别对不同预见期设置下的评价指标效果与预见期变化下各个指标的变化量进行对比分析，其结果如图 5.21、表 5.11 所示。

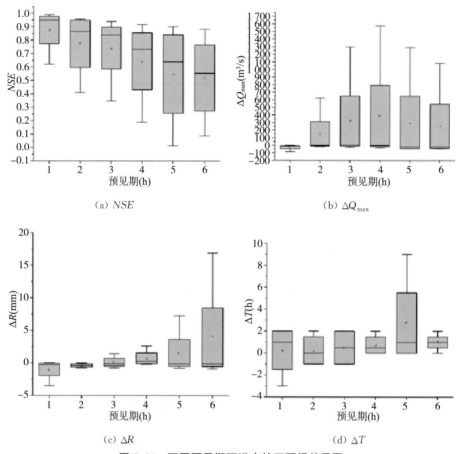

图 5.21　不同预见期下洪水校正预报效果图

表 5.11　大理河不同预见期下洪水校正要素表现

预见期(h)	$\Delta Q_{\max}(\mathrm{m^3/s})$	$\Delta R(\mathrm{mm})$	$\Delta T(\mathrm{h})$
1	26.59	1.02	1.75
2	160.83	0.42	1.25
3	331.93	0.61	1.50
4	404.39	0.83	0.75
5	344.49	2.09	2.75
6	291.73	4.51	1.00

从预见期变化下各项评价指标的变化来看,随着预见期的增加,联合校正方法的校正效果总体是呈现下降趋势的,但是部分场次洪水的指标存在一定的异常表现,这与流域暴雨洪水数据库的丰富程度有关。从 NSE 的表现来看,不同预见期下的组间差异较为明显,其中预见期增至 3 h 后,4 场洪水的平均 NSE 小于 0.7,且区间范围较大,说明联合校正方法在 3 h 预见期下的表现存在较大的差异;从洪峰流量误差的

表现来看,预见期为 4 h 时洪峰流量误差最大,随后逐渐降低;而径流深误差与之前的流域表现一致,误差随着预见期的上升而增大;从峰现时间误差的表现来看,随着预见期的增加,峰现时间误差逐渐扩大,若以 2 h 为合格的峰现时间误差上限,则联合校正方法在预见期 5 h 以上时表现不理想。综上所述,联合校正方法的校正效果在预见期为 3 h 以内是可以保证的,由于受到了历史洪水数据库数据量的影响,其表现相较于屯溪流域有着一定的下降,在未来数据丰富后,该情况将得到一定程度的改善,同时模型的选择也是影响校正效果表现的重要因素之一。

5.3.5 高庄流域

5.3.5.1 流域情况

高庄流域位于河北省衡水市与山东省德州市交界处,属于冲积平原地区,该地为灌溉农田区域,地面坡度平缓,水力坡度小,具备确切的给水度,高庄水文站上游不远处是周高闸,下游不远处是碱场杨闸,其水位流量监测资料受上下两处闸门影响剧烈,流域站点分布如图 5.22 所示。

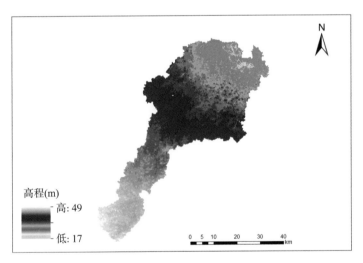

图 5.22　高庄站流域图

对高庄流域现有资料的降雨径流关系进行分析后发现(图 5.23),该流域的降雨径流相关性较差,具体表现为:2011 年,有过两次明显的流量过程,其中水位从 8 月开始一直上涨,而流量只出现了一小段。2012 年,前期下了极大的降水,但是水位一直平稳,直到 9 月上旬又下了一部分雨,水位流量突然出现明显上涨,之后水位平稳维持在高水位,流量骤降为零。2013 年,仍然是流量过程滞后降水过程近半个月。2015 年仍然是水位流量过程滞后于降水过程近半个月,且水位骤涨但不落,流量过程陡涨陡落。2016 年之后,北店子和杏基水位站有了观测资料,北店子水位站、杏基水位站和高庄水文站为图 5.23 中橙色线图,橙色线图按高程从上向下分别是杏基水位站、北店子水位站和高庄水文站,可以看到,其水位流量过程与降水过程仍然出现不匹配的现象。

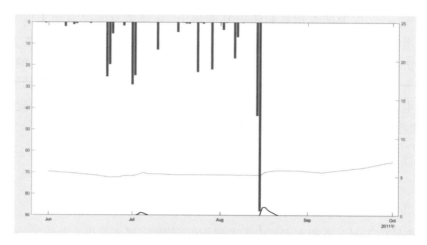

（a）2011 年水位流量关系图

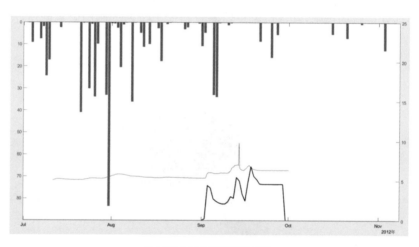

（b）2012 年水位流量关系图

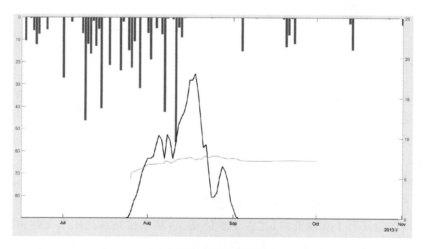

（c）2013 年水位流量关系图

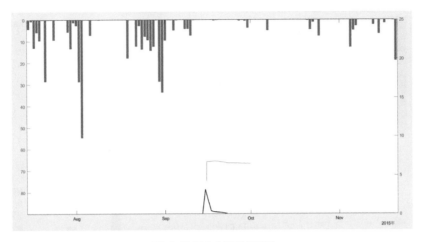

(d) 2015 年水位流量关系图

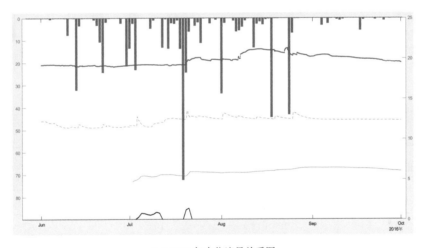

(e) 2016 年水位流量关系图

图 5.23　高庄流域水位流量过程图

5.3.5.2　场次洪水模拟与校正结果

　　由于高庄流域的场次洪水较少,且网格新安江模型的表现效果与实际流量相差过大,因此采用与北辛店流域相同的数据库,并使用 BP 神经网络模型对其进行模拟与校正,其结果如图 5.24、表 5.12 所示。

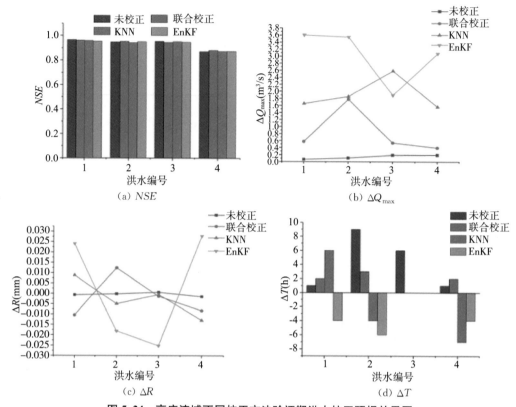

图 5.24　高庄流域不同校正方法验证期洪水校正预报效果图

表 5.12　高庄流域验证期洪水校正预报合格率统计表

校正方法	合格率		
	ΔR	ΔQ_{max}	ΔT
未校正	100%	100%	50%
联合校正	100%	100%	75%
KNN	100%	75%	25%
EnKF	100%	75%	25%

　　本流域并未采用原本用于设计与模拟的网格新安江模型,而是采用了 BP 神经网络模型,使得原本缺少历史数据的高庄流域模拟效果较为理想。但由于模型的更换与历史样本库的不匹配,使得在三种校正方法的加持下,洪水的模拟效果并没有提升,部分要素的校正效果反而出现了明显的下降状况。从 NSE 的校正效果来看,由于原本 BP 神经网络模型的表现已基本符合最终预想的要求,考虑了历史误差的联合校正方法与 KNN 方法以及考虑模拟误差传播的集合卡尔曼滤波算法都有了不同程度的偏差。从洪峰流量误差、洪水总量误差与峰现时间误差来看,集合卡尔曼滤波的扰动带来的影响最大,在三种校正方法中表现最差;KNN 方法次之,其主要受到历史洪水误差矩阵的影响。联合校正方法由于其依据的误差矩阵经过处理后有一定程度的减小,因此带来的影响最小。值得注意的是,对于峰现时间,KNN 方法的表现效果最佳,即对于该要素的校正最为准确。综

合来看,虽然模拟采用的模型发生了变化,但联合校正方法的稳定性依旧存在。

为了系统研究预见期的变化对该流域的校正效果影响,与之前的研究区域一样,此处分别研究了 6 个不同预见期下的模型校正效果,其结果如图 5.25、表 5.13 所示。

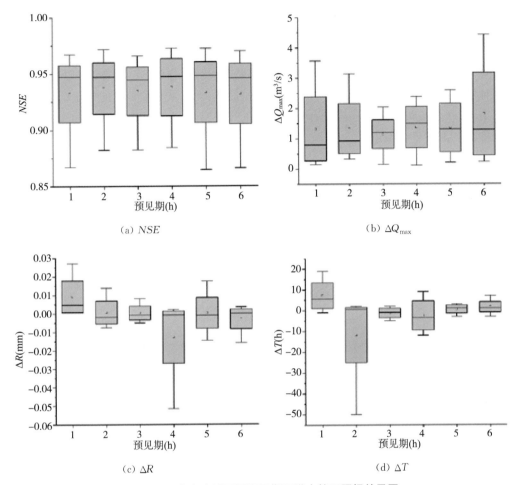

(a) NSE (b) ΔQ_{max}

(c) ΔR (d) ΔT

图 5.25 高庄流域不同预见期下洪水校正预报效果图

表 5.13 不同预见期下洪水评价指标均值表现

预见期(h)	$\Delta Q_{max}(m^3/s)$	$\Delta R(mm)$	$\Delta T(h)$
1	1.32	0.01	7.75
2	1.32	0.01	13.25
3	1.14	0.00	2.25
4	1.37	0.01	7.00
5	1.35	0.01	2.00
6	1.81	0.01	3.00

与其他流域结果不同,在预见期的变化条件下,联合校正方法洪水校正效果要素并没有随着预见期的增加而减小,其变化规律并不随着时间变化而变化。各项洪水检验要素在不同的预见期均表现出了不同的规律,这可能与模拟模型的变化有关,使得原本适用于新安江模型的历史洪水数据库的误差序列在校正本流域时出现了负校正效应。总体来看,预见期在 3 h 内时,校正方法对结果的影响较小,可认为该流域稳定表现的预见期为 3 h。

对 5 个流域的 4 项洪水要素校正前后的结果进行对比分析(表 5.14),可以看出,虽然在部分场次洪水中,联合校正方法的表现并不是最佳,但是从各项要素的校正前后平均值对比来看,联合校正方法已有着较为明显的校正效果,且该方法在五个流域的表现相比其他两种单一方法更为稳定。

表 5.14 试验流域场次洪水验证指标校正效果

流域名称	NSE		ΔQ_{max}		ΔR		ΔT	
	校正前	校正后	校正前	校正后	校正前	校正后	校正前	校正后
屯溪流域	0.909	0.996	319.658	111.733	55.200	0.908	2.667	1.083
北辛店流域	0.417	0.637	3.169	1.384	0.245	0.001	15.000	2.000
千河流域	0.242	0.891	173.534	38.395	3.406	0.247	14.600	0.600
大理河流域	0.229	0.844	346.048	13.210	6.340	0.320	13.750	2.000
高庄流域	0.935	0.935	3.032	0.142	0.024	0.001	4.250	1.750

基于洪水特征数据库与历史洪水数据库的联合校正方法在 5 个实验流域的洪水模拟中均有着一定的修正作用,但是受限于历史资料的丰富程度、原始资料的降雨径流相关性以及模型本身的影响,该方法在 5 个流域的表现效果不尽相同。对 5 个实验流域的校正效果进行对比分析可以发现,相较于未校正的结果与单一校正方法下的修正结果,联合校正方法虽然没有在所有流域的全部检验场次洪水中取得最佳效果,但其在 5 个流域采用不同模型时的校正效果均表现稳定,对于流域降水信息不尽相同的中小流域,该方法有着较为明显的可靠性与准确性。

5.4 本章小结

目前,我国大江大河的防洪体系日趋完善,但中小河流以及山洪预报技术和管理系统仍然是一个薄弱环节。据统计,2019 年中小河流和山洪灾害死亡人口数占洪涝灾害总死亡人口数的 60%。一方面,我国中小河流众多,分布范围广,地理气候条件复杂多样,且大多位于山丘区,通常站点布设有限,长序列水文气象观测资料稀缺。另一方面,小流域产汇流具有明显非线性特征,洪水过程通常历时短且强度大,因此小流域山洪预报预警成为洪水防治研究的难点。由于水文资料短缺,用于中小河流洪水预报的水文模型难以得到有效率定,中小河流洪水预报预见期短且精度偏低,洪水预报实时校正是提高其预报精度的重要手段。本章在综述洪水预报主要校正方法的基础上,构建了可考虑多源信

息的网格化新安江模型及其实时校正方法,并在全国5个典型中小流域开展了模拟与校正应用研究,结果表明:

(1)中小河流一般是水文资料短缺地区,但随着观测技术的发展,在洪水发生发展过程中,很多流域已经能够提供更为详细的雨量场(网格化的短临降雨预报或实测雨量)与流域状态场(土壤含水量、河道水位流量、库塘闸坝蓄水状况)等信息,这些信息在流域洪水预报和实时校正中可发挥积极作用。

(2)目前经验型和集总式水文模型还无法应用这些多源信息,同时这些信息不足以支撑分布式水文模型的应用,无法基于现有观测技术的发展提高洪水预报精度,基于此,本研究提出了基于多源信息的网格化新安江模型,该网格是基于水文站、蒸发站、水位站、土壤墒情站等分布信息,同时与预报雨量网格进行对照分析(若有)而得到的最适宜网格尺度,与目前已有的基于DEM栅格的新安江模型相比,可更好地充分纳入多源信息。

(3)基于网格化洪水预报模型,提出基于KNN和集合卡尔曼滤波的网格化联合校正方法,并建立网格尺度下和流程尺度下的实施校正框架,有效提高了洪水预报精度。

(4)在全国5个典型中小流域的应用研究表明,本研究提出的网格化洪水预报模型和联合实时校正方法,相较于未校正的结果与单一校正方法下的修正结果,在大部分流域预报精度均有一定程度的提高,且更为可靠。但受限于历史资料的丰富程度、原始资料的降雨径流相关性以及模型本身的影响,其效果不尽相同,因而即使是多源信息条件下,充足、可靠的信息仍是模拟精度提升的关键。

参考文献

[1] KARLSSON M,YAKOWITZ S. Nearest-neighbor methods for nonparametric rainfall-runoff forecasting[J]. Water Resources Research,1987,23(7):1300-1308.

[2] KANUNGO T,MOUNT D M,NETANYAHU N S,et al. A local search approximation algorithm for k-means clustering[C]//Proceedings of the eighteenth annual symposium on Computational geometry,2002:10-18.

[3] LIU K,YAO C,CHEN J,et al. Comparison of three updating models for real time forecasting:a case study of flood forecasting at the middle reaches of the Huai River in East China[J]. Stochastic Environmental Research & Risk Assessment,2017,31(6):1471-1484.

[4] SI W,BAO W,GUPTA H V. Updating real-time flood forecasts via the dynamic system response curve method[J]. Water Resources Research,2015,51(7):5128-5144.

[5] THIRUMALAIAH K,DEO M C. Hydrological forecasting using neural networks[J]. Journal of Hydrologic Engineering,2000,5(2):180-189.

[6] 葛守西. 蓄满产流模型的卡尔曼滤波算法[J]. 成都科技大学学报,1984(4):69-78+56.

[7] 郭磊,赵英林. 基于误差自回归的洪水实时预报校正算法的研究[J]. 水电能源科学,2002(3):25-27.

[8] 黄一昕,王钦钊,梁忠民,等. 洪水预报实时校正技术研究进展[J]. 南水北调与水利科技(中英文),2021,19(1):12-35.

[9] 陆波. 流域水文模型与卡尔曼滤波耦合实时洪水预报研究[D]. 南京:河海大学,2006.

［10］宋星原，雒文生，苏志诚. 枫树坝水库洪水实时预报校正方法研究［J］. 人民珠江，2000(3)：13-16.

［11］汪昊燃，王容，黄鹏年，等. 水文水力学结合的秦淮河流域洪水模拟与实时校正［J］. 河海大学学报(自然科学版)，2023，51(3)：25-30＋64.

［12］王东升，胡关东，袁树堂. 基于水文相似性的预报误差修正［J］. 南水北调与水利科技，2019，17(2)：140-145＋156.

［13］徐宁，戴军利，陈洁. 反馈模拟实时校正技术在洪水预报中的应用［J］. 治淮，2014(1)：31-32.

［14］张健. 中小河流洪水预报调度智能系统建设思路及关键技术［J］. 河南水利与南水北调，2020，49(4)：19-20＋56.

［15］周全. 洪水预报实时校正方法研究［D］. 南京：河海大学，2005.

第六章

气象水文集合预报及其不确定性分析

水文预报中不确定性的主要来源包括模型输入、模型结构、模型参数以及自然或运行的不确定性(Maskey 等,2004;Liu 等, 2012, 2013;赵刚等,2016;刘艳丽等,2015;苟娇娇等,2022)。其中自然或运行中产生的不确定性,往往难以在模型链中考量。因此本章主要针对气象水文耦合预报过程中的气象输入、水文模型结构和模型参数三源不确定性开展研究。以福建池潭流域为典型区,采用从 TIGGE 中心获取的 CMA、CPTEC、CMC、ECMWF、JMA、KMA、UKMO 和 NCEP 等 8 个模式的未来 1～10 d 降水控制预报产品作为水文模型输入,分别驱动率定好的新安江模型(赵人俊,1984)、GR4J 模型(Sauquet 等,2019)、SIMHYD 模型(Zhang 等,2009)和 VIC 模型(韩潇等,2022),除降水外的其他模型输入变量不改变。应用新安江模型、GR4J 模型和 SIMHYD 模型三个集总式模型进行日径流预报时,采用网格平均法将网格降水转换为流域面平均降水;应用 VIC 模型进行日径流预报时,采用 IDW 插值法将网格降水插值到 VIC 模型 0.05°网格上。选取纳什效率系数(NSE)、相对误差(RE)和均方根误差($RMSE$)对比不同组合情景的径流预报效果差异。首先在水文模型最优参数组下利用 8 个数值预报产品和 4 个不同结构的水文模型(新安江模型、GR4J 模型、SIMHYD 模型和 VIC 模型)开展气象水文耦合研究,通过多输入和多结构模型的集合较好地考虑模型输入和模型结构的不确定性。为进一步考虑模型参数不确定性,本研究结合普适似然不确定性估计方法(Generalized Likelihood Uncertainty Estimation,GLUE)为每个水文模型优选了 1 000 组模型参数用于水文模型参数不确定性研究。同时,采用贝叶斯模型平均法(BMA)对不同模型组合进行集合预报(Hoeting 等,1999;乔锦荣,2022),用以分析不同来源不确定性对气象水文耦合预报过程的影响。气象水文耦合预报的组合流程如图 6.1 所示。

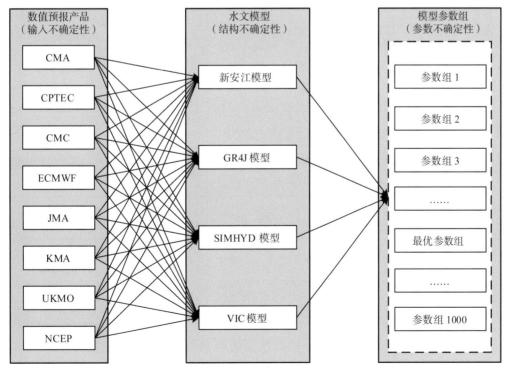

图 6.1 基于 TIGGE 多模式产品气象水文耦合预报的组合流程

6.1 基于 TIGGE 多模式产品的气象水文耦合预报

6.1.1 研究区域及数据概况

交互式全球大集合系统(The International Grand Global Ensemble center，TIGGE)是 THORPEX(The Observing-System Research and Predictability Experiment)计划的核心组成部分。依据 TIGGE 中心各个模式可获取的中国大陆地区控制预报资料长度，统一选取了 CMA、CPTEC、CMC、ECMWF、JMA、KMA、UKMO 和 NCEP 等 8 种模式 2013—2018 年控制预报产品作为集合预报信息，数据的时间步长为 24 h(日降水量)，预见期为 1~10 d，空间分辨率为 0.5°，统一选取世界时间(Universal Time Coordinated，UTC)00:00 为预报起点时间，对应北京时间为 8:00 (UTC+8:00)，与中国每日气象观测的起点时间一致。成员模式基本情况如表 6.1 所示，控制预报数据可在网站 http://apps. ecmwf. int/datasets/data/tigge/levtype=sfc/type=cf/下载。同时，2018 年之前，所有模型中仅 ECMWF 耦合了海洋模型，其他模型仅仅描述了大气过程。

表 6.1 选取的数值预报产品基本情况

产品	初始扰动	控制预报数据同化方法	垂直分层(模型顶层)	集合成员(个)	预见期(d)	基准时间(UTC)	挑选类型
CMA(中国)	BVs	GSI	60 (3 hPa)	14+1	15/10	00/12	
CPTEC(巴西)	EOF	GSI	28 (0.1 hPa)	14+1	15/10	00/12	
CMC(加拿大)	EnKF	EnKF	74 (2 hPa)	20+1	16/10	00/12	
ECMWF(欧洲)	EDA-SVINI	4D-Var 12 h window	137 (0.01 hPa)	50+1	15/10	00/12	24 h 控制预报
JMA(日本)	SVs	4D-Var 6 h window	100 (0.1 hPa)	50+1	10/10	00/12	
KMA(韩国)	ETKF	Hybrid ensemble and 4D-Var	70 (0.1 hPa)	24+1	10/10	00/12	
UKMO(英国)	ETKF	4D-Var	70 (0.1 hPa)	23+1	15/10	00/06/12/18	
NCEP(美国)	BV-ETR	GSI	28 (2.73 hPa)	20+1	16/10	00/06/12/18	

池潭水库位于福建省闽江水系的二级支流金溪河的中上游，流域地理位置如图 6.2 所示，其坝址以上控制流域面积为 4 766 km²，占整个金溪河流域的 66%。池潭水库

属亚热带气候,流域多年平均年降水量约 1 800 mm,雨季为 3—6 月,雨季降水量约占全年降水量的 62%。冷暖气团常在池潭流域相遇,导致该流域单日最大雨量常可达到 100 mm 以上,加上流域形状接近扇形,且地属高山丘陵区,洪水容易汇集,经常酿成洪灾。

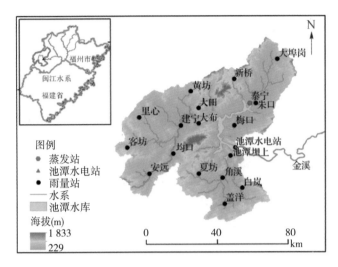

图 6.2　池潭水库以上流域图

6.1.2　不同模型耦合预报效果的对比

为更好地对比不同水文模型和不同数值产品耦合预报的效果与差异,对率定期和验证期下 1～4 d 预见期的 NSE、RE 和 $RMSE$ 指标(预报和实测过程对比)进一步在每个数值产品上进行统计,以同一个数值产品不同水文模型预报结果的评估指标为一组箱线绘图,如图 6.3 所示。由图可知,从径流预报的 NSE 可以看出,四种水文模型与 NCEP 和 ECMWF 耦合时,径流预报的效果明显优于同其他数值产品耦合的效果,其中耦合 CPTEC 模式的径流预报效果最差;随着预见期的延长,各个模式的预报能力明显下降,其中耦合 CPTEC 模式的径流预报能力下降最快并且下降幅度最大,而耦合 JMA 模式的径流预报能力在 1～4 d 预见期内的变化相对其他模式较小。进一步从不同水文模型预报性能之间的差异性对比分析,VIC 模型和 SIMHYD 模型在多数情景中均优于新安江模型和 GR4J 模型,并且在 2 d 以后的预见期,GR4J 模型在多数情景下的径流预报效果较差,尽管 GR4J 模型和新安江模型在基于实测降水的径流模拟中效果较好,但这并不意味着它们在气象水文耦合径流预报过程中同样具有优势,这可能与模型本身的参数不确定性、模型误差以及模型结构复杂度等有一定关联。同时,从不同水文模型预报效果随预见期的变化可以看出,进行未来一天径流预报时,在相同的数值产品下,四种水文模型预报性能的差异性较小,而随着预见期推移,模型之间的差异性显著扩大;尤其是当与 CPTEC、率定期 CMC 和验证期 CMA 等模式耦合时,这种差异性更加明显,而同 JMA 模式耦合时,这种差异性相对其他模式变化最小。

从径流预报的 RE 可以看出,四种水文模型耦合 ECMWF 和 NCEP 模式的 1～4 d 预见期径流预报 RE 基本稳定在 ±10％ 以内,而耦合 JMA 和 KMA 模式的径流预报 RE 多数小于 -20％,低估现象严重;随着预见期的延长,各个模式的 RE 的变化并无明显规律,且水文模型之间的差异性也无较大变化。从不同水文模型之间的对比可以看出,无论是率定期还是验证期,VIC 模型的 RE 值在多数情况下均小于其他三个模型,表明在原本数值产品易于低估降水的情况下,采用 VIC 模型进行气象水文耦合径流预报时,可能会加大这种径流低估现象的严重程度;而 GR4J 模型的 RE 值多数情况下均高于其他模型,尤其是当 GR4J 模型与 CMA、CPTEC 和 CMC 模式耦合时,这种高估现象更为明显。

从径流预报的 RMSE 可以看出,四种水文模型同 ECMWF 和 NCEP 模式耦合时,径流预报的效果明显优于同其他数值产品耦合的效果,其中耦合 CPTEC 模式的径流预报效果最差;随着预见期的延长,各个模式的预报误差明显增加,其中耦合 CPTEC 模式的径流预报误差增加最快并且增加幅度最大,而耦合 JMA 模式的径流预报误差在 1～4 d 预见期内的变化相对其他模式较小。进一步从不同水文模型预报性能之间的差异性对比分析,VIC 模型和 SIMHYD 模型在多数情景中均优于新安江模型和 GR4J 模型,并且在 2 d 以后的预见期,GR4J 模型在多数情景下的径流预报误差较大。同时,从不同水文模型预报误差随预见期的变化可以看出,进行未来一天径流预报时,在相同的数值产品下,四种水文模型预报误差之间的差异性较小,而随着预见期的推移,模型之间的差异性显著扩大;尤其是当与 CPTEC、率定期 CMC、验证期 CMA 和验证期 KMA 等模式耦合时,这种差异性更加明显,而同 JMA、ECMWF 和 NCEP 模式耦合时,这种差异性相对其他模式变化较小。

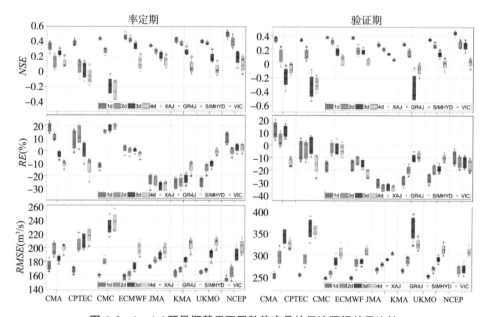

图 6.3　1～4 d 预见期基于不同数值产品的径流预报效果比较

6.1.3 不同模式耦合预报和水文模型模拟径流的对比分析

不同水文模型模拟径流结果之间存在一定差异。为更好分析不同数值产品对气象水文耦合结果的影响和作用,进一步将不同耦合预报结果与对应水文模型基于实测降水模拟的径流过程进行对比分析,以尽可能减小分析过程中掺杂的不同水文模型所带来的影响。对每个数值产品统计率定期和验证期下 $1 \sim 4$ d 预见期 NSE、RE 和 $RMSE$ 指标(预报和水文模型模拟过程对比),以同一个数值产品不同水文模型预报结果的评估指标为一组箱线绘图,结果如图 6.4 所示。由图可知,从 NSE 可以看出,耦合不同数值产品的径流预报结果同 6.1.2 节结论基本一致,同 NCEP 和 ECMWF 耦合时,径流预报的效果明显优于同其他数值产品耦合的效果。对比图 6.3 中的 NSE 可知,图 6.4 的 NSE 整体略高于图 6.3,表明当扣除一定水文模型误差时,径流预报的效果得到了提升。但总体上,不同数值模式耦合预报的结果差异较大,这也说明了降水预报的质量基本决定了最终径流预报的效果。另一方面,图 6.4 所表现的水文模型之间的差异性并没有因为扣除水文模型模拟误差而有所缩减,这可能是由降水输入误差与不同水文模型相互作用造成的。

从图 6.4 中 RE 可以看出,耦合不同数值产品的径流预报结果同 6.1.2 节结论基本一致,同 JMA 和 KMA 模式耦合的径流预报 RE 多数小于 -20%,低估现象严重。对比图 6.3 中的 RE,图 6.4 的 RE 整体略高于图 6.3,且箱线长度也略长,表明当扣除一定水文模型误差时,径流预报的 RE 有所增加,这从侧面反映了在气象水文耦合过程中降水预报偏差和水文模型预报偏差存在一定的抵消现象。

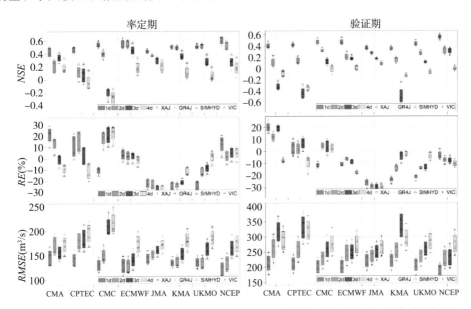

图 6.4 $1 \sim 4$ d 预见期不同数值产品的径流预报与对应水文模型模拟径流的对比分析

从图 6.4 中 $RMSE$ 可以看出,耦合不同数值产品的径流预报结果同 6.1.2 节结论基本一致,四种水文模型同 ECMWF 和 NCEP 模式耦合时,径流预报的效果明显优于同其他数值产品耦合的效果,其中耦合 CPTEC 模式的径流预报效果最差。对比图 6.3 中的

RMSE，图 6.4 的 *RMSE* 整体略低于图 6.3，表明当扣除一定水文模型误差时，径流预报的效果得到了提升，但总体上，不同数值模式耦合预报的结果差异较大。同时对比图 6.4 不同水文模型之间的差异可知，图 6.4 中均方根误差箱线长度明显大于图 6.3，表明在实际气象水文耦合过程中由降水误差和水文模型相互作用所造成的差异性相比图 6.3 所体现的更大。由于在实测降水下不同水文模型径流模拟的误差大小不同，如 VIC 和 SIMHYD 模型具有更大的误差，但在气象水文预报中耦合 VIC 和 SIMHYD 模型的预报误差比其他水文模型要小，因此当扣除水文模型模拟误差时，所反映出的降水误差和水文模型相互作用的差异性更大。

6.2 不确定性分析方法

6.2.1 GLUE 参数不确定性分析

GLUE 是由 Beven 和 Binley（1992）提出的水文模拟不确定性分析方法，该方法基于异参同效概念和贝叶斯理论，由区域敏感性分析（Regionalized Sensitivity Analysis，RSA）方法发展而来。GLUE 方法具体步骤如下：

（1）确定似然目标函数。似然目标函数主要用于判断模拟值与实测值的拟合效果，通常采用 *NSE* 或 *RE*。

（2）抽样参数组，计算似然目标函数。通常采用蒙特卡洛方法根据参数范围和先验分布形式抽样参数组，并通过模型计算似然目标函数。本研究直接采用 SCE-UA 算法进行参数优化，故可以直接调取 SCE-UA 算法寻优的参数组和目标函数值。

（3）确定有效参数组。根据每个参数组计算的似然值确定有效参数组，本研究设定 *NSE*＞0.7 并且 *RE* 在±20％以内模拟结果为有效结果，对应参数组即为有效参数组。

（4）模型参数不确定性分析。将有效参数组的 *NSE* 归一化，并将归一化后的似然值作为参数组的概率权重；对于径流每一个时刻，将有效参数组的模拟值由小到大排序，由每组参数的概率权重计算累积概率，并将其作为模拟流量的累积概率，进而可获得模拟流量过程的置信区间，即对应的由模型参数不确定性导致的径流不确定性。

6.2.2 贝叶斯模型加权平均法

1. BMA 模型原理

贝叶斯模型加权平均法（BMA）利用样本信息和先验样本信息综合做出判断与决策，它对于参数和决策变量存在较大不确定性的预报系统十分有用（Duan 等，2007）。本质上，BMA 模型是一种统计后处理方法，它可以有效考虑模型自身的不确定性，同时结合不同的信息，并最大程度地集成各模型的预报结果。BMA 模型将实测信息隶属于某一个成员模型的后验概率当作权重，再进一步对每个模型的后验分布采用加权平均，从而获取集成预报变量的后验概率分布。其原理如下：

设 D 为实测过程，Q 表示 BMA 预报值，$f=[f_1,f_2,\cdots,f_K]$ 为 K 个成员预报值的大集合，则 BMA 模型概率预报如下：

$$p(Q \mid D) = \sum_{k=1}^{K} p(f_k \mid D) \cdot p_k(Q \mid f_k, D) \qquad (6\text{-}1)$$

式中：$p(f_k \mid D)$ 为给定实测过程 D 第 k 个成员模型 f_k 的后验概率，反映了 f_k 与实测过程 D 的匹配性，而 $p(f_k \mid D)$ 即是 BMA 的权重 w_k，成员模型预报效果越好，对应模型权重值越大，权重值均大于 0，所有成员模型权重加和等于 1；$p_k(Q \mid f_k, D)$ 代表在固定模型 f_k 和实测过程 D 条件下预报值 Q 的后验分布。

BMA 模型的预报值由各个模型预报值加权平均得到。成员模型和实测过程均服从正态分布，则 BMA 模型的预报值为

$$E(Q \mid D) = \sum_{k=1}^{K} p(f_k \mid D) \cdot E[g(Q \mid f_k, \delta_k^2)] = \sum_{k=1}^{K} w_k f_k \qquad (6\text{-}2)$$

2. 期望最大化算法

期望最大化算法（Expectation Maximization，EM）在极大似然估计的迭代计算中应用十分广泛，尤其对于某些数据不完整的问题效果更佳（董磊华等，2011）。本节选取 EM 算法直接求解 BMA 模型，EM 算法的使用前提是数据首先服从正态分布，所以先对实测过程和预报过程进行 Box-Cox 数据转换，再采用 EM 算法求解结果。EM 算法基本原理和计算流程如下：

以 $\theta = \{w_k, \delta_k^2, k=1, 2, \cdots, K\}$ 表示待求的 BMA 参数，则关于 θ 的似然函数的对数形式可表示为

$$l(\theta) = \log[p(Q \mid D)] = \log\left[\sum_{k=1}^{K} w_k \cdot g(Q \mid f_k, \delta_k^2)\right] \qquad (6\text{-}3)$$

式中：$g(Q \mid f_k, \delta_k^2)$ 表示均值为 f_k、方差为 δ_k^2 的正态分布。

式（6-3）较难求得 θ 的解析解，通过 EM 算法计算期望和最大化，并反复迭代至收敛，得到极大似然值，从而可获得 $\theta = \{w_k, \delta_k^2, k=1, 2, \cdots, K\}$ 的数值解。在 EM 算法中，利用隐藏变量 z_k^t 辅助计算 BMA 权重，其中如果模型集合中的第 k 个成员为最佳预报时，z_k^t 为 1，否则即为 0。任何时刻，只有一个 z_k^t 可为 1，其他均为 0。

EM 算法计算 BMA 模型的具体过程如图 6.5 所示。初始信息首先通过 Box-Cox 转换，再进而对 BMA 模型的权重与方差初始化，然后选取 EM 算法在期望与最大化之间反复迭代，并在迭代过程中更新 BMA 参数，进而改进 BMA 模型的权重和方差，直至最终算法收敛。

不难看出，EM 算法操作非常简单，只需要在隐藏变量 $z_k^{t(j)}$、权重 $w_k^{(j)}$ 和方差 $\delta_k^{2(j)}$ 之间反复迭代即可。另外，通过迭代的权重公式 $w_k^{(j)}$ 还能确保 BMA 权重非负且和为 1。

3. Box-Cox 转换法

当实测数据和成员模型预报数据均高度不服从正态分布时，在运用 EM 算法求解 BMA 模型前，需要先将这些初始数据转换为服从正态分布的数据（金君良等，2019）。Box-Cox 转换方法如下：

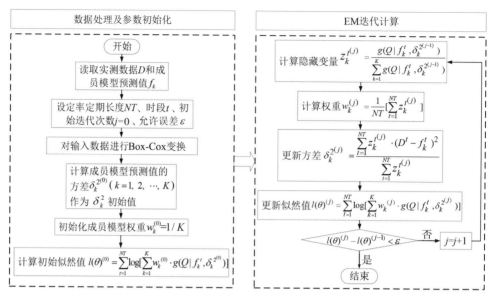

图 6.5　EM 算法求解 BMA 模型

$$z_t = \begin{cases} \dfrac{y_t^{\lambda}-1}{\lambda}, & \lambda \neq 0 \\[2mm] \log(y_t), & \lambda = 0 \end{cases} \tag{6-4}$$

式中：y_t 表示 t 时刻的原始数据；z_t 表示经过 Box-Cox 转换后的数据；λ 表示 Box-Cox 转换系数。为便于 EM 算法求解 BMA 模型和对比分析，这里针对所有原始数据对参数 λ 进行统一率定。

4. 不确定性区间估计

通过 EM 算法求解获得 BMA 的权重 $w_k^{(j)}$ 和误差 $\delta_k^{2(j)}$ 后，采取蒙特卡洛抽样法估算 BMA 模型在时刻 t 的预报不确定性区间。不确定性的具体估计如下：

（1）设置区间估计的百分比 α、样本容量 M 和循环起点 $i=1$，本节令 $M=1\ 000$，$\alpha=90\%$。

（2）依据成员权重 $[w_1, w_2, \cdots, w_K]$，随机抽取矩阵 $[1, 2, \cdots, K]$ 中的整数 K 来挑选模型。选取步骤如下：①假定初始累积概率 $w'_0=0$，依据模型总数 K 计算 $w'_k=w'_{k-1}+w_k (k=1,2,\cdots,K)$；②随机生成 $0\sim1$ 的随机数 u；③如 $w'_{k-1} \leqslant u < w'_k$，则代表抽选第 k 个成员。

（3）根据第 k 个模型在 t 时刻的概率分布 $g(Q_t | f_k^t, \delta_k^2)$，进而随机生成流量值 Q_t。式中 $g(Q_t | f_k^t, \delta_k^2)$ 代表均值为 f_k^t、方差为 δ_k^2 的正态分布。

（4）记录循环次数。计算 $i=i+1$，并判断 i 与 M 大小关系，如果 $i < M$，则返回步骤（2）。

EM 算法收敛后，即可获得时刻 t 的 M 个样本信息。对 M 个样本信息排序，确定排序的 5% 和 95% 分位数之间的样本即为 BMA 预报的不确定性。

6.2.3　不确定性评估指标

Xiong 等(2009)给出了多个用于评价模型不确定性的指标。一般选取覆盖率(CR)、平均带宽(B)和平均偏移幅度(D)三种指标来评估模型不确定性区间的优良效果。

（1）覆盖率(CR)：指观测数据包含于预报不确定性区间的频率，它是最常用于预报不确定性区间的评价指标。CR 值越大，表示预报区间覆盖率越高。

（2）平均带宽(B)：代表不确定性上下边界宽度的平均值，在固定的置信水平，确保高覆盖率的前提下，平均带宽越窄越好。

$$B = \frac{1}{n} \sum_{i=1}^{n} (q_u^i - q_l^i) \tag{6-5}$$

式中：q_u^i 和 q_l^i 分别表示 i 时刻的预报不确定性区间的上界和下界；n 为序列长度。

（3）平均偏移幅度(D)：是刻画不确定性区间的中心线与实测过程偏离幅度的指标，D 值越小越好，其计算公式如下：

$$D = \frac{1}{n} \sum_{i=1}^{n} \left| \frac{1}{2} (q_u^i + q_l^i) - O_i \right| \tag{6-6}$$

式中：O_i 表示 i 时刻观测流量；其他符号意义同上。

6.3　水文模型的不确定性分析

水文模型的不确定性主要包括参数和结构不确定性。为更好反映模型参数和模型结构的影响，本节内容直接应用实测降水信息开展研究，在确定性输入的前提下展开分析。模型参数不确定性采用 GLUE 方法分析，以 SCE-UA 算法参数优化率定过程中得到的参数组作为样本库，以径流模拟 $NSE > 0.7$ 并且 RE 在 ±20% 以内的结果对应的参数组为有效参数组，从中采用 1 000 组参数用于分析水文模型参数不确定性。模型结构不确定性通过四种不同结构的水文模型（新安江模型、GR4J 模型、SIMHYD 模型和 VIC 模型）来分析，采用 BMA 估计模型结构的不确定性。

6.3.1　模型参数不确定性

基于 GLUE 方法分析新安江模型参数不确定性，同时计算不确定性区间的覆盖率 CR、平均带宽 B 和平均偏移幅度 D，计算结果见表 6.2；绘制新安江模型 2014 年和 2017 年径流模拟不确定性区间过程，如图 6.6 所示。由表可知，新安江模型率定期不确定性区间覆盖率为 83.01%，平均带宽为 140.72 m³/s，平均偏移幅度为 46.09 m³/s，而验证期覆盖率为 84.40%，平均带宽为 170.03 m³/s，平均偏移幅度为 56.26 m³/s，尽管验证期覆盖率和 NSE 均略高于率定期，但其不确定性区间平均带宽和偏移幅度均大于率定期，表明新安江模型验证期不确定性明显高于率定期。同时，从图 6.6 中也可以看出，验证期 2017 年的不确定性区间宽度在低流量处明显高于验证期 2014 年，而在高流量处的不确定性区间宽度两个时期差异较小。

　　基于 GLUE 方法分析 GR4J 模型参数不确定性,同时计算不确定性区间的覆盖率 CR、平均带宽 B 和平均偏移幅度 D,计算结果见表 6.2;绘制 GR4J 模型 2014 年和 2017 年径流模拟不确定性区间过程,如图 6.7 所示。由表可知,GR4J 模型率定期不确定性区间覆盖率为 81.55%,平均带宽为 143.93 m³/s,平均偏移幅度为 37.53 m³/s,而验证期覆盖率为 81.12%,平均带宽为 185.09 m³/s,平均偏移幅度为 50.08 m³/s,尽管验证期 NSE 均略高于率定期,但其不确定性区间平均带宽和偏移幅度均大于率定期,表明 GR4J 模型验证期不确定性明显高于率定期。同时,从图 6.7 中也可以看出,验证期 2017 年的不确定性区间宽度在低流量处略高于验证期 2014 年,而在高流量处的不确定性区间宽度两个时期差异较小。

表 6.2　不同研究期不同来源不确定性的区间评估指标

研究期	不确定性来源	模型类型	不确定性		
			$CR(\%)$	$B(\text{m}^3/\text{s})$	$D(\text{m}^3/\text{s})$
率定期	模型参数	新安江模型	83.01	140.72	46.09
		GR4J 模型	81.55	143.93	37.53
		SIMHYD 模型	87.40	178.38	47.62
		VIC 模型	91.23	158.84	43.27
	模型结构	BMA-HM	93.88	178.91	41.23
	结构+参数	BMA-HM-Par	94.61	185.79	41.08
验证期	模型参数	新安江模型	84.40	170.03	56.26
		GR4J 模型	81.12	185.09	50.08
		SIMHYD 模型	83.17	207.90	56.16
		VIC 模型	84.13	169.72	58.09
	模型结构	BMA-HM	94.94	213.96	47.70
	结构+参数	BMA-HM-Par	96.31	227.27	47.54

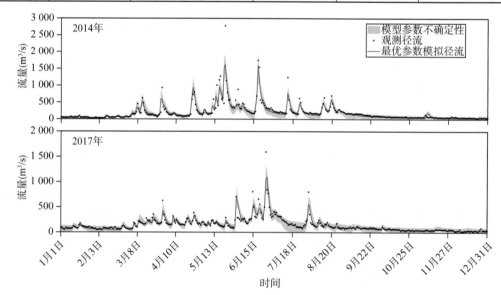

图 6.6　新安江模型 2014 年和 2017 年径流模拟不确定性

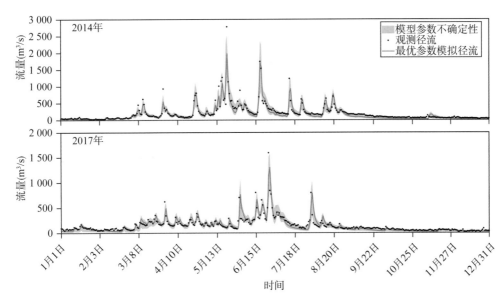

图 6.7　GR4J 模型 2014 年和 2017 年径流模拟不确定性

　　基于 GLUE 方法分析 SIMHYD 模型参数不确定性,同时计算不确定性区间的覆盖率 CR、平均带宽 B 和平均偏移幅度 D,计算结果见表 6.2;绘制 SIMHYD 模型 2014 年和 2017 年径流模拟不确定性区间过程,如图 6.8 所示。由表可知,SIMHYD 模型率定期不确定性区间覆盖率为 87.40%,平均带宽为 178.38 m³/s,平均偏移幅度为 47.62 m³/s,而验证期覆盖率为 83.17%,平均带宽为 207.90 m³/s,平均偏移幅度为 56.16 m³/s。就精度指标而言,率定期的表现略优于验证期;就不确定性指标而言,验证期平均带宽和偏移幅度均大于率定期,并且覆盖率也较低,表明 SIMHYD 模型验证期不确定性显著高于率定期。同时,从图 6.8 中也可以看出,验证期 2017 年的不确定性区间宽度在低流量和高流量处均高于验证期 2014 年。

　　基于 GLUE 方法分析 VIC 模型参数不确定性,同时计算不确定性区间的覆盖率 CR、平均带宽 B 和平均偏移幅度 D,计算结果见表 6.2;绘制 VIC 模型 2014 年和 2017 年径流模拟不确定性区间过程,如图 6.9 所示。由表可知,VIC 模型率定期不确定性区间覆盖率为 91.23%,平均带宽为 158.84 m³/s,平均偏移幅度为 43.27 m³/s,而验证期覆盖率为 84.13%,平均带宽为 169.72 m³/s,平均偏移幅度为 58.09 m³/s。就精度指标而言,率定期的表现略优于验证期;就不确定性指标而言,验证期平均带宽和偏移幅度均大于率定期,并且覆盖率也较低,表明 VIC 模型验证期不确定性显著高于率定期。同时,从图 6.9 中也可以看出,验证期 2017 年的不确定性区间宽度在低流量处明显高于验证期 2014 年。

　　从水文模型参数不确定性区间的覆盖率 CR 来看,率定期 VIC 模型和 SIMHYD 模型的覆盖率较高,GR4J 模型覆盖率较低;验证期新安江模型和 VIC 模型覆盖率较高,GR4J 模型覆盖率较低。从区间平均带宽 B 来看,率定期和验证期 SIMHYD 模型平均带宽最大,模型不确定性较大。从平均偏移幅度 D 来看,率定期 SIMHYD 模型最大,而 GR4J 模型最小;验证期 VIC 模型最大,GR4J 模型最小。总的来说,SIMHYD 模型的参数不确定性较高,而 GR4J 模型的参数不确定性较小。但不同模型的优良性各有差异,并且无论哪一类模型在各个方面均存在明显的优越性,这也体现了模型集合的必要性。

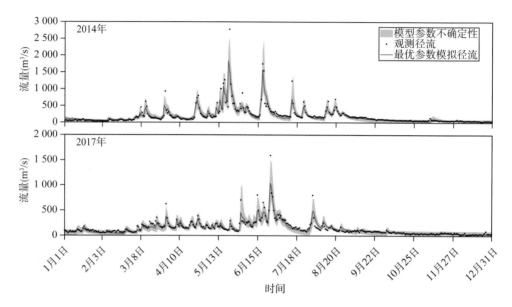

图 6.8　SIMHYD 模型 2014 年和 2017 年径流模拟不确定性

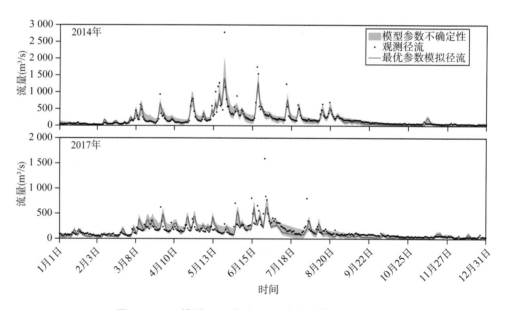

图 6.9　VIC 模型 2014 年和 2017 年径流模拟不确定性

6.3.2　模型结构不确定性

为更好地确定模型结构不确定性的影响,在四种模型最优参数组下,利用 BMA 模型进行集合预报,并计算由四种不同结构的模型所带来的不确定性区间,2014 年和 2017 年径流集合预报与不确定性区间过程如图 6.10 所示。同时,计算率定期和验证期不确定性区间的覆盖率、平均带宽和平均偏移幅度,结果见表 6.2。由表可知,考虑模型结构不确定性的预报区间率定期覆盖率 93.88%,平均带宽 178.91 m³/s,平均偏移幅度 41.23 m³/s,验证期覆盖率为 94.94%,平均带宽为 213.96 m³/s,平均偏移幅度为 47.70 m³/s,模型率定期与验证期覆盖率基本一致,但率定期的不确定性明显低于验证期。

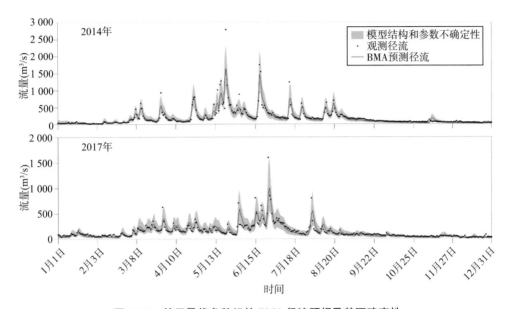

图 6.10　基于最优参数组的 BMA 径流预报及其不确定性

　　由与上述四种模型参数不确定性的对比可知,考虑模型结构不确定性的区间覆盖率明显高于四种水文模型参数不确定性的区间覆盖率(最高为 VIC 模型,率定期覆盖率 91.23%),而模型结构不确定性的平均带宽略高于四种模型参数不确定性的平均带宽(最高为 SIMHYD 模型,率定期平均带宽 178.38 m³/s),其平均偏移幅度比其中三种模型的参数不确定性的平均偏移幅度要小(最小为 GR4J 模型,率定期平均偏移幅度为 37.53 m³/s),表明仅考虑模型结构不确定性的 BMA 集合预报相对于仅考虑参数不确定性的区间预报质量更佳,能在更低的不确定性条件下获得更高的区间覆盖率。

　　上述结果均是基于最优模型参数组考虑模型结构不确定性的分析,为获得更普适性的规律,分别对 1 000 组参数开展独立考虑模型结构不确定性的 BMA 预报,统计最终预报结果的 NSE、RE 和 RMSE,以 1 000 组参数对应的指标为一组箱线,绘制的箱线图如图 6.11 所示,图中横坐标前四个分别代表四种模型不同参数组的预报性能,BMA-HM 则表示仅考虑模型结构不确定性的 BMA 预报。由图可知,考虑模型结构不确定性的 BMA 预报最接近四种模型中最优模型的预报结果,具有较高的 NSE、较低的相对误差 RE 和均方根误差 RMSE,同时 BMA-HM 的箱线相对其他水文模型更加扁平,表明通过仅考虑模型结构不确定性的 BMA 预报还在一定程度上能减少水文模型参数不确定性带来的影响。

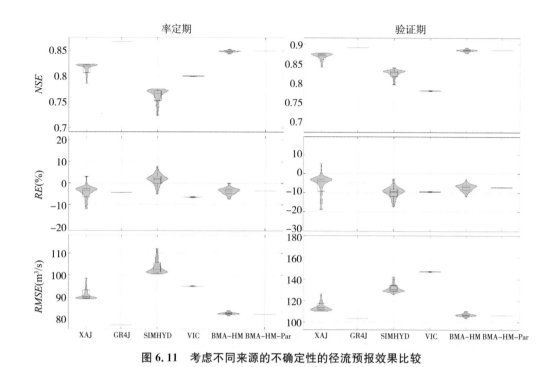

图 6.11　考虑不同来源的不确定性的径流预报效果比较

6.3.3　模型结构和参数不确定性

　　模型参数的不确定性通过 1 000 组参数考量,模型结构的不确定性通过 4 种不同结构的模型考量,模型参数和结构不确定性共同组成了水文模型的不确定性,本研究通过 BMA 模型直接对 4×1 000 组涵盖水文模型参数和结构不确定性信息的结果进行集合预报,同时确定其不确定性区间,2014 年和 2017 年径流集合预报与不确定性区间过程如图 6.12 所示。同时,计算该情景率定期和验证期不确定性区间的覆盖率、平均带宽和平均偏移幅度,结果见表 6.2,由表可知,考虑模型结构与参数不确定性的预报区间率定期覆盖率为 94.61%,平均带宽为 185.79 m³/s,平均偏移幅度为 41.08 m³/s;验证期覆盖率为 96.31%,平均带宽为 227.27 m³/s,平均偏移幅度为 47.54 m³/s,模型率定期与验证期覆盖率接近,但率定期的不确定性明显低于验证期。

　　由与上述四种模型参数不确定性的对比可知,同时考虑模型结构和参数不确定性的区间覆盖率明显高于四种水文模型参数不确定性的区间覆盖率(最高为 VIC 模型,率定期覆盖率 91.23%),而同时考虑模型结构和参数不确定性的平均带宽高于四种模型参数不确定性的平均带宽(最高为 SIMHYD 模型,率定期平均带宽 178.38 m³/s),其平均偏移幅度比其中三种模型的参数不确定性的平均偏移幅度要小(最小为 GR4J 模型,率定期平均偏移幅度为 37.53 m³/s),表明同时考虑模型结构和参数不确定性的 BMA 集合预报相对于仅考虑参数不确定性的区间预报质量更佳,能在更低的不确定性条件下获得更高的区间覆盖率。由与仅考虑模型结构不确定性的 BMA-HM 预报结果的对比可知,同时考虑模型结构和参数不确定性的区间覆盖率和区间平均带宽略高于仅考模型结构不确定性的结果,而预报区间平均偏移幅度略低于仅考虑模型结构不确定性的结果,表明同时考虑模型结构和参数的不确定性与仅考虑模型结构不确定性的结果类似,从图 6.11 也可以看出,图 6.12 中径流过程和不确定性区间亦有所体现。这也侧面说明通过考虑模型结构不确定性的多模型集成能较好地预估由水文模型带来的不确定性,并且在一定程度上能减小由模型参数不确定性带来的影响。

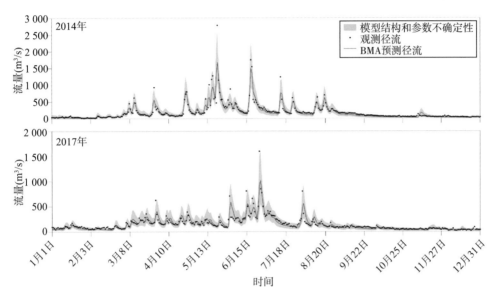

图 6.12   基于所有模型结构和参数组的 BMA 集合预报及其不确定性

6.4   水文气象集合预报及不确定性分析

气象水文耦合预报过程中因数值预报产品带来的水文模型输入不确定性是径流预报误差的另一重要来源。本节结合前文 8 种数值预报产品,在固定水文模型和参数组合下采用 BMA 算法对耦合 8 种数值预报的径流过程进行集合预报,用以分析模型输入不确定性对水文预报的影响,同时结合不同水文模型、参数组和预见期结果,分析不同组合情景下的模型输入不确定性。以新安江模型为例,最优参数组下模型输入不确定性分析的组合流程如图 6.13 所示。

6.4.1   多种降水数值预报产品下新安江模型集合预报

在新安江模型和固定参数组下采用 BMA 算法对耦合 8 种数值预报产品的径流过程进行集合预报,同时分别统计 1 000 组参数预报未来 10 天径流过程的精度评估指标(纳什效率系数 NSE、相对误差 RE、均方根误差 $RMSE$)以及不确定性评估指标(覆盖率 CR、平均带宽 B、平均偏移幅度 D)。率定期(2013—2015 年)和验证期(2016—2017 年)NSE、RE 和 $RMSE$ 指标随预见期的变化情况如图 6.14 所示,图中每个箱线由 1 000 组模型参数的径流预报精度指标构成。由此可知,从径流预报的 NSE 来看,对于

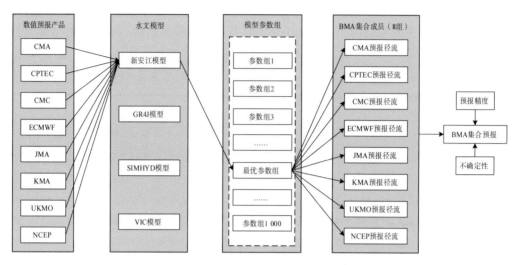

图 6.13 模型输入不确定性分析的组合流程(以新安江模型为例)

1~4 d 预见期的径流预报,率定期考虑输入不确定性的新安江模型集合预报 *NSE* 均大于 0.2,验证期 *NSE* 均大于 0.1,预报效果随预见期的延长迅速下降,5~10 d 预见期率定期的 *NSE* 为 0~0.2,验证期 *NSE* 为 0~0.1,预报效果随预见期变化缓慢。同未考虑模型输入不确定性的新安江模型预报结果相比,考虑数值预报产品输入不确定性的集合预报提升了未来 1~10 d 的径流预报效果,尤其是在未来 4 d 以上的长远预见期上,集合预报的 *NSE* 均大于 0,明显提升了径流预测的质量。

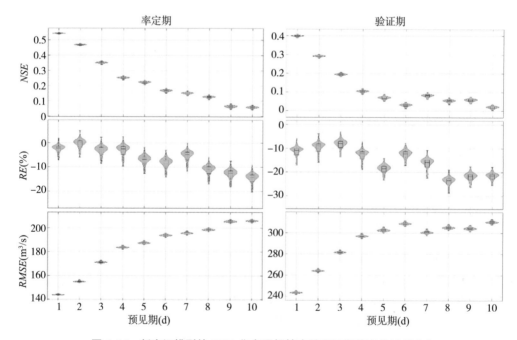

图 6.14 新安江模型的 BMA 集合预报精度随预见期的变化(8 输入)

从径流预报的 RE 来看,对于 1～4 d 预见期的径流预报,率定期集合预报的 RE 大部分为 0％～－10％,验证期 RE 大部分在－10％左右,随着预见期的延长,RE 均有所扩大,8～10 d 预见期时率定期 RE 位于－10％～－20％,验证期 RE 为－20％～－30％,低估现象愈发严重。同未考虑模型输入不确定性的新安江模型预报结果相比,考虑 NWP 输入不确定性的集合预报 RE 有所减小,但由于参与集合预报的大多数成员均存在低估现象,因而这种随预见期延长径流低估愈严重的现象在集合预报中并未得到较明显的改善。

从径流预报的 RMSE 来看,对于 1～4 d 预见期的径流预报,率定期集合预报的 RMSE 大多为 140～190 m³/s,验证期 RMSE 大多为 240～300 m³/s,预报误差随着预见期延长迅速增大;5～10 d 预见期,率定期 RMSE 大多为 190～210 m³/s,验证期 RMSE 大多为 300～320 m³/s,预报误差随预见期延长变化缓慢。同未考虑模型输入不确定性的新安江模型预报结果相比,考虑 NWP 输入不确定性的集合预报 RMSE 在每个预见期减小了 20～40 m³/s,较好地提升了径流预测的质量。

率定期(2013—2015 年)和验证期(2016—2017 年)CR、B 和 D 指标随预见期的变化如图 6.15 所示,图中每个箱线由 1 000 组模型参数的径流预报不确定性指标构成;同时绘制未来一天考虑输入不确定性的新安江模型 2014 年和 2017 年径流预报过程及不确定性区间,如图 6.16 所示。

由图 6.15 可知,从径流预报的覆盖率 CR 来看,1～4 d 预见期,集合预报的 CR 大多数在 90％以上,覆盖率随预见期的延长迅速下降;未来 5 d 以后,率定期 CR 在 88％到 90％之间波动,随着预见期的延长,不确定性区间的覆盖率缓慢下降。

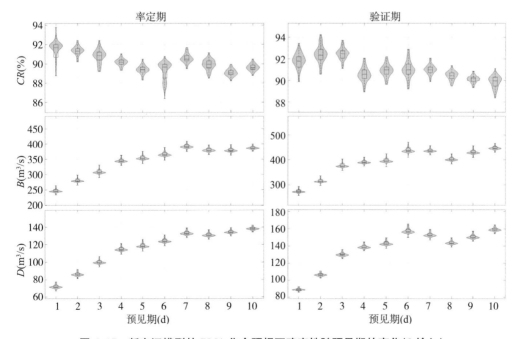

图 6.15　新安江模型的 BMA 集合预报不确定性随预见期的变化(8 输入)

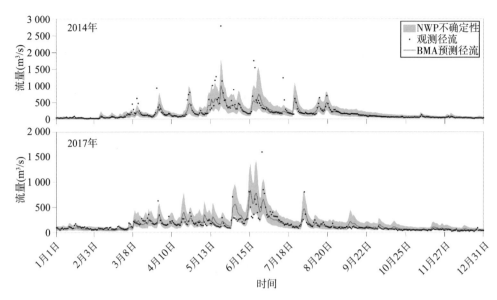

图 6.16　新安江模型的 BMA 径流预报(一天预见期)及其不确定性(8 输入)

从径流预报的平均带宽 B 来看,1～4 d 预见期,率定期集合预报的平均带宽 B 为 230～350 m^3/s,验证期为 250～400 m^3/s;而后,随着预见期推移,平均带宽变化缓慢,率定期平均带宽稳定在 350～400 m^3/s,验证期在 400 m^3/s 和 480 m^3/s 之间波动。总体而言,区间平均带宽随预见期延长逐渐增大,不确定性明显增大。

从径流预报的平均偏移幅度 D 来看,1～4 d 预见期,率定期集合预报的平均偏移幅度 D 在 60～120 m^3/s,验证期在 80～140 m^3/s;而后,随着预见期推移,平均偏移幅度变化缓慢,率定期平均偏移幅度稳定在 120～140 m^3/s,验证期在 140 m^3/s 和 160 m^3/s 之间波动。总体而言,预报不确定性区间的平均偏移幅度随预见期延长逐渐增大,不确定性明显增大。从径流预报过程及不确定性区间可以看出(图 6.16),集合预报在低流量处具有较高的覆盖率,而对高流量的覆盖明显不足,并且高流量部分区间宽度明显较大,预报不确定性较大。

6.4.2　GR4J 模型集合预报

在 GR4J 模型和固定参数组下采用 BMA 算法对耦合 8 种数值预报产品的径流过程进行集合预报,同时分别统计 1 000 组参数预报未来 10 d 径流过程的精度评估指标(纳什效率系数 NSE、相对误差 RE、均方根误差 $RMSE$)以及不确定性评估指标(覆盖率 CR、平均带宽 B、平均偏移幅度 D)。率定期(2013—2015 年)和验证期(2016—2017 年)NSE、RE 和 $RMSE$ 指标随预见期的变化如图 6.17 所示,图中每个箱线由 1 000 组模型参数的径流预报精度指标构成,从每个箱线长度可以看出,每个预见期的箱线长度较窄,表明由 GR4J 模型参数不确定性带来的影响较小。由图 6.17 可知,从径流预报的 NSE 来看,对于 1～4 d 预见期的径流预报,率定期考虑输入不确定性的 GR4J 模型集合预报 NSE 均大于 0.2,验证期 NSE 多数大于 0.1,预报效果随预见期的延长迅速下降,5～

10 d 预见期时率定期的 NSE 在 0～0.2,验证期 NSE 在−0.1～0.1,预报效果随预见期变化缓慢。同未考虑模型输入不确定性的 GR4J 模型预报结果相比,考虑 NWP 输入不确定性的集合预报提升了未来 1～10 d 的径流预报效果,尤其是在未来 4 d 以后的长远预见期上,集合预报的 NSE 均大于 0,明显提升了径流预测的质量。

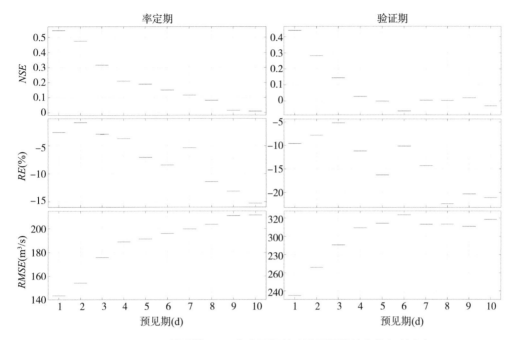

图 6.17 GR4J 模型的 BMA 集合预报精度随预见期的变化(8 输入)

从径流预报的 RE 来看,对于 1～4 d 预见期的径流预报,率定期集合预报的 RE 大部分为 0%～−5%,验证期 RE 大部分为−5%～−10%,随着预见期的延长,RE 均有所扩大,8～10 d 预见期率定期 RE 为−10%～−15%,验证期 RE 为−20%～−25%,低估现象愈发严重。同未考虑模型输入不确定性的 GR4J 模型预报结果相比,考虑 NWP 输入不确定性的集合预报 RE 有所减小,RE 绝对值更接近 0,表明 GR4J 模型考虑输入不确定性的集合预报较好地改善了单模式耦合预报的相对误差;但集合预报中所有预见期的 RE 均小于 0,这是由于参与集合预报的大多数成员均存在低估现象,因而这种随预见期延长径流低估愈严重的现象在集合预报中并未得到很好的改善。

从径流预报的 RMSE 来看,对于 1～4 d 预见期的径流预报,率定期集合预报的 RMSE 大多为 140～190 m³/s,验证期 RMSE 大多为 240～300 m³/s,预报误差随着预见期延长迅速增大;5～10 d 预见期,率定期 RMSE 大多为 190～210 m³/s,验证期 RMSE 大多为 300～320 m³/s,预报误差随预见期延长变化缓慢。同未考虑模型输入不确定性的 GR4J 模型预报结果相比,考虑 NWP 输入不确定性的集合预报 RMSE 在每个预见期减小了 20～40 m³/s,较好地提升了径流预测的质量。

GR4J 模型率定期(2013—2015 年)和验证期(2016—2017 年)CR、B 和 D 指标随预见期的变化如图 6.18 所示,图中每个箱线由 1 000 组模型参数的径流预报不确定性指标构成；同时绘制未来一天考虑输入不确定性的 GR4J 模型 2014 年和 2017 年径流预报过程及不确定性区间，如图 6.19 所示。

由图 6.18 可知，从径流预报的覆盖率 CR 来看，1～4 d 预见期，集合预报的 CR 分布在 90% 到 95% 之间，覆盖率随预见期的延长迅速下降；未来 5 d 以后，率定期 CR 在 90% 到 92% 之间波动，随着预见期的延长，不确定性区间的覆盖率缓慢下降；而验证期 CR 在 87% 到 91% 之间波动，随着预见期的延长，不确定性区间的覆盖率呈上升趋势。

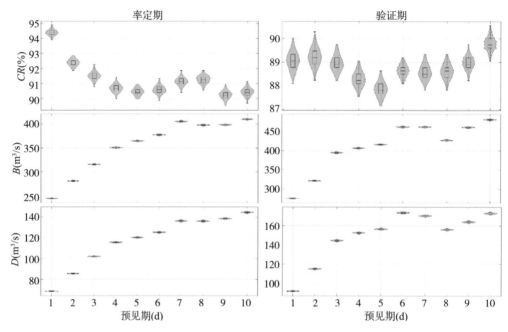

图 6.18　GR4J 模型的 BMA 集合预报不确定性随预见期的变化（8 输入）

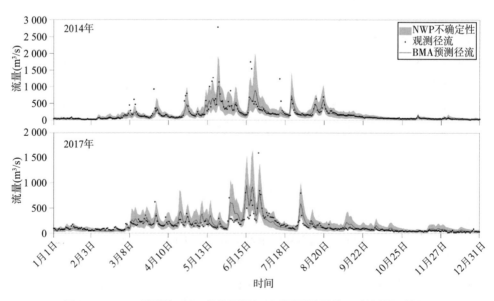

图 6.19　GR4J 模型的 BMA 径流预报（一天预见期）及其不确定性（8 输入）

从径流预报的平均带宽 B 来看，1～4 d 预见期，率定期集合预报的平均带宽 B 在 240～350 m^3/s，验证期平均带宽 B 在 330～400 m^3/s；而后，随着预见期推移，平均带宽变化缓慢，率定期 B 稳定在 350～400 m^3/s，验证期在 400 m^3/s 到 480 m^3/s 之间波动。总体而言，区间带宽随预见期延长逐渐增大，不确定性明显增大。

从径流预报的平均偏移幅度 D 来看，1～4 d 预见期，率定期集合预报的平均偏移幅度 D 在 70～120 m^3/s，验证期在 110～150 m^3/s；而后，随着预见期推移，平均偏移幅度变化缓慢，率定期平均偏移幅度稳定在 120～140 m^3/s，验证期在 140 m^3/s 到 170 m^3/s 之间波动。总体而言，预报不确定性区间的平均偏移幅度随预见期延长逐渐增大，不确定性明显增大。从径流预报过程及不确定性区间可以看出（图 6.19），集合预报在低流量处具有较高的覆盖率，而对高流量的覆盖明显不足，并且高流量部分区间宽度明显较大，预报不确定性较大。

6.4.3 SIMHYD 模型集合预报

在 SIMHYD 模型和固定参数组下采用 BMA 算法对耦合 8 种数值预报产品的径流过程进行集合预报，同时分别统计 1 000 组参数预报未来 10 d 径流过程的精度评估指标（纳什效率系数 NSE、相对误差 RE、均方根误差 $RMSE$）以及不确定性评估指标（覆盖率 CR、平均带宽 B、平均偏移幅度 D）。率定期（2013—2015 年）和验证期（2016—2017 年）NSE、RE 和 $RMSE$ 指标随预见期的变化如图 6.20 所示，图中每个箱线由 1 000 组模型参数的径流预报精度指标构成。由图 6.20 可知，从径流预报的 NSE 来看，不同预见期每个箱线的长度大约为 0.1，表明由 SIMHYD 模型参数不确定性带来的影响大约为 0.1 个 NSE，但这并不影响模型输入不确定性的分析。

从不同预见期 NSE 来看，对于 1～4 d 预见期的径流预报，率定期考虑输入不确定性的 SIMHYD 模型集合预报 NSE 均大于 0.3，验证期 NSE 多数大于 0.1，预报效果随预见期的延长迅速下降，5～10 d 预见期率定期的 NSE 为 0～0.3，验证期 NSE 在 -0.1 到 0.1 之间，预报效果随预见期变化缓慢。同未考虑模型输入不确定性的 SIMHYD 模型预报结果相比，考虑 NWP 输入不确定性的集合预报提升了未来 1～10 d 的径流预报效果，尤其是在未来 4 d 以后的长远预见期上，集合预报的 NSE 均大于 0，在一定程度上提升了径流预测的质量。

从径流预报的 RE 来看，对于 1～4 d 预见期的径流预报，率定期集合预报的 RE 大部分为 0%～-10%，验证期 RE 大部分为 -10%～-20%，随着预见期的延长，RE 均有所扩大，8～10 d 预见期率定期 RE 为 -10%～-30%，验证期 RE 为 -20%～-30%，低估现象愈发严重。同未考虑模型输入不确定性的 SIMHYD 模型预报结果相比，考虑 NWP 输入不确定性的集合预报 RE 虽然整体有所减小，但因 SIMHYD 模型参数不确定性带来的相对误差影响大约为 15%，这使得 SIMHYD 模型考虑输入不确定性的集合预报对相对误差的改善并不明显；同时，集合预报中所有预见期的 RE 均小于 0，这是由于参与集合预报的大多数成员均存在低估现象，因而这种随预见期延长径流低估愈严重的现象在集合预报中并未得到很好的改善。

从径流预报的 $RMSE$ 来看,对于 $1\sim4$ d 预见期的径流预报,率定期集合预报的 $RMSE$ 大多为 $140\sim180$ m^3/s,验证期 $RMSE$ 大多为 $240\sim310$ m^3/s,预报误差随着预见期延长迅速增大;$5\sim10$ d 预见期,率定期 $RMSE$ 大多为 $180\sim210$ m^3/s,验证期 $RMSE$ 大多为 $300\sim320$ m^3/s,预报误差随预见期延长变化缓慢。同未考虑模型输入不确定性的 SIMHYD 模型预报结果相比,考虑 NWP 输入不确定性的集合预报 $RMSE$ 在每个预见期减小了 $20\sim40$ m^3/s,较好地提升了径流预测的质量。

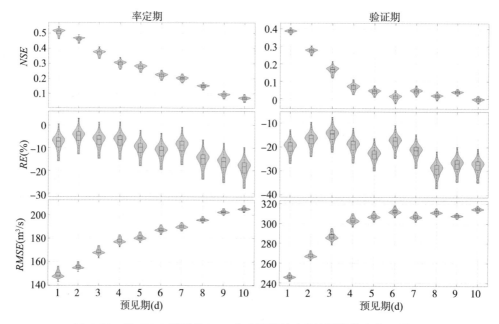

图 6.20　SIMHYD 模型的 BMA 集合预报精度随预见期的变化(8 输入)

SIMHYD 模型率定期(2013—2015 年)和验证期(2016—2017 年)CR、B 和 D 指标随预见期的变化如图 6.21 所示,图中每个箱线由 1 000 组模型参数的径流预报不确定性指标构成;同时绘制未来一天考虑输入不确定性的 SIMHYD 模型 2014 年和 2017 年径流预报过程及不确定性区间,如图 6.22 所示。由图 6.21 可知,从径流预报的覆盖率 CR 来看,未来 $1\sim10$ d,集合预报的 CR 分布在 88% 到 92% 之间,随着预见期的延长,不确定性区间的覆盖率缓慢下降,而验证期 CR 在 85% 到 90% 之间波动,随着预见期的延长,不确定性区间的覆盖率呈上升趋势。

从径流预报的平均带宽 B 来看,$1\sim4$ d 预见期,率定期集合预报的平均带宽 B 在 $240\sim350$ m^3/s,验证期在 $250\sim390$ m^3/s;而后,随着预见期推移,平均带宽变化缓慢,率定期 B 稳定在 $300\sim400$ m^3/s,验证期在 350 m^3/s 到 450 m^3/s 之间波动。总体而言,区间带宽随预见期延长逐渐增大,不确定性明显增大。

从径流预报的平均偏移幅度 D 来看,$1\sim4$ d 预见期,率定期集合预报的平均偏移幅度 D 在 $70\sim120$ m^3/s,验证期在 $110\sim140$ m^3/s;而后,随着预见期推移,平均偏移幅度变化缓慢,率定期平均偏移幅度稳定在 $90\sim140$ m^3/s,验证期在 130 m^3/s 到 160 m^3/s 之间波动。总体而言,预报不确定性区间的平均偏移幅度随预见期延长逐渐增大,不确定性明显增大。从径流预报过程及不确定性区间可以看出(图6.22),集合预报在低流量处具有较高的覆盖率,而对高流量的覆盖明显不足,并且高流量部分区间宽度明显较大,预报不确定性较大。

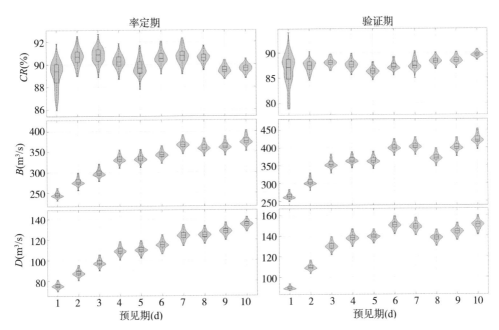

图 6.21　SIMHYD 模型的 BMA 集合预报不确定性随预见期的变化(8 输入)

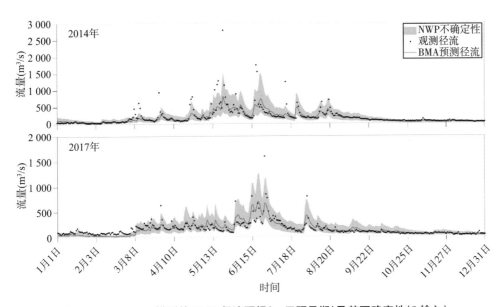

图 6.22　SIMHYD 模型的 BMA 径流预报(一天预见期)及其不确定性(8 输入)

6.4.4　VIC模型集合预报

在 VIC 模型和固定参数组下采用 BMA 算法对耦合 8 种数值预报产品的径流过程进行集合预报,同时分别统计 1 000 组参数预报未来 10 d 径流过程的精度评估指标(纳什效率系数 NSE、相对误差 RE、均方根误差 $RMSE$)以及不确定性评估指标(覆盖率 CR、平均带宽 B、平均偏移幅度 D)。率定期(2013—2015 年)和验证期(2016—2017 年)NSE、RE 和 $RMSE$ 指标随预见期的变化如图 6.23 所示,图中每个箱线由 1 000 组模型参数的径流预报精度指标构成。由图 6.23 可知,从径流预报的 NSE 来看,不同预见期每个箱线的长度较窄,表明由 VIC 模型参数不确定性带来的影响很小,并不影响模型输入不确定性的分析。从不同预见期 NSE 来看,对于 1～4 d 预见期的径流预报,率定期考虑输入不确定性的 SIMHYD 模型集合预报 NSE 均大于 0.2,验证期 NSE 均大于 0.1,预报效果随预见期的延长迅速下降,5～10 d 预见期率定期的 NSE 为 0～0.2,验证期 NSE 为 0～0.1,预报效果随预见期变化缓慢。同未考虑模型输入不确定性的 VIC 模型预报结果相比,考虑 NWP 输入不确定性的集合预报提升了未来 1～10 d 的径流预报效果,尤其是在未来 4 d 以后的长远预见期上,集合预报的 NSE 均大于 0,明显提升了径流预测的质量。

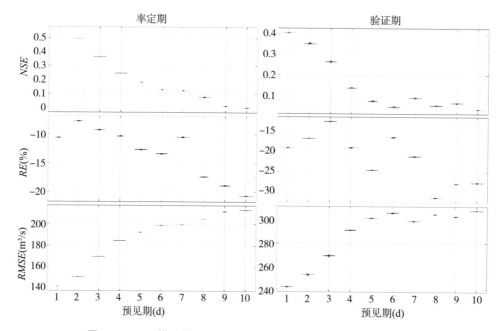

图 6.23　VIC 模型的 BMA 集合预报精度随预见期的变化(8 输入)

从径流预报的 RE 来看,对于 1～4 d 预见期的径流预报,率定期集合预报的 RE 大部分为 0%～−10%,验证期 RE 大部分为−10%～−20%,随着预见期的延长,RE 均有所扩大,8～10 d 预见期率定期 RE 为−15%～−30%,验证期 RE 为−25%～−30%,低估现象愈发严重。同未考虑模型输入不确定性的 VIC 模型预报结果相比,考虑 NWP 输入不确定性的集合预报 RE 均有所减小,表明 SIMHYD 模型考虑输入不确定性的集合预报对相对误差有较好的改善;但集合预报中所有预见期的 RE 均小于 0,这是由于参与集合预报的大多数成员均存在低估现象,因而这种随预见期延长径流低估愈严重的现象在集合预报中并未得到很好的改善。

从径流预报的 RMSE 来看,对于 1~4 d 预见期的径流预报,率定期集合预报的 RMSE 大多为 140~180 m³/s,验证期 RMSE 大多为 240~290 m³/s,预报误差随着预见期延长迅速增大;5~10 d 预见期,率定期 RMSE 大多为 190~210 m³/s,验证期 RMSE 大多为 300~310 m³/s,预报误差随预见期延长变化缓慢。同未考虑模型输入不确定性的 SIMHYD 模型预报结果相比,考虑 NWP 输入不确定性的集合预报 RMSE 在每个预见期减小了 20~50 m³/s,较好地提升了径流预测的质量。

VIC 模型率定期(2013—2015 年)和验证期(2016—2017 年)CR、B 和 D 指标随预见期的变化如图 6.24 所示,图中每个箱线由 1 000 组模型参数的径流预报不确定性指标构成;同时绘制未来一天考虑输入不确定性的 VIC 模型 2014 年和 2017 年径流预报过程及不确定性区间,如图 6.25 所示。由图 6.24 可知,从径流预报的覆盖率 CR 来看,1~4 d 预见期,集合预报的 CR 分布在 91%到 94%之间,随着预见期的延长,不确定性区间的覆盖率迅速下降;未来 5 d 以后,率定期 CR 在 88%到 90%之间波动,随着预见期的延长,不确定性区间的覆盖率缓慢下降,验证期 CR 在 86%到 92%之间波动,随着预见期的延长,不确定性区间的覆盖率呈下降趋势。

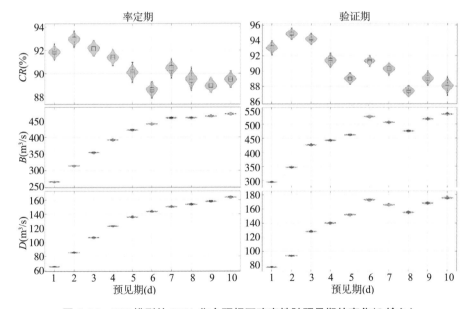

图 6.24　VIC 模型的 BMA 集合预报不确定性随预见期的变化(8 输入)

从径流预报的平均带宽 B 来看,1~4 d 预见期,率定期集合预报的平均带宽 B 在 250~400 m³/s,验证期在 300~450 m³/s;而后,随着预见期推移,平均带宽变化缓慢,率定期 B 稳定在 400~470 m³/s,验证期在 450 m³/s 到 550 m³/s 之间波动。总体而言,区间带宽随预见期延长逐渐增大,不确定性明显增大。

从径流预报的平均偏移幅度 D 来看,1~4 d 预见期,率定期集合预报的平均偏移幅度 D 在 60~120 m³/s,验证期在 80~140 m³/s;而后,随着预见期推移,平均偏移幅度变

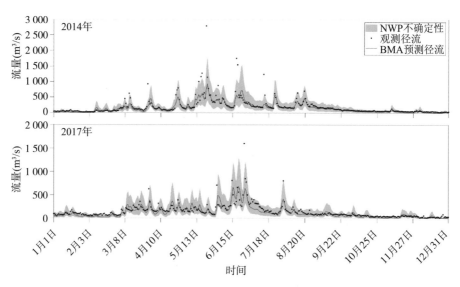

图 6.25　未来一天 VIC 模型径流预报及其不确定性(8 输入)

化缓慢,率定期平均偏移幅度稳定在 $140\sim160$ m^3/s,验证期在 140 m^3/s 到 180 m^3/s 之间波动。总体而言,预报不确定性区间的平均偏移幅度随预见期延长逐渐增大,不确定性明显增大。从径流预报过程及不确定性区间可以看出(图 6.25),集合预报在低流量处具有较高的覆盖率,而对高流量的覆盖明显不足,并且高流量部分区间宽度明显较大,预报不确定性较大。

6.4.5　不同水文集合模型对比分析

为更好地对比考虑输入不确定性时不同水文模型的 BMA 集合预报效果与差异,对 $1\sim4$ d 预见期不同水文模型率定期和验证期精度评估指标(纳什效率系数 NSE、相对误差 RE、均方根误差 $RMSE$)以及不确定性评估指标(覆盖率 CR、平均带宽 B、平均偏移幅度 D)进一步在每组参数上进行重绘。$1\sim4$ d 预见期不同水文模型率定期(2013—2015 年)和验证期(2016—2017 年)NSE、RE 和 $RMSE$ 指标对比如图 6.26 所示。由图可知,从径流预报的 NSE 可以看出,SIMHYD 模型的箱线最长,其次是新安江模型,表明这两个模型参数不确定性较大;在率定期,考虑输入不确定性的 VIC 模型对未来 $1\sim2$ d 的径流预报效果最好,SIMHYD 模型则在未来 $3\sim4$ d 表现较优;在验证期,考虑输入不确定性的 GR4J 模型在未来 1 d 表现最好,2 d 以后 VIC 模型相对其他模型更有优势。

从径流预报的 RE 可以看出,SIMHYD 模型和新安江模型的箱线最长,模型参数不确定性带来的影响较大。在率定期,尽管新安江模型参数不确定性带来的影响较大,但其箱线中位数相对其他模型更小,其 RE 更接近 0,其次是 GR4J 模型、SIMHYD 模型和 VIC 模型,表明考虑输入不确定性的新安江模型预报效果更优。在验证期,GR4J 模型相比其他模型的中位数更接近 0,因而 GR4J 模型的表现更优。

从径流预报的 $RMSE$ 可以看出,SIMHYD 模型的箱线最长,就 $RMSE$ 指标而言,该模型的参数不确定性影响较大,其他三个模型参数不确定性的影响较小。在率定期,考虑输入不确定性的 VIC 模型在 $1\sim2$ d 预见期的 $RMSE$ 最低,SIMHYD 模型则在 $3\sim4$ d 预见期的误差较低,表现较好;在验证期,考虑输入不确定性的 GR4J 模型在未来 1 d 表现最好,2 d 以后 VIC 模型相对其他模型更有优势。

不同水文模型率定期和验证期 CR、B 和 D 指标对比如图 6.27 所示,图中每个

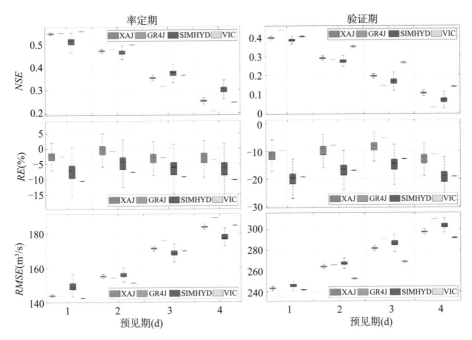

图 6.26　$1\sim4$ d 预见期不同水文模型的 BMA 预报精度对比(8 输入)

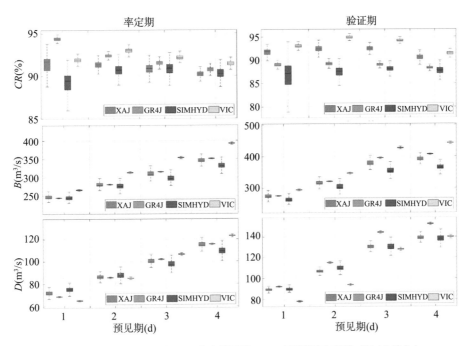

图 6.27　$1\sim4$ d 预见期不同水文模型的 BMA 预报不确定性对比(8 输入)

箱线由 1 000 组模型参数的径流预报不确定性指标构成。由图可知,从预报不确定性的覆盖率 CR 可以看出,SIMHYD 模型和新安江模型的箱线最长,参数不确定性影响较大。在率定期,GR4J 模型和 VIC 模型覆盖率 CR 较高,相对其他模型表现较好;在验证期,新安江模型和 VIC 模型覆盖率 CR 较高,表现较好。

从预报不确定性的平均带宽 B 来看,SIMHYD 模型和新安江模型的参数不确定性影响较大。无论是率定期还是验证期,SIMHYD 模型的平均带宽相对较低,不确定性较小,而 VIC 模型的平均带宽最高,不确定性最大。

从预报不确定性的平均偏移幅度 D 来看,SIMHYD 模型和新安江模型的参数不确定性影响较大。在率定期,VIC 模型在 $1\sim2$ d 预见期的平均偏移幅度最小,预报不确定性较低,SIMHYD 模型则在 $3\sim4$ d 预见期的平均偏移幅度最小,预报不确定性较低。在验证期,VIC 模型的平均偏移幅度在所有预见期均相对较低,不确定性较小,而 GR4J 模型的平均偏移幅度最高,不确定性最大。

6.5　气象水文耦合预报全过程的不确定性分析

6.5.1　模型输入和结构的不确定性

在固定参数组下,整体分析模型输入和结构的不确定性。结合 8 种数值预报产品和 4 种水文模型,在每一组模型参数下采用 BMA 算法对 8×4 种径流过程进行集合预报,用以分析模型输入和结构不确定性对水文预报的影响。同时结合不同参数组和预见期结果,从 BMA 集合预报精度和不确定性两个角度综合分析不同组合情景下的模型输入和结构不确定性。最优参数组下考虑模型输入和结构不确定性分析的组合流程如图 6.28 所示。

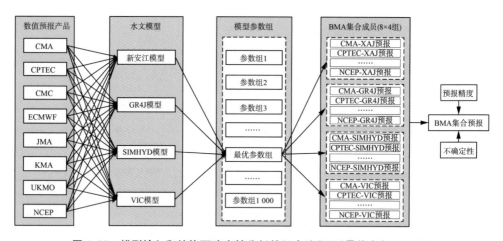

图 6.28　模型输入和结构不确定性分析的组合流程(以最优参数组为例)

在考虑模型输入和结构不确定性情景下,分别统计 1 000 组参数预报未来 10 d 径流过程的精度评估指标(纳什效率系数 NSE、相对误差 RE、均方根误差 $RMSE$)以及不确定性评估指标(覆盖率 CR、平均带宽 B、平均偏移幅度 D)。率定期和验证期 NSE、RE 和 $RMSE$ 指标随预见期的变化如图 6.29 所示,图中每个箱线由 1 000 组模型参数的径流预报精度指标构成。由图可知,从径流预报的 NSE 来看,对于 1~4 d 预见期的径流预报,率定期考虑输入和结构不确定性的集合预报 NSE 均大于 0.25,验证期 NSE 均大于 0.1,预报效果随预见期的延长迅速下降,5~10 d 预见期率定期的 NSE 为 0~0.2,验证期 NSE 为 0~0.1,预报效果随预见期变化缓慢。与未考虑模型输入和结构不确定性的单模型预报结果相比,考虑 NWP 输入和水文模型结构不确定性的集合预报提升了 1~10 d 预见期的径流预报效果,尤其是在未来 4 d 以后的长远预见期上,集合预报的 NSE 均大于 0,明显提升了径流预测的质量。进一步同考虑输入不确定性的集合预报结果对比,同时考虑输入和结构不确定性的集合预报箱线长度相对于新安江模型(图 6.14)和 SIMHYD 模型(图 6.20)明显变短,表明通过纳入多模型结构的集合预报在一定程度上减小了因水文模型参数不确定性带来的影响。

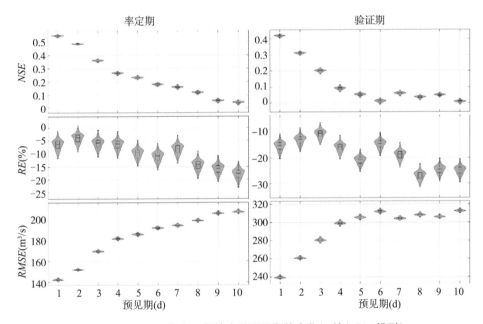

图 6.29   BMA 集合预报精度随预见期的变化(8 输入×4 模型)

从径流预报的 RE 来看,对于 1~4 d 预见期的径流预报,率定期集合预报的 RE 大部分为 0%~−10%,验证期 RE 大部分为−10%~−20%,随着预见期的延长,RE 均有所扩大,8~10 d 预见期率定期 RE 为−10%~−20%,验证期 RE 为−20%~−30%,低估现象愈发严重。同未考虑模型输入不确定性的单模型预报结果相比,考虑 NWP 输入和结构不确定性的集合预报 RE 有所减小,但由于参与集合预报的大多数成员均存在低估现象,因而这种随预见期延长径流低估愈严重的现象在集合预报中并未得到很好的改善。进一步同考虑输入不确定性的集合预报结果对比,同时考虑输入和结构不确定性的集合预报 RE 的箱线长度仅仅相对于 SIMHYD 模型(图 6.20)略微缩短,表明纳入多模型结构的集合预报并未进一步提升不同模型相对误差的估计,甚至还因某些成员模型较差的相对误差估计影响了最终集合预报的结果。

从径流预报的 $RMSE$ 来看,对于 $1\sim4$ d 预见期的径流预报,率定期集合预报的 $RMSE$ 大多为 $140\sim180$ m³/s,验证期 $RMSE$ 大多为 $240\sim300$ m³/s,预报误差随着预见期延长迅速增大;$5\sim10$ d 预见期,率定期 $RMSE$ 大多为 $180\sim210$ m³/s,验证期 $RMSE$ 大多为 $300\sim320$ m³/s,预报误差随预见期延长变化缓慢。同未考虑模型输入不确定性的单模型预报结果相比,考虑 NWP 输入不确定性的集合预报 $RMSE$ 在每个预见期减小了 $20\sim60$ m³/s,较好地提升了径流预测的质量。进一步同考虑输入不确定性的集合预报结果对比,同时考虑输入和结构不确定性的集合预报 $RMSE$ 的箱线长度相对于新安江模型(图 6.14)和 SIMHYD 模型(图 6.20)有所缩短,表明通过纳入多模型结构的集合预报在一定程度上减小了因模型参数不确定性带来的影响。

率定期和验证期 CR、B 和 D 指标随预见期的变化如图 6.30 所示,图中每个箱线由 1 000 组模型参数的径流预报不确定性指标构成;同时绘制最优参数组下未来一天考虑输入和结构不确定性的集合预报 2014 年和 2017 年径流预报过程及不确定性区间,如图 6.31 所示。由图 6.30 可知,从径流预报的覆盖率 CR 来看,$1\sim4$ d 预见期,集合预报的 CR 大多数在 90%到 96%之间波动,覆盖率随预见期的延长迅速下降;未来 5 d 以后,率定期 CR 在 90%到 92%之间波动,随着预见期的延长,不确定性区间的覆盖率缓慢下降。进一步同考虑输入不确定性的集合预报结果对比,同时考虑输入和结构不确定性的集合预报 CR 的箱线长度有所缩短,同时模型不确定性区间覆盖率也有所提升,表明通过纳入多模型结构的集合预报在一定程度上减小了因模型参数不确定性带来的影响,也提升了模型不确定性的估计质量。

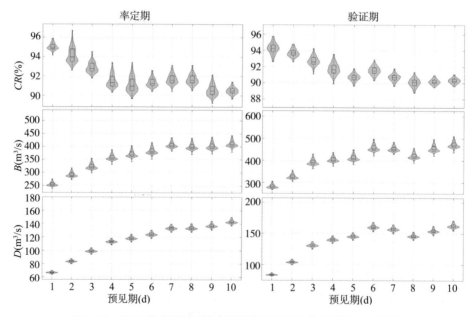

图 6.30　BMA 集合预报不确定性随预见期的变化(8 输入×4 模型)

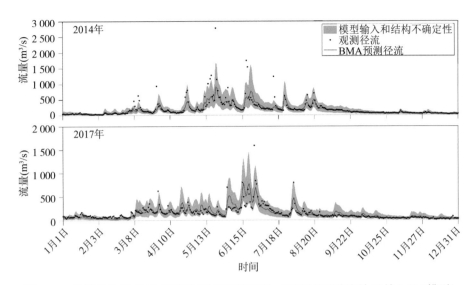

图 6.31　最优参数组 BMA 径流预报过程(预见期一天)及其不确定性(8 输入×4 模型)

　　从径流预报的平均带宽 B 来看,1～4 d 预见期,率定期集合预报的平均带宽 B 在 250～400 m^3/s,验证期平均带宽 B 在 250～450 m^3/s;而后,随着预见期推移,平均带宽变化缓慢,率定期平均带宽稳定在 350～450 m^3/s,验证期平均带宽在 400 m^3/s 到 500 m^3/s 之间波动。总体而言,区间的带宽随预见期延长逐渐增大,不确定性明显增大。进一步同考虑输入不确定性的集合预报结果对比,同时考虑输入和结构不确定性的集合预报平均带宽 B 的箱线长度变化较小,表明进一步纳入多模型结构的集合预报并未显著增大不确定性的估计结果。

　　从径流预报的平均偏移幅度 D 来看,1～4 d 预见期,率定期集合预报的平均偏移幅度 D 在 60～120 m^3/s,验证期平均偏移幅度 D 在 80～140 m^3/s;而后,随着预见期推移,平均偏移幅度变化缓慢,率定期平均偏移幅度稳定在 120～140 m^3/s,验证期平均偏移幅度在 140 m^3/s 到 160 m^3/s 之间波动。总体而言,预报不确定性区间的平均偏移幅度随预见期延长逐渐增大,不确定性明显增大。从径流预报过程及不确定性区间可以看出(图 6.31),集合预报在低流量处具有较高的覆盖率,而对高流量的覆盖明显不足,并且高流量部分区间宽度明显较大,预报不确定性较大。同时,与考虑输入不确定性的集合预报结果对比也可发现,纳入模型输入和结构不确定性的区间偏移幅度与其结果基本一致,表明纳入多模型结构的集合预报并未显著增大不确定性的估计结果。

6.5.2　模型输入和参数的不确定性

　　基于不同水文模型,分析因模型输入和参数带来的不确定性。结合 8 种数值预报产品和 1 000 组模型参数,在每个水文模型下采用 BMA 算法对 8×1 000 种径流过程进行集合预报,用以分析模型输入和参数不确定性对水文预报的影响。同时结合不同水文模型和预见期结果,从 BMA 集合预报精度和不确定性两个角度综合分析不同组合情景下的模型输入和参数不确定性。以新安江模型为例,考虑模型输入和结构不确定性分析的组合流程如图 6.32 所示。

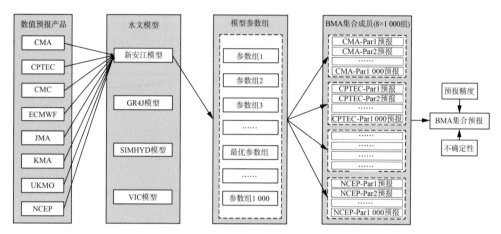

图 6.32　模型输入和参数不确定性分析的组合流程(以新安江模型为例)

在考虑模型输入和参数不确定性情景下,分别统计 4 种水文模型预报未来 10 d 径流过程的精度评估指标(纳什效率系数 NSE、相对误差 RE、均方根误差 $RMSE$)以及不确定性评估指标(覆盖率 CR、平均带宽 B、平均偏移幅度 D)。率定期和验证期 NSE、RE 和 $RMSE$ 指标随预见期的变化如图 6.33 所示,图中每个箱线由 4 种水文模型的径流预报精度指标构成。从径流预报的 NSE 来看,对于 $1\sim4$ d 预见期的径流预报,率定期考虑输入和参数不确定性的集合预报 NSE 均大于 0.2,验证期 NSE 大多数大于 0.1,预报效果随预见期的延长迅速下降,$5\sim10$ d 预见期率定期的 NSE 为 $0\sim0.2$,验证期 NSE 为 $0\sim0.1$,预报效果随预见期变化缓慢。对比四种模型之间的差异性,率定期 $1\sim2$ d 预见期,考虑输入和参数不确定性的 VIC 模型预报效果最好,而 SIMHYD 模型相对较差;$3\sim10$ d 预见期,SIMHYD 模型表现最优,而 VIC 模型表现最差,模型之间的差异性随预见期推移略微扩大。验证期 1 d 预见期 GR4J 模型表现较优,而后 $2\sim9$ d 预见期 VIC 模型表现最好,GR4J 模型最差。

从径流预报的 RE 来看,对于 $1\sim4$ d 预见期的径流预报,率定期集合预报的 RE 大部分为 $0\%\sim-10\%$,验证期 RE 大部分为 $-10\%\sim-20\%$,随着预见期的延长,RE 均有所扩大,$8\sim10$ d 预见期率定期 RE 为 $-10\%\sim-20\%$,验证期 RE 为 $-20\%\sim-30\%$,低估现象愈发严重。对比模型之间的差异性,无论是率定期还是验证期,GR4J 模型在 $1\sim10$ d 预见期的径流预报 RE 均最接近 0,表现较好,而 SIMHYD 模型和 VIC 模型的表现最差,RE 较大。

从径流预报的 $RMSE$ 来看,对于 $1\sim4$ d 预见期的径流预报,率定期集合预报的 $RMSE$ 大多为 $140\sim180$ m³/s,验证期 $RMSE$ 大多为 $240\sim300$ m³/s,预报误差随着预见期延长迅速增大;$5\sim10$ d 预见期,率定期 $RMSE$ 大多为 $180\sim210$ m³/s,验证期 $RMSE$ 大多为 $300\sim320$ m³/s,预报误差随预见期延长变化缓慢。对比模型之间的差异性,率定期 $1\sim2$ d 预见期,考虑输入和参数不确定性的 VIC 模型 $RMSE$ 最低,而 SIMHYD 模型较大;未来 $3\sim10$ d SIMHYD 模型 $RMSE$ 最低,而 VIC 模型较大,模型之间的差异性随

预见期推移略微扩大。验证期 1 d 预见期 GR4J 模型表现较优,而后 2～9 d 预见期 VIC
模型表现最好,GR4J 模型最差。

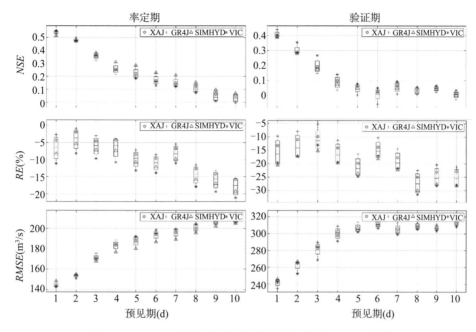

图 6.33　BMA 预报精度随预见期的变化(8 输入×1 000 参数)

　　率定期和验证期 CR、B 和 D 指标随预见期的变化如图 6.34 所示,图中每个箱线由
四种水文模型的径流预报不确定性指标构成;同时绘制考虑输入和参数不确定性的新安
江模型、GR4J 模型、SIMHYD 模型和 VIC 模型集合预报未来一天 2014 年和 2017 年径流
预报过程及不确定性区间,如图 6.35 至图 6.38 所示。由图 6.34 可知,从径流预报的覆
盖率 CR 来看,1～4 d 预见期,集合预报的 CR 大多数在 90% 到 95% 之间波动,覆盖率随
预见期的延长迅速下降;未来 5 d 以后,率定期 CR 在 89% 到 91% 之间波动,随着预见期
的延长,不确定性区间的覆盖率缓慢下降。对比模型之间的差异性,无论是率定期还是验
证期,1～4 d 预见期 VIC 模型的覆盖率相对较高,而 5～10 d 预见期,新安江模型的覆盖
率相对较高。

　　从径流预报的平均带宽 B 来看,1～4 d 预见期,率定期集合预报的平均带宽 B 在
250～400 m³/s,验证期平均带宽 B 在 270～450 m³/s;而后,随着预见期推移,平均带宽
变化缓慢,率定期平均带宽稳定在 350～450 m³/s,验证期平均带宽在 400 m³/s 到
500 m³/s 之间波动。总体而言,区间的带宽随预见期延长逐渐增大,不确定性明显增大。
对比模型之间的差异性,无论是率定期还是验证期,SIMHYD 模型的平均带宽均相对较
小,而 VIC 模型的平均带宽相对较大,并且四种模型之间平均带宽的差异性随着预见期
延长明显增大。

　　从径流预报的平均偏移幅度 D 来看,1～4 d 预见期,率定期集合预报的平均偏移幅
度 D 在 70～120 m³/s,验证期平均偏移幅度 D 在 80～140 m³/s;而后,随着预见期推移,
平均偏移幅度变化缓慢,率定期平均偏移幅度稳定在 120～160 m³/s,验证期平均偏移幅

度在 140 m³/s 到 180 m³/s 之间波动。总体而言,预报不确定性区间的平均偏移幅度随预见期延长逐渐增大,不确定性明显增大。对比模型之间的差异性,无论是率定期还是验证期,SIMHYD 模型的平均偏移幅度相对其他模型均较低,而 VIC 模型则相对较高,尤其是在 5 d 以后预见期,VIC 模型的平均偏移幅度相对其他模型明显增大,各个模型平均偏移幅度之间的差异性随着预见期延长也逐渐加大。

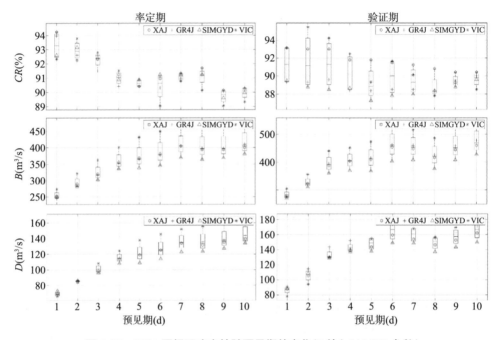

图 6.34　BMA 预报不确定性随预见期的变化(8 输入×1 000 参数)

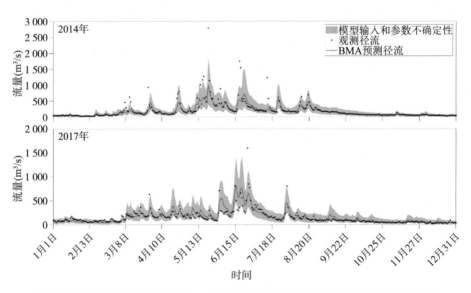

图 6.35　新安江模型径流预报(一天预见期)及其不确定性(8 输入×1 000 参数)

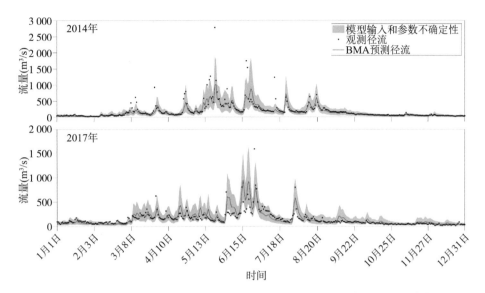

图 6.36　GR4J 模型径流预报(一天预见期)及其不确定性(8 输入×1 000 参数)

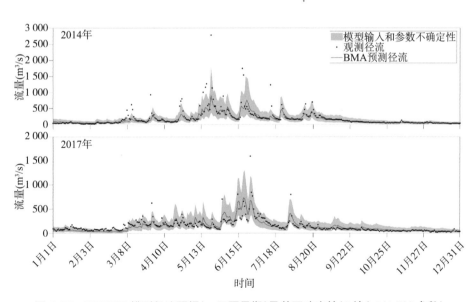

图 6.37　SIMHYD 模型径流预报(一天预见期)及其不确定性(8 输入×1 000 参数)

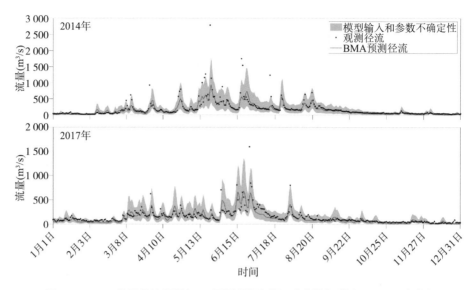

图 6.38　VIC 模型径流预报(一天预见期)及其不确定性(8 输入×1 000 参数)

6.5.3　模型输入和水文模型的不确定性

　　本节整体分析模型输入和水文模型(结构＋参数)的不确定性。结合 8 种数值预报产品、4 种水文模型和 1 000 组参数,采用 BMA 算法对 8×4×1 000 种径流过程进行集合预报,用以分析模型输入、结构和参数不确定性对水文预报的影响。同时结合预见期结果,从 BMA 集合预报精度和不确定性两个角度综合分析模型输入、结构和参数不确定性。考虑模型输入、结构和参数不确定性分析的组合流程如图 6.39 所示。

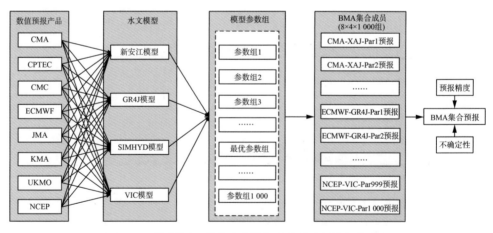

图 6.39　模型输入、结构和参数不确定性分析的组合流程

　　在考虑模型输入、结构和参数不确定性情景下,分别统计预报未来 10 d 径流过程的精度评估指标(纳什效率系数 NSE、相对误差 RE、均方根误差 $RMSE$)以及不确定性评估指标(覆盖率 CR、平均带宽 B、平均偏移幅度 D)。率定期和验证期 NSE、RE 和

RMSE 指标随预见期的变化如图 6.40 所示。由图可知,从径流预报的 NSE 来看,对于 1~4 d 预见期的径流预报,率定期考虑输入、结构和参数不确定性的集合预报 NSE 均大于 0.25,验证期 NSE 均大于 0.1,预报效果随预见期的延长迅速下降,5~10 d 预见期率定期的 NSE 为 0~0.2,验证期 NSE 为 0~0.1,预报效果随预见期变化缓慢。同未考虑任何不确定性的单模型预报结果相比,考虑 NWP 输入和水文模型不确定性的集合预报提升了未来 1~10 d 的径流预报效果,尤其是在未来 4 d 以后的长远预见期上,集合预报的 NSE 均大于 0,明显提升了径流预测的质量。

从径流预报的 RE 来看,对于 1~4 d 预见期的径流预报,率定期集合预报的 RE 大部分在−5%左右变化,验证期 RE 大部分为−10%~−15%;随着预见期的延长,RE 均有所扩大,8~10 d 预见期率定期 RE 为−15%~−20%,验证期 RE 为−20%~−30%,低估现象愈发严重。

从径流预报的 RMSE 来看,对于 1~4 d 预见期的径流预报,率定期集合预报的 RMSE 大多为 140~180 m³/s,验证期 RMSE 大多为 240~300 m³/s,预报误差随着预见期延长迅速增大;5~10 d 预见期,率定期 RMSE 大多为 180~210 m³/s,验证期 RMSE 大多为 300~320 m³/s,预报误差随预见期延长变化缓慢。同未考虑任何不确定性的单模型预报结果相比,考虑 NWP 输入和水文模型不确定性的集合预报 RMSE 在每个预见期减小了 20~60 m³/s,较好地提升了径流预测的质量。

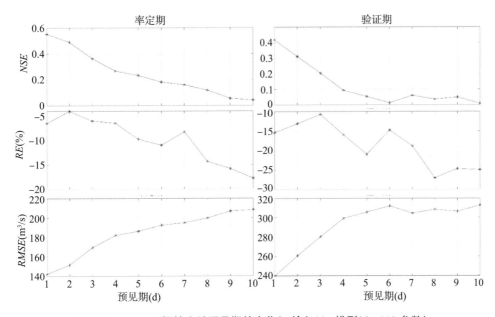

图 6.40　BMA 预报精度随预见期的变化(8 输入×4 模型×1 000 参数)

率定期和验证期 CR、B 和 D 指标随预见期的变化如图 6.41 所示;同时绘制未来一天考虑输入和水文模型不确定性的集合预报 2014 年和 2017 年径流预报过程及不确定性区间,如图 6.42 所示。由图 6.41 可知,从径流预报的覆盖率 CR 来看,1~4 d 预见期,集合预报的 CR 大多数在 91%到 96%之间波动,覆盖率随预见期的延长迅速下降;未来 5 d 以后,率定期 CR 在 90%到 92%之间波动,随着预见期的延长,不确定性区间的覆盖率缓慢下降。

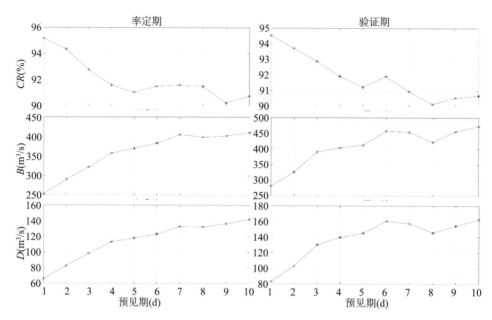

图 6.41　BMA 预报不确定性随预见期的变化(8 输入×4 模型×1 000 参数)

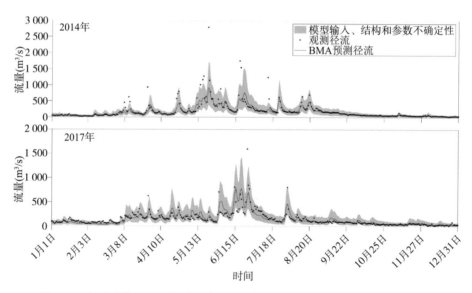

图 6.42　径流预报(一天预见期)过程及不确定性(8 输入×4 模型×1 000 参数)

　　从径流预报的平均带宽 B 来看,1～4 d 预见期,率定期集合预报的平均带宽 B 在
$250～350\ \mathrm{m^3/s}$,验证期平均带宽 B 在 $250～400\ \mathrm{m^3/s}$;而后,随着预见期推移,平均带宽变
化缓慢,率定期平均带宽稳定在 $350～450\ \mathrm{m^3/s}$,验证期平均带宽在 $400\ \mathrm{m^3/s}$ 到 $500\ \mathrm{m^3/s}$
之间波动。总体而言,区间的平均带宽随预见期延长逐渐增大,不确定性明显增大。

　　从径流预报的平均偏移幅度 D 来看,1～4 d 预见期,率定期集合预报的平均偏移幅
度 D 在 $60～120\ \mathrm{m^3/s}$,验证期平均偏移幅度 D 在 $80～140\ \mathrm{m^3/s}$;而后,随着预见期推移,
平均偏移幅度变化缓慢,率定期平均偏移幅度稳定在 $120～140\ \mathrm{m^3/s}$,验证期平均偏移幅

度在 140 m³/s 到 160 m³/s 之间波动。总体而言,预报不确定性区间的平均偏移幅度随预见期延长逐渐增大,不确定性明显增大。从径流预报过程及不确定性区间可以看出(图 6.42),集合预报在低流量处具有较高的覆盖率,而对高流量的覆盖明显不足,并且高流量部分区间宽度明显较大,预报不确定性较大。

6.5.4　气象水文预报多源不确定性的综合对比分析

为更好地量化对比不同来源不确定性,以不确定性区间的平均带宽 B 作为不确定性大小的量化指标,根据前文分析,进一步总结不同来源以及多源联合影响下的气象水文预报不确定性区间平均带宽,结果见表 6.3。由此可知,在实测降水条件下,仅考虑模型参数不确定性的率定期区间平均带宽在 140～178 m³/s,其中 SIMHYD 模型的参数不确定性最大,验证期不确定性明显大于率定期;仅考虑模型结构不确定性的率定期平均带宽为 179 m³/s;同时考虑模型结构和参数不确定性的率定期平均带宽达到 186 m³/s。在数值预报产品下,仅考虑数值预报产品不确定性时,未来一天率定期径流预报的区间平均带宽在 231～270 m³/s,并且随预见期延长逐渐递增。通过模型输入、参数和结构单源不确定性的对比可以发现,在气象水文耦合预报过程中,数值预报产品的输入不确定性影响最大,并且数值预报产品的质量直接决定了最终径流预测的准确性,同时随着预见期延长,模型输入的不确定性还会显著增大,而通过多输入的 BMA 集合预测能很好地提升径流预测的精度和可靠性。

对比多源不确定性的联合影响结果,率定期考虑输入和结构不确定性的平均带宽在 230～270 m³/s,同时考虑输入与参数不确定性的平均带宽在 245～274 m³/s,两者与单独考虑模型输入不确定性的区间平均带宽大小基本相似,侧面反映了模型输入不确定性在整个模型链中占比较大,仅通过估计模型输入不确定已能大致涵盖因模型参数和结构带来的不确定性。当同时考虑模型输入、参数和结构不确定性时,率定期集合预报的区间平均带宽为 254 m³/s,相对于单源(输入)和双源(输入＋结构、输入＋参数)的最高区间平均带宽均较小,表明通过考虑全过程不确定性的 BMA 集合预报相对于考虑单源或双源的集合预报能进一步缩减因未考虑周全的其他不确定性来源所带来的影响。

同时,进一步对比单模型预报、单源集合预报、双源集合预报和三源集合预报的径流预报准确性可以发现,相对于单模型预报,考虑了不确定性的 BMA 集合预报均能较好地提升未来径流预测的精度;相对于单源集合预报(仅考虑输入不确定性),考虑输入和结构不确定性的 BMA 集合预报的预测精度虽提升不明显,但在仅考虑输入的单源集合预报中,因模型参数和结构带来的结果差异较大(图 6.26,相当于 0.1 个 *NSE*),而通过考虑输入和结构的双源不确定性的 BMA 集合预报很好地减少了单源过程中其他来源不确定性带来的影响,提升了径流预测的可信度。同理,考虑输入和参数的双源集合预报相对于仅考虑输入的单源集合预报也很好地减小了因模型参数所带来的影响,但考虑输入和参数的双源集合预报因模型结构带来的影响在未来 3 d 以后的径流预报达到了 0.1 个 *NSE*(图 6.33),相较于考虑输入和结构的双源集合预报影响也较大(图 6.29,参数带来的影响相当于 0.05 个 *NSE*)。总体而言,综合考量最终径流预测的精度和可靠性可知,多种组合情景的表现排序为:考虑输入和水文模型(结构＋参数)的集合预报、考虑输入和结构的集合预报、考虑输入和参数的集合预报、考虑输入的集合预报、单模型预报。

表 6.3　不同来源不确定性区间量化对比

不确定性来源		区间平均带宽 $B(\mathrm{m^3/s})$		说明
		率定期	验证期	
水文模型	模型参数	[140,178]	[170,208]	区间值由不同结构模型引起
	模型结构	179	214	基于最优参数组估计
	参数＋结构	186	227	基于实测降水估计
模型输入	输入	[231,269]	[249,298]	区间值由不同水文模型结构和参数引起,平均带宽随预见期递增
联合影响	输入＋结构	[230,270]	[265,310]	区间值由不同水文模型参数引起,平均带宽随预见期递增
	输入＋参数	[245,274]	[269,302]	区间值由不同结构模型引起,平均带宽和模型差异性随预见期递增
	输入＋参数＋结构	254	282	平均带宽随预见期递增

6.6　本章小结

本章以 8 种数值预报产品、4 种水文模型和 1 000 组模型参数组,结合 BMA 模型开展了考虑不同来源不确定性的气象水文耦合径流集合预报与不确定性分析,探讨了气象水文耦合过程中模型输入、结构和参数等不确定性对耦合预报的影响,结果表明:

(1) 水文模型与 NCEP 和 ECMWF 耦合时,径流预报的效果明显优于同其他数值产品耦合的效果,而同 CPTEC 模式耦合的径流预报效果最差,当同 JMA 模式耦合时,径流预报的低估偏差最大,不同模式径流预报效果的表现同前文降水评估结果有较好的一致性。各个模式同水文模型耦合进行径流预报时,预报精度随预见期延长逐渐降低,误差则逐渐增大,但相对误差无明显变化。

(2) 降水预报的质量基本决定了最终径流预报的效果,尽管在实测降水条件下水文模型本身的模拟误差较小,但因降水误差和不同水文模型之间的相互作用所带来的差异性较大,对最终气象水文耦合径流预报效果影响较大。

(3) 在将确定性的实测降水作为输入的情况下,四种水文模型中 SIMHYD 模型和 VIC 模型的参数不确定性较大,GR4J 模型的参数不确定性最小。总体而言,模型结构的不确定性略大于模型参数的不确定性;考虑模型结构不确定性的 BMA 集合预报能较好地预估确定性输入条件下因水文模型带来的不确定性,并且在一定程度上减小因模型参数不确定性带来的影响。

(4) 在 8 种预报降水作为输入的情况下,考虑输入不确定性的 BMA 集合预报相对单耦合情况能更好地预估未来径流过程,尤其长远预见期的提升效果更为明显;同时,基于 VIC 模型的集合预报在各个预见期均有较好的表现,而 SIMHYD 模型在四个水文模型中依旧受参数不确定性的影响最大。

(5) 考虑多源不确定性的集合预报相对于考虑单源或单模型情景的径流预报更能减少因其他不确定性源带来的影响,更好地提升径流预报的可信度。总体而言,多种组合情景的表现排序为:考虑输入和水文模型(结构＋参数)的集合预报、考虑输入和结构的集合预报、考虑输入和参数的集合预报、考虑输入的集合预报、单模型预报。

参考文献

[1] BEVEN K，BINLEY A. The future of distributed models：model calibration and uncertainty prediction[J]. Hydrological Processes，1992，6(3)：279-298.

[2] DUAN Q，AJAMI N K，GAO X，et al. Multi-model ensemble hydrologic prediction using Bayesian model averaging[J]. Advances in Water Resources，2007，30(5)：1371-1386.

[3] HOETING J A，MADIGAN D，RAFTERY A E，et al. Bayesian model averaging：A tutorial[J]. Statistical Science，1999，14(4)：382-417.

[4] LIU Y，ZHANG J，WANG G，et al. Assessing the effect of climate natural variability in water resources evaluation impacted by climate change[J]. Hydrological Processes，2013，27(7)：1061-1071.

[5] LIU Y，ZHANG J，WANG G，et al. Quantifying uncertainty in catchment-scale runoff modeling under climate change(case of the Huaihe River，China)[J]. Quaternary International，2012，282：130-136.

[6] MASKEY S，GUINOT V，PRICE R K. Treatment of precipitation uncertainty in rainfall-runoff modelling：A fuzzy set approach[J]. Advances in Water Resources，2004，27(9)：889-898.

[7] SAUQUET E，RICHARD B，DEVERS A，et al. Water restrictions under climate change：a Rhône—Mediterranean perspective combining bottom-up and top-down approaches [J]. Hydrology and Earth System Sciences，2019，23(9)：3683-3710.

[8] XIONG L H，WAN M，WEI X J，et al. Indices for assessing the prediction bounds of hydrological models and application by generalised likelihood uncertainty estimation [J]. International Association of Scientific Hydrology Bulletin，2009，54(5)：852-871.

[9] ZHANG Y，CHIEW F H S. Relative merits of different methods for runoff predictions in ungauged catchments[J]. Water Resources Research，2009，45(7)：56-64.

[10] 董磊华，熊立华，万民. 基于贝叶斯模型加权平均方法的水文模型不确定性分析[J]. 水利学报，2011，42(9)：1065-1074.

[11] 苟娇娇，缪驰远，徐宗学，等. 大尺度水文模型参数不确定性分析的挑战与综合研究框架[J]. 水科学进展，2022，33(2)：327-335.

[12] 韩潇，张亚萍，周国兵，等. 基于 VIC 模型的涪江流域径流模拟[J]. 水文，2022，42(5)：76-81.

[13] 金君良，舒章康，陈敏，等. 基于数值天气预报产品的气象水文耦合径流预报[J]. 水科学进展，2019，30(3)：316-325.

[14] 刘艳丽，张建云，王国庆，等. 环境变化对流域水文水资源的影响评估及不确定性研究进展[J]. 气候变化研究进展，2015，11(2)：102-110.

[15] 乔锦荣. 非正态分布下贝叶斯模型平均方法在降水预报中的应用研究[D]. 北京：中国气象科学研究院，2022.

[16] 赵人俊. 流域水文模拟——新安江模型与陕北模型[M]. 北京：水利电力出版社，1984.

[17] 赵刚，庞博，徐宗学，等. 中国山洪灾害危险性评价[J]. 水利学报，2016，47(9)：1133-1142＋1152.

第七章

高原高寒区洪水预报

高原高寒区,由于其气候恶劣、地形复杂和基础设施相对落后,观测站点十分稀疏,是典型的稀缺资料地区,其站网密度远少于东部和中部地区。与非寒区水文研究相比,高原高寒区人迹罕至,自然环境恶劣,增加了水文观测的难度。

一方面,气象和径流资料的缺乏对该区域径流和水储量模拟及预测带来了极大的挑战(雍斌等,2023;常福宣等,2021;刘秀华等,2022)。目前在寒区水文过程的模拟研究中,多源遥感数据与流域水文模型相结合是水文研究方向之一。另一方面,高原高寒区受复杂的冰川、积雪、冻土等下垫面条件影响,存在复杂的水分运移规律和水热耦合特征,尚缺乏通用的寒区水文模型,水文模拟精度整体较低。寒区水文模型目前主要有三类(雍斌等,2023):一类是根据寒区特点增加融雪融冰冻土模块等对常规水文模型的改进,如新安江模型、SWAT、TOPMODEL、SAC 和水箱模型等,其缺点是不能充分考虑寒区水文的动态物理过程;第二类是融雪融冰径流模型等,如斯坦福模型、PROMET、PRMS 及SRM 模型等,还有综合性寒区水文模型如 CRHM 模型,但这些模型适用范围有限且精度不高;第三类是寒区陆面过程模型,如 CoupModel、CLM、SHAW、EASS、HydroSiB2 等模型及其改进版本,但这些模型是一维点尺度动态模型,在表达二维下垫面不均匀性和水分侧向运移规律方面存在明显缺陷,很难直接应用于寒区流域的径流模拟与水文预报。

基于上述现状,本研究应用多源降水数据应对资料短缺问题,在物理机制模型方面,探讨了基于常规水文模型的改进模型的径流模拟和水文预报的应用情况。由于高原高寒区水文过程机理复杂,本研究也引入基于深度学习的方法对高原高寒区径流过程进行模拟分析。

7.1 基于融合降水的雅鲁藏布江流域径流模拟

7.1.1 研究流域及数据

7.1.1.1 流域概况

研究区域雅鲁藏布江流域地处青藏高原南部、喜马拉雅山脉北麓,在我国境内平均海拔超过 4 000 m,是世界上海拔最高的国际河流之一。雅鲁藏布江在我国境内流域面积约24.2 万 km²,干流长度超过 2 000 km,年径流量超过 1 600 亿 m³,干流从流域东南部巴昔卡流出我国,另有部分支流从其他位置出境。干流进入印度境内后,称为布拉马普特拉河,后流入孟加拉国,称为贾木纳河,与恒河、梅克纳河汇合,后从孟加拉湾注入印度洋。雅鲁藏布江行政隶属中国西藏自治区,流域范围包括拉萨市、山南市、日喀则市、林芝市和那曲市所辖县(市、区),以及藏南地区(图 7.1)。

雅鲁藏布江流域的源头是喜马拉雅山脉北麓的杰马央宗冰川,自西向东横穿西藏南部,在米林市附近折向。中国境内的干流主要水文站有四个,从上游到下游依次是拉孜、奴各沙、羊村和奴下水文站。拉孜水文站以上是流域上游区域,河流海拔 4 500～5 600 m,河长约 270 km,本段河谷较为宽阔,水流相对平缓,沿岸有较多沼泽,流域面积约为 5 万 km²。拉孜水文站至奴下水文站之间是流域中游区域,河流海拔 2 900～

4 500 m,河道长约 1 300 km,中游段河谷有宽有窄,宽谷段水面宽至 200～400 m,最宽处可达 2 km;窄谷段两岸多高山和峡谷,水面宽小于 100 m,水流较湍急,呈 V 形河谷,本段流域面积约 14 万 km²。

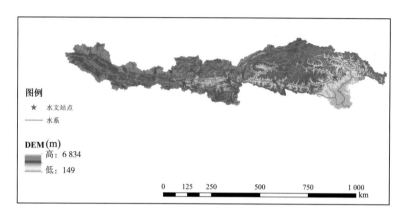

图 7.1　研究区雅江流域图

受雅鲁藏布江流域南侧喜马拉雅山脉的屏障作用以及青藏高原本身的地势因素影响,流域上游以及中游地区的降水量整体偏小,且整体气温偏低。在降水方面,过去 40 年雅鲁藏布江流域降水在各个尺度上均呈现出整体上升的趋势,空间上自东向西逐渐减小,但在各个分区不同时间尺度的变化趋势上呈现出非一致性的特征(张仪辉等,2022);在气温方面,目前已有观测记录表明,青藏高原自 20 世纪 60 年代以来呈现出逐渐升温的态势,雅鲁藏布江流域自 1961 年以来气温变化的基本趋势是年和四季均呈现出逐步升温的状态,冬季升温最为显著,年平均气温和季节的增暖趋势与青藏高原地区变暖趋势基本一致(游庆龙等 2009;徐小蓉等,2023)。

7.1.1.2　站点数据

地面实测数据包括气象站实测的降水、最高气温、最低气温、风速、相对湿度共五个要素 1980—2019 年的日尺度数据,数据均通过 RESDC 下载,该套数据包括全国范围内 2400 多个气象站数据,是目前全国范围内站网覆盖密度最大的日尺度实测数据集。选择雅江流域及其周边共 20 个气象站数据作为 SWAT 水文模型的气象数据输入。此外,地面实测数据还包括水文站的实测径流数据,径流数据为 1980—2019 年拉孜、奴各沙、羊村、奴下四个水文站逐月径流量数据,该部分数据用来与 SWAT 模型的输出数据作对比,从而评估 SWAT 模型的模拟结果。

7.1.1.3　栅格数据

栅格降水数据选择 3.2.1.1 节中提及的全部降水数据产品与 3.3.1 节生成的融合降水数据集,采用多套栅格降水数据与融合降水数据集,分别作为 SWAT 水文模型的降水输入,以此来分析不同降水数据产品的水文适用性。本节在构建 SWAT 过程中需要 DEM 数据、土地利用数据、土壤数据、植被数据。DEM 数据用来提取雅江河流水系,具体

数据来自通过地理空间数据云（http：//www. gscloud. cn/search）所下载的 SRTM
（Shuttle Radar Topography Mission）。土地利用数据通过 RESDC 下载，该数据为中国
科学院地理科学与资源研究所基于 Landsat 8 影像，通过人工解译生成的系列数据，包括
1980 年、1995 年、2000 年、2005 年、2010 年、2015 年及 2020 年共七个年份，空间精度为
1 km×1 km。土壤数据为通过国家青藏高原科学数据中心下载的新一代世界土壤数据
库（HWSD）土壤数据集，可提供土壤单元名称、顶层沙含量、顶层粉沙粒含量、顶层有机碳
含量等土壤属性。

7.1.2 SWAT 水文模型原理

SWAT（Soil and Water Assessment Tool）水文模型最初是由 United States
Department of Agriculture(USDA)的 Jeff Arnold 博士提出的一种半分布式流域水文模
型，用于复杂土壤环境的流域，对长期的人为干预流域管理措施所造成的流域水分、泥沙
及污染物的变化进行预测（Arnold 等，2012），并在美欧多个流域得以运用与验证。随着
SWAT 模型被广泛应用在水科学问题中，研究人员对其需求逐渐增加，水文响应单元
（HRUs）、冠层截留、潜在蒸散发、融雪模块等纷纷加入 SWAT 模型中，使得 SWAT 模型
可解决更多水循环问题，并在水文水资源领域发挥更重要的作用（图 7.2）。本节主要目
的是选取恰当参数，从而准确模拟流域径流过程，为后续径流变化研究提供基础。故本节
主要介绍 SWAT 模型的产汇流计算过程，关于 SWAT 模型更多水文过程的介绍可参考
《SWAT 2009 理论基础》（Neitsch 等，2012）。

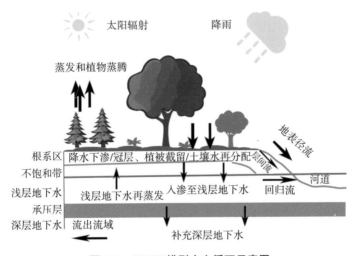

图 7.2 SWAT 模型水文循环示意图

SWAT 径流模拟的产汇流计算主要包括地表径流、壤中流、浅层地下水径流及深层
地下水径流四个过程，具体公式如下：

$$SW_t = SW_0 + \sum_{i=1}^{t} (R_{day} - Q_{surf} - E_a - W_{seep} - Q_{gw})_i \qquad (7-1)$$

式中：SW_t 代表模拟最后时刻的土壤含水量，mm；SW_0 代表模拟起始时刻的土壤含水

量,mm;R_{day} 代表模拟时段为 i 时的降水量,mm;Q_{surf} 代表模拟时段为 i 时的地表径流量,mm;E_a 代表模拟时段为 i 时的蒸散发量,mm;W_{seep} 为模拟时段为 i 时的剖面侧向流,mm;Q_{gw} 代表模拟时段为 i 时的地下径流量,mm;t 代表模拟的间隔时段。

1. SCS 曲线法计算地表径流

地表径流是通过 SCS 曲线法进行计算的,该方法于 20 世纪 50 年代由美国农业部水土保持局(SCS)提出,是通过大量的实测资料经过计算推求的经验公式,在众多流域中得以应用与验证,具体经验公式如下:

$$Q_{surf} = (R_{day} - I_a)^2 / (R_{day} - I_a + S) \tag{7-2}$$

$$S = 25.4 \times \left(\frac{1000}{CN} - 10\right) \tag{7-3}$$

式中:I_a 代表初始损失量(填洼、截留等),mm;S 代表模拟时段的滞留量,mm;CN 代表曲线数。通常情况下,$I_a = 0.02 \times S$。

SCS 曲线法假定土壤水分处于干燥、一般湿润、湿润三个条件,在三个水分条件下的曲线数分别记为 CN_1、CN_2、CN_3。根据不同土壤条件、土地利用情况可通过《国家工程手册》(USDA Natural Resources Conservation Service,1986)得到 CN_2 的值,再进一步通过 CN_2 计算得到 CN_1 与 CN_3。

$$CN_1 = CN_2 - \frac{20 \times (100 - CN_2)}{100 - CN_2 + \exp[2.533 - 0.636 \times (100 - CN_2)]} \tag{7-4}$$

$$CN_3 = CN_2 - \exp[0.067\,3 \times (100 - CN_2)] \tag{7-5}$$

在 SWAT 模型最初发布时,截留量是通过土壤含水量的改变而计算的,随着众多学者对水文原理更全面的认知,SWAT 2005 版本在滞留量的计算中增加了植物蒸散发影响,考虑植被累计蒸散发量的滞留量的计算公式如下:

$$S = S_{prev} + E_0 \exp\left(\frac{-cncoef - S_{prev}}{S_{max}}\right) - R_{day} - Q_{surf} \tag{7-6}$$

式中:S 为日滞留量,mm;S_{prev} 为上一时段滞留量,mm;S_{max} 为日最大可能滞留量,mm;E_0 为日潜在蒸散发量,mm;$cncoef$ 代表滞留量和 CN 值的关系权重系数。

在考虑滞留情况下,坡面汇流公式如下:

$$Q_{surf} = (Q'_{surf} + Q_{stor,i-1})\left[1 - \exp\left(-\frac{surlag}{t_{conc}}\right)\right] \tag{7-7}$$

式中:Q_{surf} 代表汇入河道的日径流量,mm;Q'_{surf} 为坡面日产流量,mm;$Q_{stor,i-1}$ 代表模拟时段的上一时段的坡面产流量,mm;$surlag$ 代表径流滞留系数,mm,在指定的模拟时段内,$surlag$ 越高代表该时段滞留在子流域中的水分越少;t_{conc} 代表子流域的产流时间,h。

SWAT 模型通过 Kinematic Storage Model(KSM)模型对壤中流进行计算,认为流域土壤层的最大产流量是流域土壤中水分超过田间持水量的部分,壤中流的计算公式如下:

$$Q_{lat} = 0.024 \times \left(\frac{2SW_{ly,excess} \cdot K_{sat} \cdot slp}{\phi_d L_{hill}} \right) \tag{7-8}$$

式中：Q_{lat} 为流域的净产流量（壤中流），mm；$SW_{ly,excess}$ 代表土壤层可存蓄的水量，即最大含水量与田间持水量的差值，mm；K_{sat} 代表土壤饱和水力传导率，mm/h；slp 为子流域的平均坡度，%；ϕ_d 代表土壤孔隙度，mm/mm；L_{hill} 代表坡长，m。

2. 地下水径流计算

在 SWAT 水文模型中地下水径流主要为浅层地下水径流和深层地下水径流，浅层地下水、土壤水与深层地下水有着紧密的交换关系，存在补给、下渗、植物根系消耗等过程。在模型的模拟过程中，只有当浅层饱水带中水位高于流域水位临界值时才会发生产流。地下水径流的具体计算公式如下：

$$Q_{gw,i} = \begin{cases} Q_{gw,i-1} \cdot \exp(-\alpha_{gw} \cdot \Delta t) + \omega_{rchrg,sh} \cdot \left[1 - \exp(-\alpha_{gw} \cdot \Delta t) \right], & aq_{sh} > aq_{shthr,q} \\ 0, & aq_{sh} \leqslant aq_{shthr,q} \end{cases}$$

$$\tag{7-9}$$

式中：$Q_{gw,i}$ 与 $Q_{gw,i-1}$ 分别代表当前模拟时段与上一模拟时段进入河道的浅层地下水量，mm；α_{gw} 代表模拟过程中的地下水退水系数；Δt 代表计算时长，$\Delta t = 1$ d；$\omega_{rchrg,sh}$ 代表模拟流域浅层地下水补给量，mm；aq_{sh} 与 $aq_{shthr,q}$ 分别代表浅层地下水含水量与临界值，mm。

7.1.3　SWAT 水文模型评估指标

本节关于 SWAT 模型的率定与验证主要借助于 SWAT-CUP 软件进行，SWAT-CUP 中提供多种指标的自动评估与计算，其中以纳什效率系数（NS）、相关系数（R^2）与偏差（$PBIAS$）最为常见，选择 NS、R^2 与 $PBIAS$ 进行模拟结果的评估，NS 与 R^2 最优值为 1，当 $NS > 0.5$ 时，认为模型的模拟结果具有一定的代表性，$R^2 > 0.6$ 时，认为模拟结果与实测数据具有显著的相关性，$PBIAS$ 的最优值为 0，在 $\pm 25\%$ 内为优。三项指标的具体计算公式如下：

$$NS = 1 - \frac{\sum_{i=1}^{n} (Q_{obs} - Q_{sim})_i^2}{\sum_{i=1}^{n} (Q_{obs,i} - \overline{Q}_{obs})^2} \tag{7-10}$$

$$PBIAS = 100 \times \frac{\sum_{i=1}^{n} (Q_{obs} - Q_{sim})_i}{\sum_{i=1}^{n} Q_{obs,i}} \tag{7-11}$$

$$R^2 = \frac{\sum_{i=1}^{n} (Q_{obs,i} - \overline{Q}_{obs})(Q_{sim,i} - \overline{Q}_{sim})}{\sqrt{\sum_{i=1}^{n} (Q_{obs,i} - \overline{Q}_{obs})^2 \cdot \sum_{i=1}^{n} (Q_{sim,i} - \overline{Q}_{sim})^2}} \tag{7-12}$$

式中：Q_{obs} 与 Q_{sim} 分别代表实测径流数据与模拟径流数据，mm；$\overline{Q_{obs}}$ 代表实测径流数据的平均值，mm；$\overline{Q_{sim}}$ 代表模拟径流数据的平均值。$PBIAS$ 为第三章中 $BIAS$ 的百分数形式，R^2 与第三章的 CC 概念相同，为与水文模型输出结果保持一致，本章将其改写为 R^2。

7.1.4　雅鲁藏布江 SWAT 水文模型的构建

7.1.4.1　子流域与 HRUs 的划分

SWAT 模型通过 DEM 提取空间信息进行河流水系与子流域的划分，DEM 加载到 SWAT 模型之前进行了填注处理，同时根据雅江的经纬度自定义了 Albers 投影，将中央经度设置为 90°，本研究中 DEM 需投影至 WGS-1984-Albers 坐标系，以奴下水文站位置处为流域出口，上游分别设置拉孜、奴各沙、羊村三个控制断面，共划分子流域 36 个，划分结果见图 7.3。

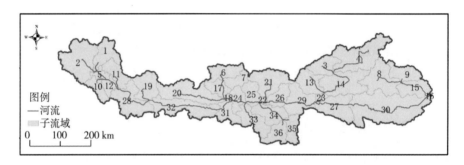

图 7.3　雅江子流域区划图

根据流域土地利用、土壤属性、流域高程坡度等要素，进一步对流域的 HRUs 进行划分。土地利用数据需要根据 SWAT 模型自带的数据库属性进行重分类，分别是耕地、林地、草地、水域、城市及裸地（图 7.4）。土壤属性通过 SPAW 软件进行计算，需要注意的是，在计算前，需先将土壤粒径转换为美国制，共划分为 13 类（图 7.5）。采用多重响应单元法，根据土地利用类型和土壤类型的特征，均设置阈值为 10%，在 36 个子流域上共划分 572 个 HRUs。

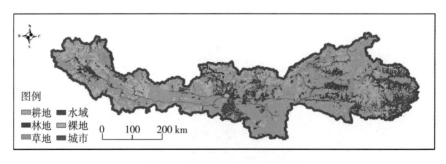

图 7.4　雅江流域土地利用分类

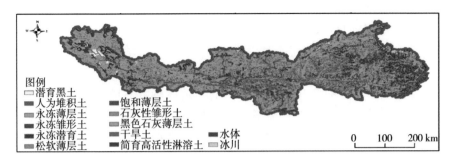

图 7.5 雅江流域土壤分类

7.1.4.2 气象数据库的建设

气象数据库涉及流域内各个气象站降水、最高气温、最低气温、风速、相对湿度等。首先将所有文件整理成天气发生器可识别的格式,进而通过天气发生器计算月均值、最大值、最小值、标准差等统计指标,将得到的全部特征值信息添加到 SWAT 模型数据库,将处理得到的全部站点数据存入同一文件夹用以驱动 SWAT 水文模型。在融合降水数据适用性分析中,气象数据库中的降水数据分别为融合降水数据与五套原始降水产品数据,其余气象要素数据均为站点数据。

7.1.4.3 SWAT 水文模型在雅江的径流模拟

本节 SWAT 模型径流模拟涉及融合降水产品的水文学应用,由于融合降水产品的时间序列为 1980—2019 年,而不同降水产品的时间序列与融合降水产品无法保持一致,故该部分针对不同数据产品进行对比,针对不同原始数据的模型率定方案见表 7.1。

表 7.1 不同降水数据产品的模型率定方案

降水数据产品	时间序列	预热期	率定期	验证期
TRMM 3B42 V7	1998—2019 年	1998 年	1999—2010 年	2011—2019 年
GLDAS V2.0	1980—2014 年	1980—1982 年	1983—2003 年	2004—2014 年
PERSIANN-CDR	1983—2019 年	1983 年	1984—2005 年	2006—2019 年
GSMaP MVK	2015—2019 年	2015 年	2016—2017 年	2018—2019 年
GPM IMERG	2015—2019 年	2015 年	2016—2017 年	2018—2019 年
融合降水数据	1980—2019 年	1980—1982 年	1983—2004 年	2005—2019 年

7.1.5 融合降水产品的水文适用性

本节分别在拉孜、奴各沙、羊村以及奴下四个水文站上验证 3.3.1 节生成的融合降水产品的水文适用性。图 7.6 至图 7.9 展示了融合降水产品及参与融合的全部降水数据在其对应时间序列上的径流模拟结果。目前常见的降水数据产品的水文适用性评估通常是先通过实测站点数据进行率定,得到最优参数组,然后将站点数据替换为降水产品的降水数据,通过率定好的参数组进行模拟,最后计算模拟结果的各项评估指标。表 7.2 展示了 TRMM 3B42 V7、GPM IMERG、GLDAS V2.0、PERSIANN-CDR、GSMaP MVK 及融合降水数据作为 SWAT 水文模型输入时得到的拉孜、奴各沙、羊村及奴下四个断面径流模拟结果的各项评估指标计算结果。

　　由表 7.2 与图 7.6 至图 7.9 不难看出,不同的降水输入对模型的模拟结果具有十分重要的影响,多套数据产品的模拟结果具有较大的差异。在四个水文断面上,融合降水数据的模拟结果整体上优于降水产品的模拟结果,融合降水数据在四个断面上的模拟结果分别是拉孜断面 $NS=0.72$、$R^2=0.7$、$PBIAS=-12.5\%$,在奴各沙断面 $NS=0.88$、$R^2=0.87$、$PBIAS=3.3\%$,在羊村断面 $NS=0.91$、$R^2=0.91$、$PBIAS=-6.2\%$,在奴下断面 $NS=0.92$、$R^2=0.92$、$PBIAS=-2.6\%$,整体上表现出从上游向下游模拟效果越来越好的趋势。雅江由上游向下游大体上呈现降水增多、温度升高的趋势,这使得下游相对于上游更加湿润,更适合使用 SWAT 模型进行径流模拟。相较于实测降水数据,融合降水数据在维持实测降水数据较高的 NS 与 R^2 基础上,在很大程度上缩小了 $PBIAS$。上述结果表明,融合降水数据在雅江流域具有很好的适用性,故后续针对雅江流域的径流变化研究以融合降水数据为输入。此外,也可发现不同降水数据产品在不同断面的模拟结果表现参差不齐,GSMaP MVK 在径流模拟过程中 NS 与 R^2 的表现明显优于其他降水数据产品,但在拉孜、奴各沙与羊村三个断面存在较大的 $PBIAS$,TRMM 3B42 V7 与 GLDAS V2.0 均表现出由上游向下游径流模拟结果中的 NS 与 R^2 逐渐提升的态势。

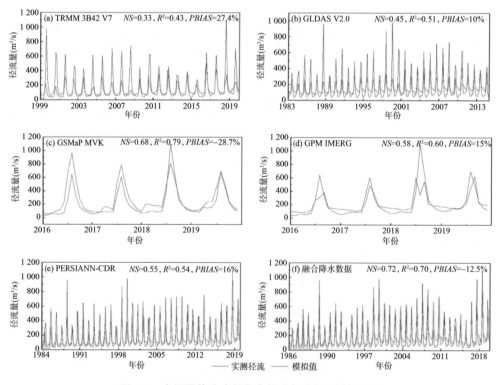

图 7.6　多源异构降水数据在拉孜断面径流模拟结果

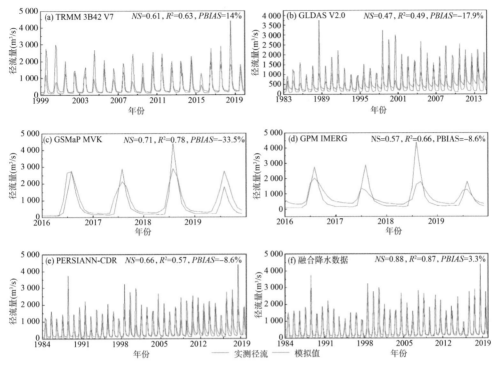

图 7.7　多源异构降水数据在奴各沙断面径流模拟结果

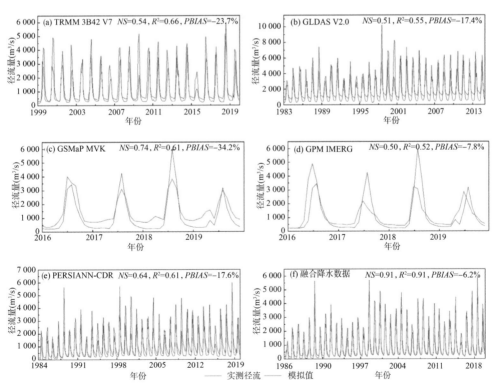

图 7.8　多源异构降水数据在羊村断面径流模拟结果

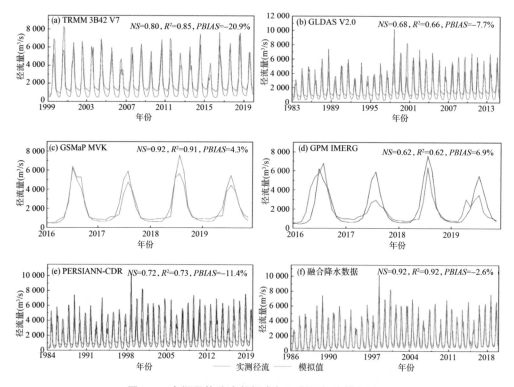

图 7.9 多源异构降水数据在奴下断面径流模拟结果

表 7.2 多源异构降水数据水文适用性评估结果

降水产品	拉孜			奴各沙			羊村			奴下		
	NS	R^2	$PBIAS$（%）	NS	R^2	$PBIAS$（%）	NS	R^2	$PBIAS$（%）	NS	R^2	$PBIAS$（%）
TRMM 3B42 V7	0.33	0.43	27.4	0.61	0.63	14.0	0.54	0.66	−23.7	0.80	0.85	−20.9
GLDAS V2.0	0.45	0.51	10.0	0.47	0.49	−17.9	0.51	0.55	−17.4	0.68	0.66	−7.7
GSMaP MVK	0.68	0.79	−28.7	0.71	0.78	−33.5	0.74	0.61	−34.2	0.92	0.91	4.3
GPM IMERG	0.58	0.60	15.0	0.57	0.66	−8.6	0.50	0.52	−7.8	0.62	0.62	6.9
PERSIANN-CDR	0.55	0.54	16.0	0.66	0.57	−8.6	0.64	0.61	−17.6	0.72	0.73	−11.4
融合降水数据	0.72	0.70	−12.5	0.88	0.87	3.3	0.91	0.91	−6.2	0.92	0.92	−2.6

7.2 基于深度学习算法的黄河源区径流模拟

7.2.1 研究区概况与研究数据

黄河源区地处青藏高原东北部,高原大陆性气候特征明显,是典型的高原高寒区(图 7.10)。黄河源区流域面积约 123 612 km²(冯永忠等,2004),降水少且空间分布不均,河源地区多年平均降水量约 300 mm,逐渐递增至吉迈—玛曲段年降水量 600～700 mm,后向下游递减。黄河源区雨季主要受青藏高原西南季风影响而集中于 6—9 月,降水量占全年的 70％以上,这也引导着黄河源区涨水与主汛期 7—9 月的到来。黄河源区洪水过程长,洪峰变幅小,水文过程线呈"缓涨缓落"的趋势(宋伟华等,2019),径流自相关程度高,历史径流值与变化趋势对未来值的推测较为准确,并且春、夏、秋季径流与降水呈显著正相关(康颖等,2015),序列数据的相关性好,适合数据驱动模型的应用。

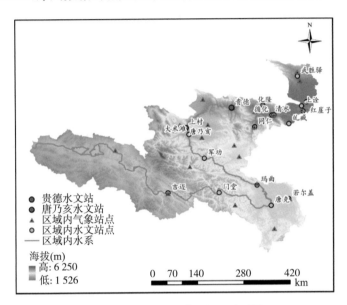

图 7.10 研究区域黄河源区流域图

选用黄河源区资料较全的唐乃亥水文站、贵德水文站 2012—2020 年观测降水、场次洪水径流进行建模。唐乃亥、贵德水文站处于黄河干流之上,唐乃亥水文站有"黄河源区的门户"之称,其相对全面的资料能够较为全面地刻画黄河源区天然水文情势,支撑了大量黄河源区水文规律变化的研究(王文卓等,2022;康婷婷等,2018;王国庆等,2020;张成凤等,2020)。本研究主要应用唐乃亥水文站的洪水资料进行分析,以贵德水文站的水文资料作为验证分析。

7.2.2　研究方法

7.2.2.1　多层自注意力神经网络(MSA)架构

自注意力(Self-Attention)机制自提出以来,在序列问题上发挥了超越一众经典的循环神经网络的效果(Vaswani 等,2017)。自注意力机制能够拟合每一时间步与之前所有时间步之间的关系,聚焦该时间步对于历史全局的关注重点,提升历史全局关系对未来时间步的预测效果。自注意力机制计算复杂程度低且全局拟合能力强,但同时更依赖于样本数量,在长序列中能够发挥更好的拟合能力。

本研究根据双向长短期记忆神经网络(Bi-directional Long-Short Term Memory,BiLSTM)拟合得到的前后时间序列关系,构建多层自注意力机制,采取"先聚焦关系,后聚焦量值"的策略,进一步强化了最终结果与历史全局关注重点的关系,通过多层注意力与非线性层组合对高原高寒区降水径流关系进行动态拟合。

BiLSTM 以前向推算与反向推算两种形式对序列进行拟合,在单向 LSTM(Hochreiter 等,1997)前向推算的基础上结合反向时间步的推算,并且最终连接两种推算过程的隐藏状态得到输出层的隐藏状态。BiLSTM 的强势在于能够连接一个时间步的前后时间步,从两方对时间步之间的关系进行拟合(图 7.11)。

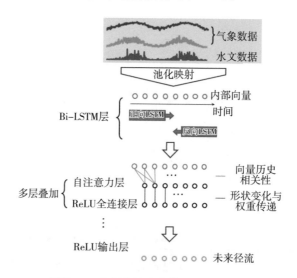

图 7.11 多层自注意力神经网络架构图

1. 注意力机制(Attention)

注意力机制(Vaswani 等,2017)通过模拟人脑对眼部感官接收到的信息聚焦与处理的方式,对全局变量权重矩阵进行归一化拟合,通过梯度下降收敛至最佳的权重配置上,最终达到将注意力"聚焦"于主要信息的目的。对于输入向量 $\boldsymbol{X} = [x_1, x_2, \cdots, x_n]$,注意力层具体计算过程(点积模型)如下:

$$\boldsymbol{q} = \boldsymbol{X}\boldsymbol{W}^Q, \boldsymbol{k} = \boldsymbol{X}\boldsymbol{W}^K \tag{7-13}$$

$$\boldsymbol{\alpha} = \boldsymbol{q}\boldsymbol{k}^{\mathrm{T}} \tag{7-14}$$

$$\boldsymbol{\alpha}' = soft\max(\boldsymbol{\alpha}) = \frac{\mathrm{e}^{\alpha_i}}{\sum \mathrm{e}^{\alpha_i}} \tag{7-15}$$

式中:$\boldsymbol{q}$ 与 $\boldsymbol{k}$ 分别为键与值向量;$\boldsymbol{W}^Q$ 与 $\boldsymbol{W}^K$ 分别为待拟合的键与值矩阵;$\boldsymbol{\alpha}$ 为初步评分矩阵;$\boldsymbol{\alpha}'$ 为最终输出的注意力评分矩阵。

2. 自注意力机制(Self-Attention)

自注意力机制在注意力机制的基础上,将 $\boldsymbol{q}$ 作为查询向量,$\boldsymbol{k}$ 作为键向量,扩充一个向量 $\boldsymbol{v}$ 充当值向量,在查询向量 $\boldsymbol{q}$ 与键向量 $\boldsymbol{k}$ 点积所得的初步评分矩阵基础上进行长度

归一后与值向量 $\boldsymbol{v}$ 进行点积运算,通过值向量 $\boldsymbol{v}$ 对注意力评分矩阵的形状进行约束,动态生成便于前后层连接的注意力评分矩阵:

$$\boldsymbol{q} = \boldsymbol{X}\boldsymbol{W}^Q, \boldsymbol{k} = \boldsymbol{X}\boldsymbol{W}^K, \boldsymbol{v} = \boldsymbol{X}\boldsymbol{W}^V \tag{7-16}$$

$$\boldsymbol{\alpha}' = soft\max\left(\frac{\boldsymbol{q}\boldsymbol{k}^{\mathrm{T}}}{\sqrt{d_k}}\right)\boldsymbol{v} \tag{7-17}$$

式中:d_k 是 k 的维度,用于缓解 $\boldsymbol{q}\boldsymbol{k}^{\mathrm{T}}$ 计算后的梯度消失。

3. MSA 连接方式与层间处理

降雨径流的非线性关系决定了不能简单地采用全连接网络或者单一注意力网络进行拟合,在注意力层间通过非线性的激活函数与非线性层能够加强对自然非线性关系的拟合能力。研究中常用的做法是将注意力层作为其他发挥非线性拟合的神经网络(如 LSTM、TCN 等)的附属改进层发挥作用,在多变量关系拟合中起到筛选主要变量的作用。

本研究首先通过 BiLSTM 进行正向、逆向关系拟合,通过一层自注意力层对变量关系进行聚焦,而后在拟合关系权重的前提下通过一层或者多层组合自注意力与全连接层进行线性/非线性拟合,降低复杂网络的参与度,发挥主要的后续关系拟合作用。其主要思路分为两层:①通过 BiLSTM 与自注意力层的组合首先获得未来时间步对历史要素的关注度与传递关系;②通过后续的多层线性/非线性层与自注意力层进行基于①所得出关系矩阵的拟合。具体计算过程如下:

$$\overrightarrow{h_l} = \overrightarrow{LSTM}(input), \; i \in [1, lstm_{cell}] \tag{7-18}$$

$$\overleftarrow{h_l} = \overleftarrow{LSTM}(input), \; i \in [lstm_{cell}, 1] \tag{7-19}$$

$$\boldsymbol{q}_i = \boldsymbol{h}_i\boldsymbol{W}^{Q_i}, \boldsymbol{k}_i = \boldsymbol{h}_i\boldsymbol{W}^{K_i}, \boldsymbol{v}_i = \boldsymbol{h}_i\boldsymbol{W}^{V_i} \tag{7-20}$$

$$\boldsymbol{\alpha}_i = soft\max\left(\frac{\boldsymbol{q}_i\boldsymbol{k}_i^{\mathrm{T}}}{\sqrt{d_{k_i}}}\right)\boldsymbol{v}_i \tag{7-21}$$

$$att_{output} = \sum \boldsymbol{\alpha}_i \cdot \boldsymbol{h}_i \tag{7-22}$$

$$dense_{input} = attention_n[\mathrm{ReLU}/\tanh(att_{output})], \; n \geqslant 1 \tag{7-23}$$

$$output = \mathrm{ReLU}(dense_{input}) \tag{7-24}$$

式中:$\overrightarrow{h_l}$ 和 $\overleftarrow{h_l}$ 分别为正向和反向 LSTM 隐藏层状态;$input$ 为第一层线性输入层传递的隐藏层状态;$\boldsymbol{q}_i$、$\boldsymbol{k}_i$、$\boldsymbol{v}_i$ 分别为对应 LSTM 单元传递到自注意力层中的查询、键、值向量,$\boldsymbol{v}_i$ 的形状也决定了该自注意力层的输出 att_{output} 形状;d_{k_i} 为 k_i 的向量维度;att_{output} 仅指 $attention$ 层的输出量;$\boldsymbol{h}_i$ 为传递的隐藏层状态;$dense_{input}$ 由多个或单个自注意力层与 ReLU/tanh 激活函数的组合决定,作为最终输出层接收到的状态;$output$ 为最终的输出结果,即未来时间步的径流值。

7.2.2.2 数据预处理

对数据的预处理能够提升神经网络最终呈现出来的拟合能力,合理有效地处理神经网络输入与输出能够加快整体模型计算速度与拟合能力,最终提升洪水预报的精确度与时效性。

本研究对所选场次洪水过程的降水与径流序列进行对齐采样,根据采样结果进行归一化计算,即根据上下限将原本两个序列缩放为 0 至 1 区间,以便神经网络激活函数的计算与梯度计算。进而,采用分段划分的方式将整个时间序列分为等长的 n 份,共构成 $n-1$ 次训练-验证过程。其中,第 i 次训练-验证过程中训练集为前 i 份时间序列,验证集为第 $i+1$ 份时间序列。这种基于时间序列特性的划分方法,相较于常用的随机抽样或者 K 折抽样而言,能够保留时间序列前后完整性与一致性,更符合洪水预报的工作特征,产出的试验结果也更为科学合理。

7.2.2.3　对比模型

为了验证本研究的模型可靠性与先进性,选取循环神经网络(Recurrent Neural Network,RNN)、长短期记忆神经网络(LSTM)、卷积长短期记忆神经网络(Convoluted Long-Short Term Memory,Conv-LSTM)作为深度学习对比模型,对比模型原理参考文献(Elman,1990;Hochreiter 等,1997;Shi 等,2015)。

通过对比各模型的预报序列平均绝对误差(MAE)、均方根误差($RMSE$)和纳什效率系数(NSE)衡量模型性能,具体计算公式如下:

$$MAE = \frac{\sum_{i=1}^{n} \mid r_i^{obs} - r_i^{pred} \mid}{n} \tag{7-25}$$

$$RMSE = \sqrt{\frac{1}{n} \sum_{i=1}^{n} (r_i^{obs} - r_i^{pred})^2} \tag{7-26}$$

$$NSE = 1 - \frac{\sum_{i=1}^{n} (r_i^{obs} - r_i^{pred})^2}{\sum_{i=1}^{n} (r_i^{obs} - \overline{r^{obs}})^2} \tag{7-27}$$

式中:r^{obs} 为验证集的实际观测径流序列,m^3/s;r^{pred} 为模型计算所得的预测径流序列,m^3/s;n 为验证集总时间步数;i 为时间步;$\overline{r^{obs}}$ 为验证集的实际观测径流均值,m^3/s。

7.2.2.4　数据序列划分

根据唐乃亥、贵德水文站 2012—2020 年洪水过程,分别划分以下洪水场次(表 7.3、表 7.4)进行建模,并根据数据预处理方法划分多个训练、验证序列(表 7.5、表 7.6)。

表 7.3　唐乃亥站 2012—2020 年 9 场洪水起止时间表

站点	场次洪号	起涨				结束			
		年	月	日	时间	年	月	日	时间
唐乃亥	2012062808	2012	6	28	8:00:00	2012	9	12	22:00:00
唐乃亥	2014090708	2014	9	7	8:00:00	2014	10	13	18:00:00
唐乃亥	2015062208	2015	6	22	8:00:00	2015	7	23	18:00:00

站点	场次洪号	起涨				结束			
		年	月	日	时间	年	月	日	时间
唐乃亥	2017052718	2017	5	27	18:00:00	2017	7	29	19:00:00
唐乃亥	2017082206	2017	8	22	6:00:00	2017	11	22	19:00:00
唐乃亥	2018062508	2018	6	25	8:00:00	2018	7	31	20:00:00
唐乃亥	2018083000	2018	8	30	0:00:00	2018	10	13	16:00:00
唐乃亥	2019061500	2019	6	15	0:00:00	2019	8	14	12:30:00
唐乃亥	2020071409	2020	7	14	9:00:00	2020	8	29	2:00:00

表 7.4　贵德站 2012—2020 年 10 场洪水起止时间表

站点	场次洪号	起涨				结束			
		年	月	日	时间	年	月	日	时间
贵德	2012072309	2012	7	23	9:00:00	2012	8	29	22:00:00
贵德	2013072108	2013	7	21	8:00:00	2013	9	23	17:00:00
贵德	2014063018	2014	6	30	18:00:00	2014	9	30	8:00:00
贵德	2015062210	2015	6	22	10:00:00	2015	8	29	20:00:00
贵德	2016053117	2016	5	31	17:00:00	2016	8	20	14:00:00
贵德	2017061600	2017	6	16	0:00:00	2017	8	21	7:00:00
贵德	2018081914	2018	8	19	14:00:00	2018	10	11	18:00:00
贵德	2019062715	2019	6	27	15:00:00	2019	7	19	13:00:00
贵德	2020063015	2020	6	30	15:00:00	2020	7	7	10:30:00
贵德	2020080608	2020	8	6	8:00:00	2020	8	31	13:00:00

表 7.5　唐乃亥站训练、验证系列划分表

系列	训练集	验证集
系列 1	2012062808、2014090708	2015062208、2017052718
系列 2	2012062808、2014090708、 2015062208、2017052718	2017082206、2018062508
系列 3	2012062808、2014090708、2015062208、 2017052718、2017082206、2018062508	2018083000、2019061500
系列 4	2012062808、2014090708、2015062208、 2017052718、2017082206、2018062508、 2018083000、2019061500	2019061500、2020071409

表 7.6　贵德站训练、验证系列划分表

系列	训练集	验证集
系列 1	2012072309、2013072108	2014063018、2015062210
系列 2	2012072309、2013072108、 2014063018、2015062210	2016053117、2017061600
系列 3	2012072309、2013072108、2014063018、 2015062210、2016053117、2017061600	2018081914、2019062715
系列 4	2012072309、2013072108、2014063018、 2015062210、2016053117、2017061600 2018081914、2019062715	2020063015、2020080608

7.2.3　模型参数率定

根据各模型原理,构建三个对比模型与 MSA 模型进行对比分析,为了发挥算法最大效用和防止信息泄露,对四个模型在系列 4 的训练集进行了每组参数各 10 次率定试验,按照以 NSE 为主、以 MAE 与 RMSE 为次的策略,选取了表 7.7 中的模型参数。参数名按照模型架构顺序进行排列,模型架构可以参照参数名顺序读出,在隐藏层与输出层间布置了压平层(Flatten 层)。

表 7.7　模型参数率定表

算法	参数名	率定值
RNN	Input_dense_dim	512
	Layer1_cell	512
	Layer2_cell	256
	Spatial_dropout_Rate	0.2
	Hidden_dense_dim	64
	Hidden_dense_activation	ReLU
	Learning_rate	0.000 5
	Epoch	300
LSTM	Input_dense_dim	512
	Layer1_cell	512
	Layer2_cell	256
	Spatial_dropout_rate	0.2
	Hidden_dense_dim	64
	Hidden_dense_activation	ReLU
	Learning_rate	0.000 03
	Epoch	300

算法	参数名	率定值
Conv-LSTM	Input_dense_dim	512
	Conv_filters	512
	Conv_kernel_size	2
	Conv_dilation_rate	2
	Conv_padding	same
	Conv_connect_padding	causal
	Conv_layer_num	2
	LSTM_layer_cell	256
	Spatial_dropout_rate	0.2
	Hidden_dense_dim	64
	Hidden_dense_activation	ReLU
	Learning_rate	0.000 07
	Epoch	300
MSA	Input_dense_dim	512
	BiLSTM_layer_cell	256
	Attention_unit	512
	Comb_dense_dim	256
	Comb_dense_activation	ReLU
	Comb_attention_unit	256
	Comb_num	1
	Spatial_Dropout_rate	0.2
	Hidden_dense_dim	64
	Hidden_dense_activation	tanh
	Learning_rate	0.000 03
	Epoch	300

7.2.4 结果与分析

根据前期率定结果,本研究采用7个时间步作为输入步长,预测未来1个时间步的洪水值,以唐乃亥站为主要预报站点,贵德站作为验证站点,对提出的MSA模型与其他优秀模型洪水预报性能进行对比与验证。

7.2.4.1 综合指标分析

唐乃亥站各模型洪水预报综合指标如表7.8所示,其中水文模型结果(NSE)采用相关文献(康婷婷等,2018)中唐乃亥站新安江模型计算结果。从整体结果来看,RNN与LSTM拟合效果较好,而Conv-LSTM将降雨径流关系考虑得过于复杂,出现了冗余误差,本研究提出的MSA模型展现了最佳可靠性与准确性。相较于物理模型,深度学习模型对于仅有的资料处理程度更加透彻，利用程度更好，能够达到更高的预测效果。

表 7.8　唐乃亥站 2000—2020 年洪水预报综合模型结果指标

模型	MAE(m³/s)	$RMSE$(m³/s)	NSE
RNN	24.92	35.09	0.997
LSTM	21.60	33.74	0.997
Conv-LSTM	28.29	46.29	0.995
MSA	18.55	29.48	0.998
新安江模型	—	—	0.964~0.982

从表 7.9 来看，MSA 结果占多数优势。在小样本情况下 MSA 也能达到各模型最佳拟合效果，此时注意力层间结构发挥主要作用；但在向大样本过渡时（即系列 2）失去了显著的优势，与 RNN/LSTM 保持不大的差距，说明过渡期是 MSA 的主要短板；在大样本情况下，MSA 继续表现出显著优势，对高原高寒区洪水预报保持优异的拟合能力。

RNN 表现均衡，小样本情况下表现较好，但在大样本的长程关系上处理得不如其他三个模型；LSTM 作为 RNN 的变体，对于长程关系的处理，门控制单元在一定程度上消除了部分长程梯度消失问题，展现了较好的拟合效果。反观 Conv-LSTM，作为四个模型中最复杂的神经网络，其表现相对较差，但能够满足基本预报要求。

表 7.9　唐乃亥站洪水预报各系列各模型结果指标

系列	RNN			LSTM			Conv-LSTM			MSA		
	MAE(m³/s)	$RMSE$(m³/s)	NSE	MAE(m³/s)	$RMSE$(m³/s)	NSE	MAE(m³/s)	$RMSE$(m³/s)	NSE	MAE(m³/s)	$RMSE$(m³/s)	NSE
系列 1	33.33	43.48	0.990	31.46	44.52	0.990	45.14	64.52	0.978	22.60	33.34	0.994
系列 2	20.10	28.98	0.995	20.02	29.97	0.994	29.37	44.29	0.987	20.49	30.38	0.994
系列 3	22.46	35.00	0.996	17.62	31.64	0.997	19.93	40.17	0.995	15.77	29.38	0.998
系列 4	23.80	31.14	0.993	17.30	25.93	0.995	18.73	28.86	0.994	15.36	24.04	0.996

根据验证站贵德站的洪水预报结果（表 7.10），四个模型预测结果并未有明显的区别，MSA 与 LSTM 表现稍好，RNN 与 Conv-LSTM 相对较差。从预测误差来看，贵德站的误差值较唐乃亥站大，该现象与贵德站在径流序列上的非稳定性有关。

表 7.10　贵德站 2012—2020 年洪水预报综合模型结果指标

模型	MAE(m³/s)	$RMSE$(m³/s)	NSE
RNN	61.11	94.47	0.980
LSTM	58.56	88.90	0.982
Conv-LSTM	62.34	94.60	0.980
MSA	55.66	87.11	0.983

7.2.4.2 水文过程线分析

水文过程线能够反映多于整体或者序列指标的局部预测细节,能够展示洪水过程峰、谷预测效果。本研究分别选取 2018 年、2019 年、2020 年三场洪水进行展示,涵盖"单峰型""多峰型""峰谷结合型"洪水过程,保证训练集长度足够且完整展示各模型预测能力。

对于综合指标,各模型预测效果优秀,因而需要从图 7.12 下部预测误差入手进行分析。虽然 RNN 在指标数值上表现较优秀,但是其在洪水过程上误差相对较大,在第一场洪水主峰涨水段、第二场峰值、第三场前半部分产生的误差远超其他模型,说明 RNN 对于洪水涨水过程的反应并不灵敏,并且倾向于高估洪水峰值;LSTM 与 Conv-LSTM 存在相似的预测短板,即在退水段与退水段后的二次涨水中表现较差,在第三场前中"波谷"部分体现得较为明显,并且在第三场后段波动阶段低估了径流值,对洪水预报来说是较大的缺陷,相比之下,Conv-LSTM 的表现相对较差;MSA 在洪水过程预测上,表现得较为全面,虽然不可避免地存在一些共有性误差,但综合表现最佳。

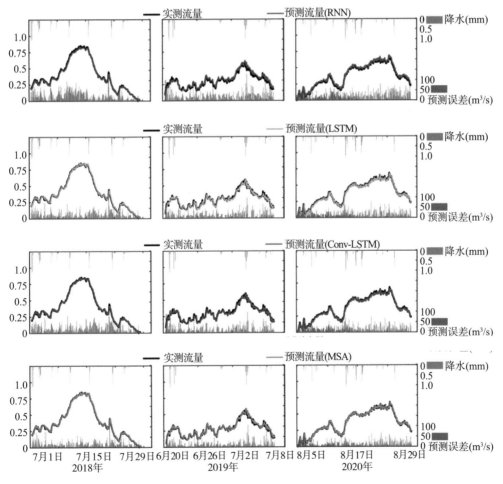

图 7.12 三场洪水过程线模型对比图

在洪水预报应用上,RNN在大洪水场次(第一场)中不能灵敏反映涨水过程,在中小洪水(第二、三场)中表现得更为"激进",倾向于提前预估并且高估洪水峰值;LSTM在大洪水场次中表现较好,但在中小洪水中低估洪水过程;Conv-LSTM表现相对差于LSTM,对洪水过程预报不够灵敏;MSA更适用于当前问题,能够提前、较为准确地预测到未来径流。

7.3 气候变化与人类活动背景下澜沧江—湄公河流域径流影响模拟

7.3.1 研究流域与数据

7.3.1.1 研究流域

澜湄流域地理位置及地形情况已在3.2.2.1节做了介绍,此处不再赘述。澜湄流域独特的地形特征和地理位置、干湿分明的降雨特征共同造就了流域内洪水期、枯水期分明的径流特征,每年的6—11月为澜湄流域的洪水季,这6个月的流量占全年平均流量的80%~90%(MRC,2005)。澜湄流域这种"丰枯"分明的径流特征,也给下游带来了很大的防洪压力,据湄公河委员会(MRC)统计资料,澜湄流域下游的洪灾每年会造成6 000万~7 000万美元的损失,而相反洪水带来的收益约为80亿~100亿美元,因此澜湄流域下游洪水管理的目标和挑战是在保持收益的同时降低洪水的成本和影响。表7.11展示了澜湄流域不同河段流量占总径流量的比例,上游澜沧江流量占澜湄流域总径流量的很小一部分(16%),大部分流量补给来自下游湄公河流域的支流,洞里萨湖对总流量贡献率为9%。在气候方面,上游澜沧江地区,即河流发源地是典型的高原干旱气候,部分山区被永久性冰川覆盖,在干旱季节融雪径流是中游地区很重要的补给来源,而到了澜沧江下游中国云南省地区,气温逐渐升高,降水量随之增加,其多年平均降水量也随着地形、气温的改变呈现出较大的时空变异,在上游青藏高原地区多年平均降水量在400 mm左右,而下游云南省部分高海拔地区多年平均降水量可以达到1 600 mm(Tang等,2019a)。对于下游湄公河地区,受到印度洋季风带来的水汽影响,其每年的6—10月份为雨季,剩余月份(12月至次年5月)由于西伯利亚高压的影响为干旱季节。下游湄公河地区为典型的热带季风气候区,在每年较热的月份(3—4月),其平均气温可以达到30~38℃;在下游老挝一些高山地区,其平均气温在较冷月份可以达到15℃。湄公河地区的降雨从东到西呈现出明显的减小趋势,在部分高原地区多年平均降水量可以达到3 000 mm,在半干旱呵叻高原地区多年平均降水量为1 000~1 600 mm(Tang等,2019b)。其下游部分地区雨季易出现强度较大的暴雨事件,容易引起洪涝灾害,进而给沿岸居民的生命财产安全带来较大的威胁(Winemiller等,2016)。

图7.13为澜湄流域土地利用、土壤类型空间分布。由图7.13(a)可以看出,流域上游高海拔地区土地利用以草本为主,间杂分布着少量的冰川和积雪,至澜沧江中游地区广泛分布着针叶林;湄公河上游地区则主要以林地为主,耕地则主要分布在流域下游地区。由图7.13(b)可以看出,总的来说上游澜沧江地区土壤类型较为复杂,下游湄公河地区土壤

类型空间分布则相对简单。上游地区主要以冰冻薄层土和冰冻始成土为主,至澜沧江中游则广泛分布着潜育淋溶土,下游湄公河流域上游地区绝大部分区域分布着典型强淋溶土,而在耕地广泛分布的研究区西南区域则主要分布着潜育淋溶土。

表 7.11　澜湄流域干流各控制站点控制区域对流域流量的补给量(干流左右两岸支流的贡献率)

控制站(区域)	干流左侧区域(%)	干流右侧区域(%)	合计(%)
允景洪站	16		16
允景洪站—清盛站	1	3	4
清盛站—琅勃拉邦站	6	2	8
琅勃拉邦站—穆达汉站	22	7	29
穆达汉站—巴色站	4	6	10
巴色站—桔井站	22	2	24
洞里萨湖	9		9

注:数据资料来源于湄公河委员会网站 http://www.mrcmekong.org/。

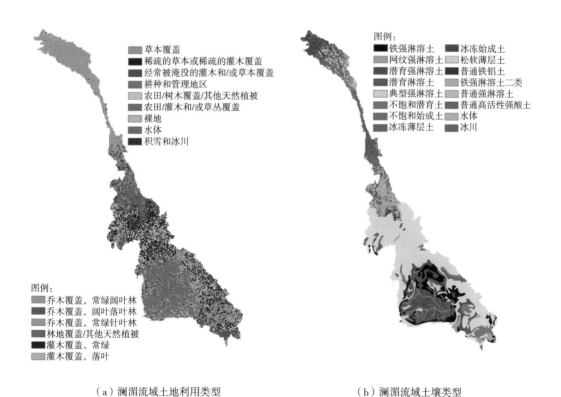

(a)澜湄流域土地利用类型　　　　(b)澜湄流域土壤类型

图 7.13　澜湄流域土地利用类型(a)及土壤类型(b)图

7.3.1.2　研究数据

本节使用的降雨数据来自中国气象局国家气象科学数据中心提供的 0.25°基于地面雨量计的逐日降水分析产品(China Gauge-Based Daily Precipitation Analysis,CGDPA)，该气象产品提供 1961—2015 年日尺度降水数据。下游湄公河地区降雨数据使用了 3.3.2 节偏差校正的降雨产品 MSWEP-LS,其提供 1979—2014 年日尺度、0.25°空间分辨率降水数据,以及 NCEP-CFSR 提供的最高气温、最低气温、相对湿度、太阳辐射和风速数据。NCEP-CFSR 是一个全球性的高分辨率大气-海洋-陆地-海冰耦合系统提供的耦合域状态最佳估计(Saha 等,2010),其提供 1979 年至今的日尺度降雨、最高气温、最低气温、太阳辐射、相对湿度和平均风速等数据,其空间分辨率为 38 km。

日尺度观测径流过程与降雨数据收集类似,中国境内澜沧江流域允景洪站点日尺度流量数据由中国水利部水文信息中心提供;中国境外清盛站、琅勃拉邦站、穆达汉站、巴色站和上丁站日尺度流量数据收集于湄公河委员会、华盛顿大学的"中国水文数据计划"(Han 等,2019)和在湄公河流域已发表的相关开源研究论文。

流域水文模型建模所需要的 DEM 数据来自 SRTM,该数据集是由美国航空航天局(NASA)和美国国防部国家地理空间情报局联合测绘,该数据可以在公开网站下载(http://cameradata.ioz.ac.cn/home)。本研究使用的 DEM 空间分辨率为 90 m×90 m。利用 DEM 数据可以获得流域的地形、流域边界、河流水系等数据。土地利用数据则来自 Global Land Cover 2000(GLC 2000),空间分辨率约为 1 km×1 km,该数据可以通过公开网站下载(https://www.eea.europa.eu/en/analysis/maps - and - charts/global - landcover - 2000 - europe - geographic - view)。土壤类型数据来自世界土壤数据库(HWSD),该数据空间分辨率也约为 1 km×1 km。

为了分离澜湄流域人类活动取用水对径流变化的影响,本研究收集了 1971—2010 年全球月尺度格点取用水数据(Global Monthly Gridded Sectoral Water Withdrawal Dataset,GMSWD)。该套数据集是由 Huang 等(2018)开发,可以通过联系数据开发者获取(mohamad.hejazi@pnnl.gov)。该套数据是基于全球尺度多个数据源提供的取用水量数据融合而成,并通过降尺度算法生成了 1970—2010 年全球逐月网格(0.5°)多类别取用水数据集,该数据集包含了六个用水部分,即灌溉用水、城镇生活取用水、发电取用水(火力发电厂的冷却用水)、牲畜用水、采矿业用水及制造业用水。该数据集在开发过程中,融合了联合国粮食及农业组织水统计数据库(FAO AQUASTAT)提供的国家尺度的部门取用水数据、美国地质勘探局(United States Geological Survey,USGS)提供的州尺度的部门取用水数据等。

根据湄公河委员会官方网站(http://www.mrcmekong.org/)、中国华能澜沧江水电股份有限公司官方网站及开放发展湄公河官方网站(https://opendevelopmentmekong.net/topics/hydropower/)提供的信息,以及其他研究者发表的在澜沧江流域的相关研究,收集了 1987 年以来澜沧江流域内已修建的大型水电站的基本信息(表 7.12)。人口数据来自全球格点人口数量数据(Gridded Population of the World Version 4,GPW - V4),该数据是根据全球人口和住房普查的结果,结合联合国《世界人口展望》报告对同一组年份的历史和未来人口的预测（https：//sedac. ciesin. columbia. edu/data/collection/gpw-v4）。

表 7.12　澜沧江流域内大型水电站基本信息

水电站	漫湾	大朝山	景洪	小湾	功果桥	糯扎渡
河流截流时间	1987 年 12 月	1997 年 11 月	2005 年 1 月	2004 年 10 月	2008 年 12 月	2007 年 11 月
开始发电时间	1993 年 6 月	2003 年 1 月	2008 年 6 月	2009 年 9 月	2011 年 11 月	2012 年 9 月
控制面积(10^4 km^2)	11. 45	12. 10	14. 91	11. 33	9. 73	14. 47
水库死库容(km^3)	0. 668	0. 371	0. 81	4. 35	0. 316	10. 3
水库总库容（km^3）	0. 92	0. 94	1. 40	15. 3	0. 365	22. 7
装机容量（10^4 kW）	150	135	150	420	90	500

7.3.2　研究方法

7.3.2.1　流域径流变化归因方法

这一部分将详细介绍传统的利用水文模拟进行气候变化和人类活动对径流变化的贡献率的计算方法，主要包含两个部分：①径流序列突变点检验；②水文模型的构建及贡献率的计算。

1. 年径流序列突变点检验

气候变化和人类活动被认为是影响流域内径流变化的主要因素，人类活动的影响主要体现在水利工程设施的修建、农业灌溉取用水、城镇生活取用水等方面；而气候变化的影响主要体现在降水、气温等气象要素变化方面。为了量化流域内气候变化和人类活动对径流变化的影响，首先需要根据数据序列突变检验方法检测流域年径流序列的突变点，然后根据突变点检验结果将研究序列分为"自然期"（突变点以前序列）和"影响期"（突变点以后序列）。在"自然期"内，流域内的气候变化和人类活动对径流的影响不显著，即该时期内流域内的径流过程是天然状态；而在"影响期"内，流域的径流过程受到了气候变化和人类活动的显著影响，进而发生了深刻的变化。当前，在研究水文气象数据系列的突变点方面，比较常用的方法有 Mann-Kendall test（MK 检验），Lepage test（勒帕热突变检验），Moving t-test（滑动 t 检验）等。其中，MK 检验方法是由 H. B. Mann 和 M. G. Kendall 二人联合提出的一种非参数趋势、突变检验方法，由于该方法具有计算简单快捷、不需要被检验数据序列符合某种分布、不受个别异常值的影响等优点，其在多个领域得到了非常广泛的应用，特别是在水文气象数据序列的趋势、突变检验领域；勒帕热突变检验亦是一种无分布的非参数检验方法，其可以被用来检验两个相互独立的总体之间有无显著性的差异，如果两个子序列之间具有显著性差异，那么划分子序列的基准点即被视为该序列的突变点；滑动 t 检验则常被用来检验两组子序列数据平均值差异的显著性，该方法是基于 T 分布数学理论来推求突变发生的概率，进而判断两列子序列数据平均值之间的差异是否显著。关于以上三种方法详细的计算公式及相关理论,可以参考以上所引用文献,本书不再赘述。

年径流序列突变点的识别相较量化气候变化和人类活动对流域径流变化的贡献率具有至关重要的影响。但是,在水文气象数据突变点识别的过程中,不同的突变点检验方法的理论框架、前提假设等因素以及数据序列自身的影响,可能导致出现多个突变点或者不同的检验方法得出的突变点不一致的情况。因此,在年径流序列突变点检验的过程中有必要使用多种检验方法,然后对多种方法的检验结果进行交叉验证,以期得到更为合理、可靠的径流突变点。本节采用了 MK 检验、勒帕热突变检验和滑动 t 检验三种方法对 6 个水文站点的年径流序列进行了突变检验,然后综合三种方法的检验结果从而得到每一个站点的突变点。

2. 水文模型的构建及贡献率的计算

根据以上突变点检验结果,将整个研究序列划分为"自然期"和"影响期"。"影响期"平均径流量基于"自然期"平均径流量的变化量(ΔQ)即为流域总的径流变化量,其由两部分组成,即气候变化导致的径流变化量(ΔQ_{cc})和人类活动导致的径流变化量(ΔQ_{ha}),可用下式表示:

$$\Delta Q = \Delta Q_{cc} + \Delta Q_{ha} = \overline{Q}_{oi} - \overline{Q}_{on} \tag{7-28}$$

式中:$\overline{Q}_{oi}$ 和 $\overline{Q}_{on}$ 分别表示"影响期"和"自然期"站点观测的平均径流量,m^3/s。

输入"自然期"水文气象要素数据,构建流域 SWAT 水文模型,利用 SUFI-2 优化算法得到模型表现最好的参数集。然后,将该参数集回代入 SWAT 模型,输入"影响期"的气象数据,得到"影响期"在流域天然状态下的径流过程。基于以上计算结果,即可通过下式计算求得由气候变化引起的径流变化量:

$$\Delta Q_{cc} = \overline{Q}_{si} - \overline{Q}_{sn} \tag{7-29}$$

式中:$\overline{Q}_{si}$ 和 $\overline{Q}_{sn}$ 分别代表"影响期"和"自然期"的水文模型模拟平均径流量,m^3/s。

在计算得到由气候变化引起的径流变化量之后,由下式可求得由人类活动导致的径流变化量:

$$\Delta Q_{ha} = \Delta Q - \Delta Q_{cc} \tag{7-30}$$

进一步可以通过下式计算求得气候变化和人类活动对流域径流变化的贡献率:

$$CR_{cc} = \frac{|\Delta Q_{cc}|}{|\Delta Q|} \times 100\% \tag{7-31}$$

$$CR_{ha} = \frac{|\Delta Q_{ha}|}{|\Delta Q|} \times 100\% \tag{7-32}$$

公式(7-28)至公式(7-32)可以用来在多年平均尺度上计算流域气候变化和人类活动对径流变化的贡献率,同样可以在月尺度上计算二者的贡献率。图 7.14 展示了使用水文模拟量化气候变化和人类活动对径流变化贡献率的示意图。

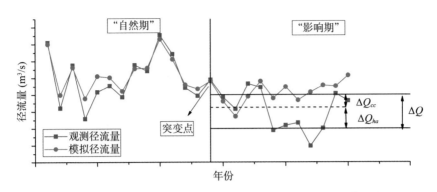

图 7.14　气候变化和人类活动对流域径流变化的归因分析计算示意图

7.3.2.2　考虑水文模拟不确定性的新的归因框架

基于以上突变检验方法及归因分析方法，本节提出了一种全新的考虑水文模拟不确定性的气候变化和人类活动对径流变化贡献率的量化框架(图 7.15)。该框架基于 SWAT 水文模型模拟的后验直方分布，拟解决使用水文模拟量化气候变化和人类活动对径流变化贡献率的过程中存在的不确定问题。该框架的具体实施过程如下所示：

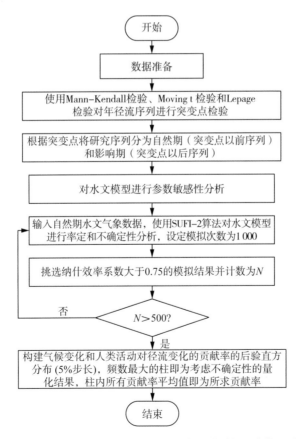

图 7.15　考虑水文模拟不确定性的气候变化和人类活动对径流变化贡献率的计算框架

步骤 1:年径流序列突变点检验,将研究序列分为"自然期"和"影响期"。

步骤 2:水文模型参数敏感性分析。不确定性分析方法主要使用了拉丁超立方抽样和全局敏感性分析方法。

步骤 3:设定水文模型模拟次数为 1 000 次,输入"自然期"水文气象数据,挑选纳什效率系数 NSE 大于 0.75 的模拟结果,并将其次数记为 N,如果 $N>500$,则移至步骤 4;如果 $N<500$,则重复步骤 3 直至纳什效率系数大于 0.75 的累积模拟次数大于 500。

步骤 4:选取步骤 3 得到的 N 组参数组合,输入"影响期"气象数据,得到 N 组"影响期"径流模拟结果;根据前述介绍的归因计算方法,计算 N 组模拟结果的气候变化和人类活动对径流变化的贡献率。

步骤 5:根据步骤 4 计算结果,以 5% 为间隔步长,构建气候变化和人类活动对径流变化贡献率的后验直方分布。

步骤 6:统计每个条柱的频数,然后将频数最高的区间作为其贡献率的不确定区间,区间内所有贡献率的算术平均值即为考虑水文模拟不确定性的贡献率。

7.3.2.3 新的归因框架的交叉验证

1. Budyko 框架

在利用全新的量化框架计算之后,同时使用 Budyko 框架,根据流域内部格点取用水数据和水库死库容数据对该框架的计算结果进行了交叉验证。需要指出的是,由 Budyko 框架计算出的量化结果并非一定是贡献率的真值,因此利用其结果对全新框架的计算结果进行对比验证。

Budyko 框架是由 Budyko 在 1961 年提出的一种基于流域水量、热量平衡的计算框架,在过去的几十年内,该框架被广泛应用于量化气候变化和人类活动对径流变化的贡献率。该框架假设在多年平均尺度上,流域内总的蓄水量保持不变,即流域内蓄水量由流域内平均降雨量(P)、实际蒸散发量(AE)及平均径流量(Q)决定。根据以上理论假设,流域内多年平均尺度上的水量平衡可以由下式表示:

$$\Delta S = P - AE - Q \tag{7-33}$$

式中:ΔS 为多年平均尺度上流域内蓄水量的变化量,mm;P 代表流域多年平均降雨量,mm;AE 代表流域多年平均实际蒸散发量,mm;Q 代表流域多年平均径流深,mm。

流域内的实际蒸散发量可以通过下式求得:

$$\frac{AE}{P} = \frac{1 + \omega\left(\dfrac{PET}{P}\right)}{1 + \omega\left(\dfrac{PET}{P}\right) + \left(\dfrac{PET}{P}\right)^{-1}} \tag{7-34}$$

式中:PET 为流域多年平均潜在蒸散发量,mm;ω 为 Budyko 框架的模型结构参数,与流域实际下垫面状况有关,本研究中 ω 取 0.5。

基于以上理论及计算公式,由气候变化导致的流域径流量变化(ΔQ_{cc}),主要是由流域内的降雨量变化(ΔP)和实际蒸散发量变化(ΔAE)导致的。其计算如下式所示:

$$\Delta Q_{cc} = \alpha \Delta P + \beta \Delta AE \qquad (7-35)$$

式中：ΔP 和 ΔAE 分别代表着"影响期"多年平均降雨量和多年平均实际蒸散发量基于"自然期"的变化量，mm；α 和 β 分别代表着流域内径流量对流域内降水量和实际蒸散发量的敏感性系数。这两个参数可通过下式计算求得：

$$DI = \frac{PET}{P} \qquad (7-36)$$

$$\alpha = \frac{1 + 2DI + 3WDI}{[1 + DI + W(DI)^2]^2} \qquad (7-37)$$

$$\beta = -\frac{1 + 2\omega \cdot DI}{[1 + DI + \omega(DI)^2]^2} \qquad (7-38)$$

式中：DI 代表着流域内的干燥指数，可以通过 $\dfrac{PET}{P}$ 计算求得。

通过公式(7-33)至公式(7-37)可以求得导致流域内径流变化的气候变化和人类活动的贡献率。然后利用其结果对本研究提出的全新的量化框架的结果进行交叉验证。

2. 分离人类活动对径流变化的贡献率

如前文所述，气候变化和人类活动是导致流域内径流变化的两大主要因素，其中人类活动中水利设施的修建和运行是对流域径流变化影响相对较大的一个方面。根据7.3.1.2 节介绍的全球月尺度格点取用水数据(GMSWD)，以及流域内大型水利设施的死库容信息，即可分离求得流域内"影响期"基于"自然期"各类取用水数据及水利设施修建对径流变化的贡献率。其中，本研究中由于缺少水库电站等设施的入库、出库流量信息，仅将这些大型水利设施(总库容大于 1 亿 m^3)的死库容水量作为其对流域多年平均水量的影响量，即在多年平均的尺度上，对研究区内径流量的影响可以用水库的死库容量除以流域控制面积来表征(Han 等，2019)。最后，将总的径流变化量减去人类活动导致的径流变化量即可求得气候变化影响的部分，然后将分离出来的结果与本研究提出的全新框架的计算结果进行交叉对比。

7.3.3 澜沧江流域径流变化归因分析

7.3.3.1 允景洪站年水文序列突变点检验

图 7.16 展示了采用 MK 检验、滑动 t 检验和勒帕热突变检验三种检验方法对允景洪站点 1961—2015 年平均径流序列的突变检验结果。由图可以看出，MK 趋势和突变检验结果显示允景洪站点年径流序列在 2005 年左右发生突变，且根据 UF 和 UB 值可以看出，其径流序列在 20 世纪 60 年代呈现出增加的趋势，而后至 70 年代则开始呈现出减小的趋势；从滑动 t 检验的结果同样可以看出，允景洪站年径流序列在 2005 年左右发生突变，且通过 0.01 的显著性水平检验；勒帕热突变检验的结果同样表明在 2005 年左右年径流序列发生了显著的突变，但是其仅仅通过了 0.05 的显著性水平检验，并没有通过0.01 的显著性水平检验。综合三种检验方法的结果，可以将 2005 年作为允景洪站年径

流序列的突变点。进一步结合表 7.12 所提供的澜沧江流域内的水利设施修建情况,可以看出 2004 年 10 月小湾水电站开始截流修建,而小湾水电站的总库容达到了 15.3 km³,它是截至目前澜沧江流域第二大库容的水电站(仅次于糯扎渡水电站),而这也是导致允景洪站点年径流序列在 2005 年左右发生突变的主要原因。根据突变点检验结果,可以将 1961—2004 年时间序列(突变点以前)作为"自然期",而将 2005—2015 年时间序列(突变点以后)作为"影响期"。

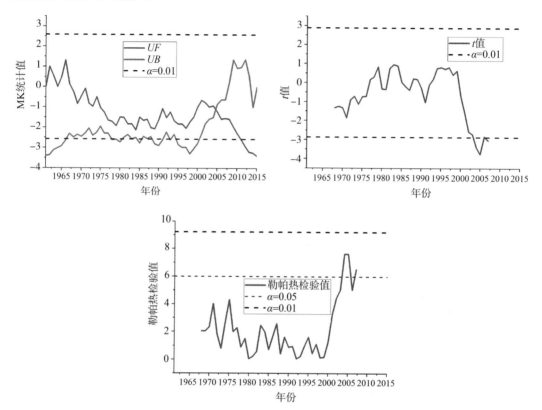

图 7.16　允景洪站年径流序列(1961—2015 年)突变点检验结果

7.3.3.2　澜沧江流域主要水文气象要素变化趋势分析

根据对"自然期"和"影响期"的划分,本研究首先分析了澜沧江流域 1961—2015 年多年平均降雨量、气温、径流量及潜在蒸散发量线性变化趋势(图 7.17),相应的"自然期"、"影响期"及整个研究时期各要素的线性回归斜率也标注在图 7.17 上。从整体上来看,澜沧江流域 1961—2015 年降雨量及径流量均呈现出减小的趋势,其线性变化斜率分别为 −0.303 和 −8.365,特别是径流量呈现出显著减小的趋势;气温和潜在蒸散发在 1961—2015 年则呈现出增加的趋势,特别是气温,呈现出交叉持续升高的趋势。从"自然期"和"影响期"两个时期各要素的变化来看,年降雨量在"影响期"减小了 27.2 mm,其相对变化率为 −3.1%,也就是说澜沧江流域 1961—2015 年降雨量总体呈现出减小趋势,但是其减小幅度并不大,从两个时期线性变化斜率来看,两个时期降雨量均呈现出增加趋势,且从 2012 年开始,降雨量呈现出显著增加趋势。从年平均气温来看,"影响期"平均气温升高了 0.93℃,由"自然期"的 5.83℃ 升至"影响期"的 6.76℃,且"影响期"气温(Slope-I=0.024 5)升高趋势高于"自然期"(Slope-N=0.018),预示着气候变暖在澜沧江流域有不断加剧的趋势。年径流量在"影响期"减小了 395.9 m³/s,减小幅度为 21.9%,如前所述,造成这种径流突然减小的原因是小湾水电站自 2004 年 10 月开始截流修建,但是自 2012 年糯扎渡水电站修建完毕之后,年径流量有突然回升的趋势,表明虽然水电站的修建会短暂带来年径流量的减小,但是在水电站修建完成之后,其对年平均径流变化的影响会逐渐较小。年潜在蒸散发量总体上呈现出增加趋势,且在"影响期"的增加幅度显著大于"自然期",这主要与流域内持续的气候变暖有关。总体上来说,澜沧江流域内年径流量呈现出显著减小趋势,减小了 21.9%,降雨量小幅度减小(−3.1%),气温和潜在蒸散发量均呈现出显著增加趋势,其中气温在"影响期"升高了近 1℃,潜在蒸散发量增加了 6.4%。

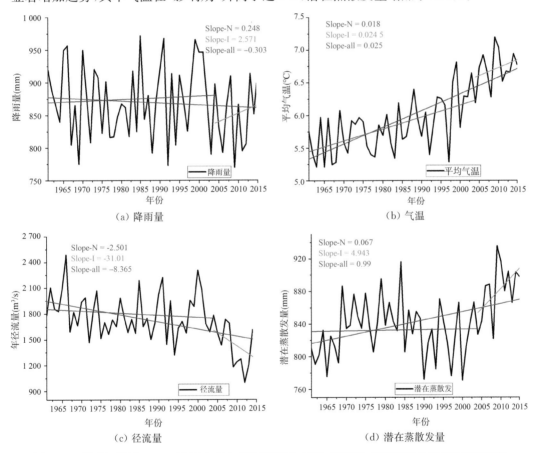

图 7.17　澜沧江流域 1961—2015 年多年平均降雨量、气温、径流量、潜在蒸散发量线性变化趋势

注:Slope-N、Slope-I、Slope-all 分别表示"自然期"、"影响期"和整个时期线性回归斜率。

图 7.18 展示了澜沧江流域内 1961—2015 年多年平均降雨量、气温、潜在蒸散发量 MK 检验结果,显著性水平为 0.05。从图可以看出,年降雨量在 1960 年代初期先降低然后在 1966 年左右短暂升高,然后持续性减小至 1970 年代,在 1980 年代和 1990 年代两个时期,年降雨量均呈现减小趋势,至 21 世纪初澜沧江内降雨量开始呈现出增加趋势,但

是整体上来说,研究区内年降雨量在 1961—2015 年变化趋势均不显著;对于年均气温来说,自 1960 年代至 1990 年代末期,其均呈现出持续升高趋势,且在 1961 年至 1995 年升高趋势通过显著性水平 0.05 的检验,在 1966 年左右发生突变,有短暂时期的气温降低趋势,进入 21 世纪之后,气温又呈现出显著升高趋势;年潜在蒸散发量在 1960 年代至 21 世纪初,均呈现出增高趋势,且在 1970 年代至 1990 年代期间呈现出显著增高的趋势。总的来说,在 1961 年至 2015 年间,降雨呈现出波动性变化趋势,但是并不显著;气温和潜在蒸散发在绝大多数时期呈现出显著升高或增加趋势。

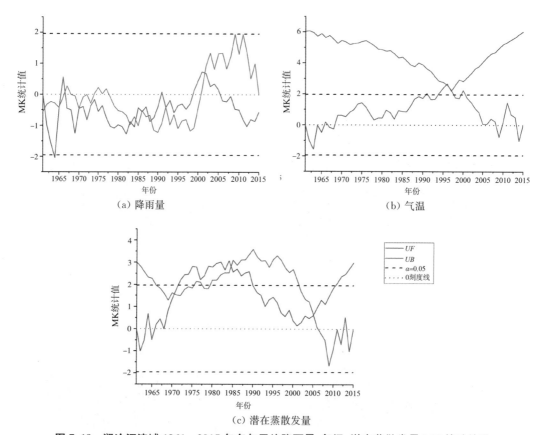

(a) 降雨量   (b) 气温

(c) 潜在蒸散发量

图 7.18   澜沧江流域 1961—2015 年多年平均降雨量、气温、潜在蒸散发量 MK 检验结果

7.3.3.3   允景洪站径流模拟结果评估

采用 SUFI-2 优化算法来对 SWAT 模型进行调参率定,所输入的气象数据为 1961—2004 年日尺度降水、最高气温、最低气温、相对湿度等数据,本节设定水文模拟次数为 1 000 次。依旧将 1961 年和 1962 年两年作为预热期,并且将 1963—1990 年作为率定期,剩余 1991—2004 年作为模型验证期。

表 7.13 展示了允景洪站月尺度 SWAT 水文模型模拟评价指标,可以看出在率定期纳什效率系数和相对误差分别达到了 0.94 和 -10.62%,在验证期 SWAT 模型也有十分良好的表现,其纳什效率系数和相对误差分别为 0.95 和 -8.65%,表明了 SWAT 模型在澜沧江流域月尺度径流模拟具有十分良好的适用性。图 7.19 展示了月尺度 SWAT 模型

模拟过程及月尺度降雨量变化柱状图,可以看出 SWAT 模型模拟结果在整个"自然期"
(1963—2004 年)绝大多数月份都可以完美地拟合实测径流过程,但是在部分年份
(1973 年、1985 年和 1995 年)的洪水时期呈现出高估的现象,而这可能是由本节所使用的
CGDPA 降水数据的不确定性造成的,虽然 CGDPA 降水数据充分融合了全国境内的
2 000 个以上的雨量站数据,但是由于澜沧江流域上游地区地势高,所设立的观测气象站
点十分稀少,这可能导致 CGDPA 具有一定的误差(Tang 等,2018;Han 等,2019)。综上
所述,SWAT 水文模型在澜沧江流域月尺度径流模拟上不论是率定期还是验证期均具有
十分优秀的表现,可以用于下一步的研究。

表 7.13　允景洪站月尺度 SWAT 水文模型模拟评价指标

时期	纳什效率系数 NSE	相对误差(%)
率定期(1963—1990 年)	0.94	−10.62
验证期(1991—2004 年)	0.95	−8.65
"自然期"(1963—2004 年)	0.94	−9.97

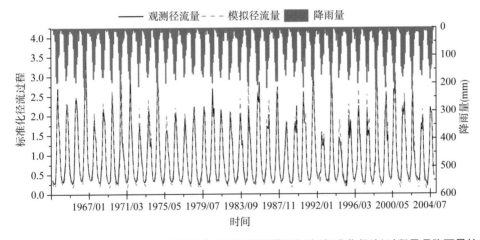

图 7.19　允景洪站点(1963—2004 年)月尺度 SWAT 模型模拟径流(标准化径流)过程及月降雨量柱状图

根据 7.3.2.2 节介绍的计算步骤,在 1 000 次模拟结果中选取了 $NSE \geqslant 0.75$ 的模拟
结果,并且统计了纳什效率系数在不同区间($0.75 \leqslant NSE < 0.8$,$0.8 \leqslant NSE < 0.85$,
$0.85 \leqslant NSE < 0.9$ 以及 $0.9 \leqslant NSE < 0.95$)的分布频数,如图 7.20 所示。总的来说,在
1 000 次模拟中,共有 575 次模拟结果的 NSE 大于等于 0.75。从不同纳什效率系数区间
分布来看,大多数的纳什效率系数位于 0.75 到 0.9 之间,在率定期、验证期和整个"自然
期"分别有 533 次、529 次、533 次模拟结果;从不同时期来看,验证期模拟结果次数分布与
率定期几乎一致,这也进一步表明 SWAT 模型在澜沧江流域具有较好的适应性。

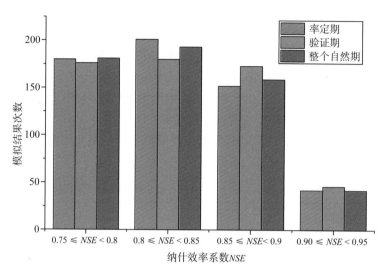

图 7.20　NSE≥0.75 的模拟结果频次分布

7.3.3.4　年尺度允景洪站径流变化归因分析

根据 7.3.2.1 节介绍的计算气候变化和人类活动对径流变化的贡献率,计算了 575 次模拟结果下二者对径流变化的贡献率。图 7.21 展示了年尺度下气候变化对澜沧江流域径流减少的贡献率(以 5% 为步长)模拟次数直方图及相应的纳什效率系数箱形图,人类活动的贡献率可以通过 100% 减去气候变化贡献率求得。总的来说,在 575 次模拟结果中的 167 次结果计算得出澜沧江流域气候变化对径流减少的贡献率为 45%～55%,167 次模拟结果对应的平均纳什效率系数为 0.84。其次,分别有 131 次和 94 次模拟结果计算出的气候变化贡献率分别为 35%～40% 和 45%～50%。在其他的贡献率分布中,则具有相对较少的模拟次数。从纳什效率系数的角度来看,气候变化贡献率在 70%～75% 的 NSE 值最大(NSE=0.86),但是只有一次模拟结果。因此,当使用水文模拟来量化气候变化和人类活动对流域径流变化的贡献率时,不仅要考虑模型模拟表现的

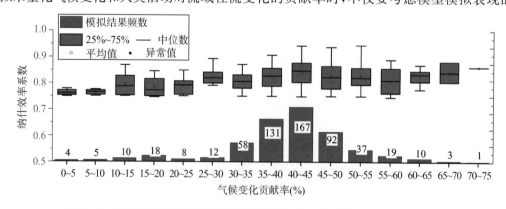

图 7.21　年尺度下气候变化对澜沧江流域径流减少的贡献率(以 5% 为步长)
模拟次数直方图及相应的纳什效率系数箱形图

优劣,还要考虑模型模拟的不确定性。最后,根据本节提出的全新的量化框架计算的结果,在导致澜沧江流域径流减小的因素中,气候变化占 40%~45%(平均贡献率 42.6%),相应的人类活动占 55%~60%(平均贡献率 57.4%)。因此,可以看出在澜沧江流域导致径流量减小的主要因素为人类活动。

7.3.3.5 月尺度允景洪站径流变化归因分析

上文在多年平均尺度量化了澜沧江流域气候变化和人类活动对径流变化的贡献率,结果表明流域内径流变化的主导因素为人类活动,而在过去数十年内澜沧江流域内的主要人类活动为水利设施的修建,而这些水库、水电站的运行会很大程度地改变流域径流过程的年内分布特征,因此,本节将利用前文提出的量化框架在月尺度上分析气候变化和人类活动对各个月份径流量变化的贡献率。

图 7.22 展示了月尺度下气候变化对澜沧江流域径流减少的贡献率(以 5% 为步长)模拟次数直方图。总的来说,仅 6 月和 11 月两个月份导致径流变化的主导因素为气候变化,分别达到 95%~99.9% 和 70%~75%,而其他 10 个月中气候变化的贡献率相对较小。从逐月结果来看,3 月和 4 月的气候变化贡献率最小(10%~15%),其次为 7 月(15%~20%),5 月、8 月和 9 月(20%~25%),10 月(25%~30%),1 月和 2 月(30%~35%),12 月(45%~50%)。总体而言,逐月归因分析结果与年尺度结果基本一致,总共有 10 个月份径流变化的主导因素为人类活动。图 7.23 展示了澜沧江流域逐月气候变化和人类活动对逐月径流变化的贡献率及“自然期”和“影响期”逐月多年平均径流深、潜在蒸散发量及降雨量。值得注意的是,6 月份气候变化对径流减小的贡献率达到 97%。由图 7.23 右侧子图可以看到,与“自然期”相比,“影响期”6 月份的降雨量显著减小(减少了 20.2 mm),与此同时,6 月潜在蒸散量也显著增加(增加了 9.2 mm),而这也是 6 月份气候变化贡献率较高的主要原因。同时可以看出,“影响期”丰水期(6—10 月份)平均径流量与“自然期”相比显著减小,而枯水期(1—5 月份)径流量则呈现出增加趋势,这主要是由流域内水库调度运行造成的。而“影响期”的平均降雨量在除 6 月份以外的其他月份与“自然期”相比均没有发生显著变化,潜在蒸散发量在 6 月、7 月和 9 月显著增加。总的来说,流域内水利设施的运行极大地改变了澜沧江地区径流过程的年内分布,即枯水期流量增加、丰水期流量减小,这一结果极大地减小了下游国家的洪水风险,并且为下游沿岸国家枯水期的农业灌溉用水等提供了更重要的保障。例如,在 2016 年,受“厄尔尼诺”现象的影响,湄公河下游的国家都遭受了严重的干旱。中国政府立即要求景洪电站水库紧急放水,而这有效帮助了下游国家减轻干旱和缺水造成的一系列可能的影响。

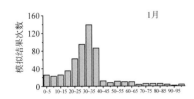
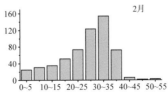
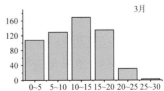

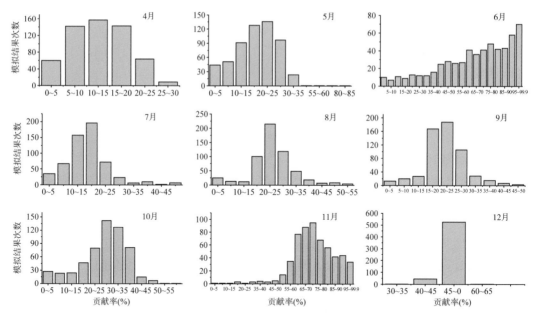

图 7.22　月尺度下气候变化对澜沧江流域径流减少的贡献率(以 5％为步长)模拟次数直方图

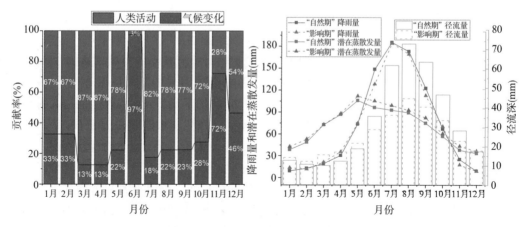

**图 7.23　月尺度气候变化和人类活动对逐月径流变化的贡献率
及月尺度"自然期"和"影响期"的径流深、降雨量和潜在蒸散发量**

7.3.3.6　新的归因框架的验证

在利用本研究提出的全新量化框架在多年平均尺度和月尺度上量化了澜沧江流域允景洪站点径流变化的贡献率之后,又使用了 7.3.2.3 节介绍的 Budyko 框架和 GMSWD 对该框架的计算结果进行了交叉验证。

表 7.14 展示了由 Budyko 框架计算的澜沧江流域气候变化和人类活动对流域内径流变化的贡献率。其中的实际蒸散发由流域内多年平均降雨量减去多年平均径流深计算求得,因为在多年平均尺度上,流域内的蓄水变化量可以假设为 0。可以看出,由

Budyko框架计算的流域内导致径流变化的气候变化和人类活动的贡献率分别为37.2%和62.8%,而根据全新量化框架计算的气候变化和人类活动的贡献率分别为42.6%和57.4%,二者计算结果均表明导致流域内径流减小的主要因素为人类活动,且彼此间误差仅为5.4%。

表7.14 由Budyko框架计算的澜沧江流域气候变化和人类活动对径流变化的贡献率

时期	降雨量(mm)	径流深(mm)	实际蒸散发(mm)	气候变化（%）	人类活动（%）
"自然期"	863.8	398.6	465.2	37.2	62.8
"影响期"	838.8	312.1	526.7		

根据收集到的澜沧江流域内GMSWD求得所有格点的1970—2010年逐年平均取用水数据,借助表7.12提供的澜沧江流域内已修建的大型水利设施的基本信息,得到了流域内五类主要人类活动取用水数据及流域内水电站装机容量及总死库容数据信息(图7.24)。从1970—2010年整个时期来看,澜沧江流域内除灌溉用水量呈现出小幅度的减小以外(Slope-all=−0.003),其他四类水取用水量均呈现出增加趋势,而其中又以居民生活用水增加幅度最大(Slope-all=0.043),其次为制造业用水量(Slope-all=0.033),采矿业用水增加幅度最小(Slope-all=0.001 6)。从"自然期"(1970—2004年)和"影响期"部分时期(2005—2010年)来看,灌溉用水量在"自然期"(Slope-N=0.004 3)和"影响期"(Slope-I=0.087)均呈现出增加趋势,这一结果可能与流域内近20年来的耕地面积变化有关;而其他四类取用水量在"自然期"和"影响期"也均呈现出增加趋势,其中居民生活用水和采矿业用水有增加幅度减缓的趋势,而牲畜用水和制造业用水在"影响期"均有增加幅度变大的趋势。而通过图7.24中流域内水库死库容数据及水电站总装机容量数据来看,澜沧江流域内大型水利设施的修建自1987年漫湾水电站的修建开始,陆续修建了大朝山水电站、景洪水电站,直到2005年左右小湾水电站的修建,流域内总装机容量和水库死库容显著变大,这也是导致流域径流过程在2005年发生突变的主要原因。

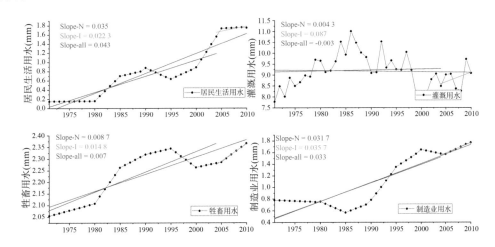

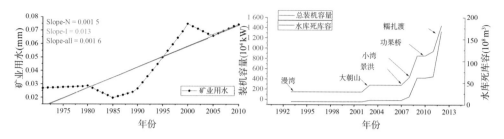

图 7.24　1970—2010 年期间澜沧江流域五类人类活动取用水量以及 1992—2015 年间澜沧江流域内水电站总装机库容和水库死库容变化趋势(蓝色趋势线、绿色趋势线和红色趋势线分别代表 1970—2004 年、2005—2010 年和 1970—2010 年间各类取用水量的变化趋势)

根据 7.3.2.3 节介绍的分离人类活动对径流变化贡献率的方法,借助上述流域内五类人类活动取用水数据及水库死库容数据,即可求得流域内包含以上所述的人类活动对径流变化的贡献量及贡献率。各个类别的取用水变化、水库电站修建和气候变化对澜沧江流域径流变化的贡献率如图 7.25 所示。

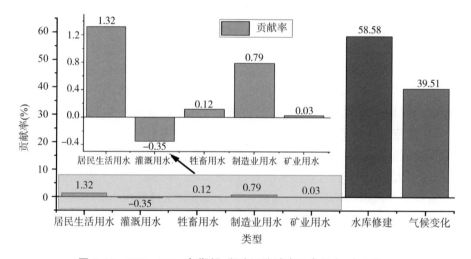

图 7.25　1970—2010 年期间,澜沧江流域内五类用水、水库建设和气候变化对流域径流变化的贡献率

总的来说,气候变化和水库修建是导致流域径流变化的主要因素,其中水库修建的贡献率为 58.58%,而气候变化的贡献率则达到了 39.51%,其他因素的贡献率仅有 1.91%。其中灌溉用水的贡献率为 -0.35%,而居民生活用水、牲畜用水、制造业用水和矿业用水的贡献率分别为 1.32%、0.12%、0.79% 和 0.03%。基于以上数据,可以分离出本部分研究所考虑的人类活动的贡献率为 60.49%,与本部分提出的全新的量化框架的计算结果之间误差为 3.09%。总的来说,基于 Budyko 框架量化结果和本部分研究结果,可以表明本研究提出的考虑水文模拟不确定性的量化气候变化和人类活动对流域径流变化的框架的计算结果是可靠的。

7.3.4 湄公河流域径流变化归因分析

利用 3.3.2 节研究所得到的长序列 MSWEP-LS 降雨数据和在澜沧江流域所提出的全新的量化气候变化和人类活动对径流变化的贡献率的计算框架,量化了下游湄公河流域气候变化和人类活动对流域径流变化的贡献率。考虑到下游湄公河较大的流域面积,本部分量化研究选取了下游五个水文站点(清盛站、琅勃拉邦站、穆达汉站、巴色站和上丁站)。径流模拟策略采用区间模拟,即将上游水文站点以上控制流域作为 SWAT 模型的一个子流域,将其径流序列作为模拟区域的入流量,然后模拟其相邻下游的水文站点径流过程,由此可以计算得到湄公河流域 5 个子区域气候变化和人类活动对径流变化的贡献率,这对认清湄公河流域历史径流演变具有十分重要的意义,也为湄公河流域的水资源管理政策的制定提供一定的理论支撑。

7.3.4.1 湄公河流域主要人类活动

近 30 年来在澜湄流域,中国的华能澜沧江水电股份有限公司及下游沿岸国家的水电管理部门已经修建或者正在修建一系列的水利水电工程设施。这些水利设施的修建不但满足了沿岸居民的防洪需求,也极大地满足了沿岸的灌溉用水和生活用水。但是另一方面,水利工程的修建改变了径流过程的年内分配过程(枯水期流量增多,洪水期流量减小),也可能会对流域生态系统造成一定的破坏。根据开放发展湄公河官方网站(https://opendevelopmentmekong.net/topics/hydropower/)提供的关于澜湄流域内水利工程设施修建数据信息,流域下游湄公河地区计划于 2030 年之前在河流干流建设 88 座大型水库,在各大支流修建 120 座水库。图 7.26 展示了 2016 年以前,澜湄流域已修建、计划修建、正在修建的水库数量分布。由此可以看出,澜湄流域已经修建完成的水库电站等主要位于澜沧江中游地区、湄公河的上游地区;计划修建的水利工程则主要位于下游湄公河地区。截至 2016 年,流域内已建成大大小小水利工程 81 座,计划修建水利工程 116 座,正在修建 37 座。而这些拟修建、已修建的水利工程无疑会对天然径流过程造成一定的影响。

澜湄流域丰富的水资源和独特的生态系统养育了沿岸数千万的人口,为沿岸渔业、航运等提供了得天独厚的资源条件,根据全球格点人口数量数据(GPW-V4)汇总计算了2000 年、2005 年、2010 年和 2015 年四年的全流域人口数量,如图 7.27 所示。总的来说,澜湄流域的人口数量呈现出增加的趋势,2015 年人口数量相比 2000 年增加了近 500 万人,人口数量的增加也会对整个流域水资源利用、分配等带来新的挑战。图 7.28 展示了2000 年、2005 年、2010 年、2015 年四个时期澜湄流域人口数量的空间分布图,可以看出,澜湄流域人口主要分布在下游湄公河三角洲地区和下游洞里萨湖周边平原地区,上游澜沧江地区受其高耸地势的影响,分布的人口较少。

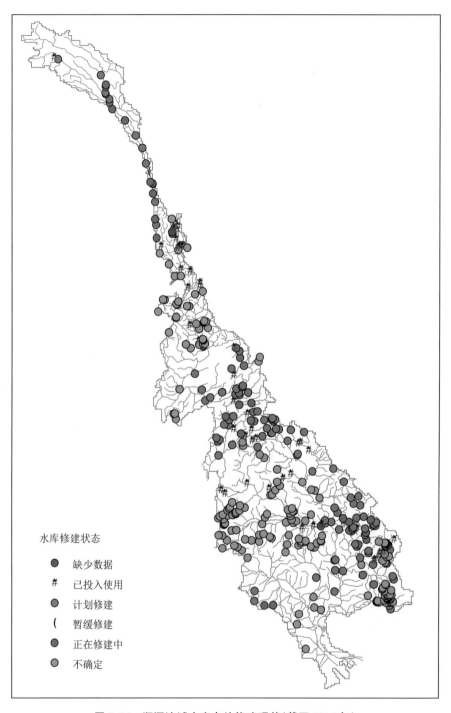

图 7.26 澜湄流域水库电站修建现状(截至 2016 年)

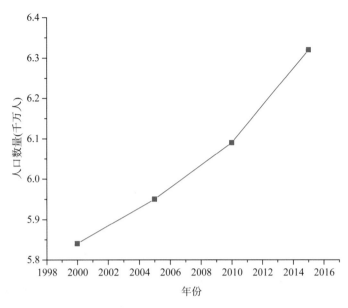

图 7.27　澜湄流域 2000 年、2005 年、2010 年和 2015 年人口总数量

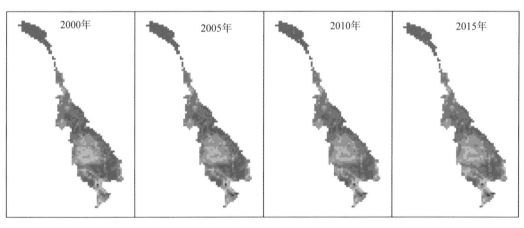

图 7.28　澜湄流域 2000 年、2005 年、2010 年、2015 年人口空间分布

7.3.4.2　湄公河流域年径流序列突变点检验

　　与允景洪站点年径流序列突变检验相同,本研究使用了 MK 突变检验、滑动 t 检验和勒帕热突变检验三种方法对湄公河流域 5 个水文站点的年平均径流序列(此处年径流序列为该站点减去上游相邻站点年径流序列求得)进行了突变检验。图 7.29 展示了 5 个站点的 MK 检验结果,三种突变检验最终结果见表 7.15。由图 7.29 可以看出,利用 MK 检验可以检验出清盛站和穆达汉站年平均径流序列分别在 2005 年和 1998 年发生突变,而在其他三个水文站点均检验出了多个突变点。根据表 7.15 呈现的结果,最终选取 2005 年、2002 年、1998 年、2002 年和 2004 年分别作为清盛站、琅勃拉邦站、穆达汉站、巴色站和上丁站的径流序列突变年份。需要指出的是,清盛站是下游湄公河流域距离允景洪站点最近的水文站点,其径流序列发生突变年份与允景洪站一致,均是在 2005 年,这也说明了上游澜沧江流域 2004 年 10 月开始截流的小湾水电站对清盛站径流过程也产生了一定的影响。对于清盛站下游邻近的琅勃拉邦站,其年平均径流序列在 2002 年发生突变,也可以反映出上游澜沧江流域内水利设施的修建对清盛站以下湄公河区域径流过程并没有显著的影响。

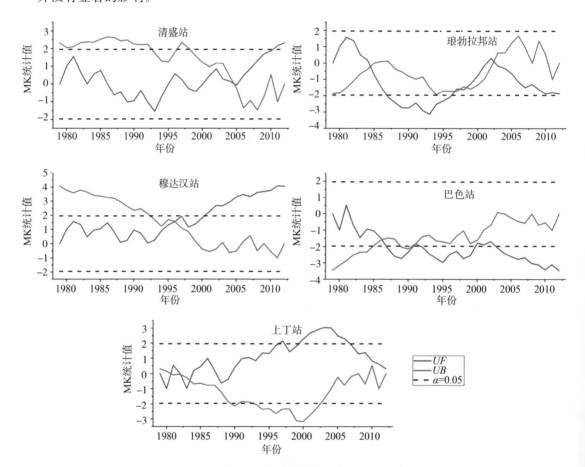

图 7.29　1979—2012 年清盛站、琅勃拉邦站、穆达汉站、巴色站和
上丁站年平均径流序列 MK 检验结果

表 7.15　清盛站、琅勃拉邦站、穆达汉站、巴色站和上丁站 1979—2012 年
多年平均径流序列突变检验结果

站点	清盛站	琅勃拉邦站	穆达汉站	巴色站	上丁站
MK 检验	2005 年	1984 年/1993 年/1998 年/2002 年	1998 年	1987 年/1992 年	1982 年/1984 年
滑动 t 检验	2005 年	2002 年	1998 年	2002 年	2004 年

站点	清盛站	琅勃拉邦站	穆达汉站	巴色站	上丁站
勒帕热突变检验	2005 年	2002 年	1998 年	2002 年	2004 年
最终突变点选取	2005 年	2002 年	1998 年	2002 年	2004 年

根据以上突变检验结果,将五个站点控制区域的水文气象时间序列分为相应的"自然期"和"影响期"。表 7.16 呈现了五个站点"自然期"和"影响期"划分情况以及每个站点"影响期"平均径流量相较于"自然期"的变化量和变化率。从五个区域的平均径流量变化情况来看,清盛—琅勃拉邦、穆达汉—巴色和巴色—上丁三个区域的径流量呈现出减小的趋势,而允景洪—清盛和琅勃拉邦—穆达汉两个区域的径流呈现出增加的趋势,而其中允景洪—清盛区域的径流量增加了 49.1%,这主要是由于上游允景洪站点受到水利设施修建的影响,其"影响期"径流量相较于"自然期"呈现出较大的减小趋势,而穆达汉—巴色区域径流量减小幅度最大。

表 7.16　清盛站、琅勃拉邦站、穆达汉站、巴色站和上丁站 1979—2012 年时间序列
"自然期"和"影响期"划分,以及各个区域"影响期"基于"自然期"径流量变化量和变化率

区域	"自然期"	"影响期"	径流变化量(m^3/s)	径流变化量(mm)	径流变化率(%)
允景洪—清盛	1979—2004 年	2005—2012 年	410.9	266.5	49.1
清盛—琅勃拉邦	1979—2001 年	2002—2012 年	−332.3	−132.0	−26.6
琅勃拉邦—穆达汉	1979—1997 年	1998—2012 年	1 297.7	342.4	36.3
穆达汉—巴色	1979—2001 年	2002—2012 年	−647.4	−139.2	−30.5
巴色—上丁	1979—2003 年	2004—2012 年	−804.4	−311.8	−25.0

7.3.4.3　湄公河流域区域径流变化归因分析

按照 7.3.2.2 节提出的全新的量化框架,本研究分析了下游五个区域(允景洪—清盛区域、清盛—琅勃拉邦区域、琅勃拉邦—穆达汉区域、穆达汉—巴色区域、巴色—上丁区域)气候变化和人类活动对各个区域径流变化的贡献率(图 7.30)。由图 7.30(a～e)可以看出,除了清盛—琅勃拉邦区域为气候变化占主导因素外,其他四个区域均为人类活动占主导因素,即在这四个区域导致径流变化的主要原因均为人类活动。由图 7.30(f)可以看出,在允景洪—清盛、琅勃拉邦—穆达汉、穆达汉—巴色、巴色—上丁四个区域人类活动贡献率分别为 72%、88%、87% 和 83%;清盛—琅勃拉邦区域人类活动贡献率约为 43%。

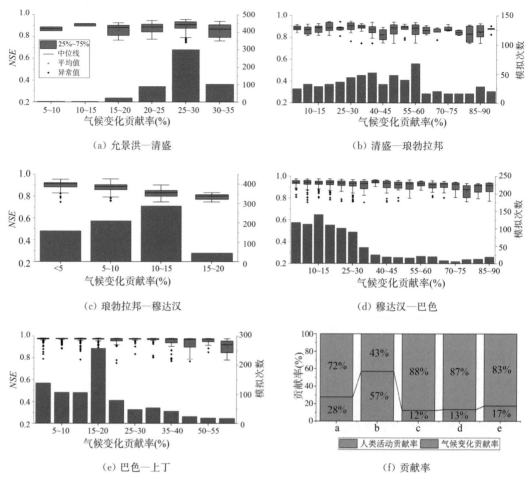

图 7.30 年尺度下气候变化对(a)允景洪—清盛、(b)清盛—琅勃拉邦、(c)琅勃拉邦—穆达汉、(d)穆达汉—巴色、(e)巴色—上丁五个区域径流变化的贡献率(以 5%为步长)模拟次数直方图及相应的纳什效率系数箱形图

7.3.4.4 湄公河流域区域归因结果分析

对湄公河流域归因结果的分析主要从三个方面进行:各个区域内降雨量、潜在蒸散发量"影响期"基于"自然期"的变化量;各个区域内人类活动相关取用水量"影响期"基于"自然期"的变化量;各个区域内"影响期"是否存在正在修建的大型水利设施,因为根据7.3.3.6节研究结果,大型水利工程设施的修建是导致流域径流变化的最主要因素。

图 7.31 展示了五个区域的降雨量和潜在蒸散发量 1979 年至 2012 年变化,图上标注数字为降雨量和潜在蒸散发量各自区域"影响期"基于"自然期"的变化量和变化率(%),潜在蒸散发量由 SWAT 模型计算,采用彭曼公式进行计算。总的来说,在五个区域"影响期"基于"自然期",潜在蒸散发量均呈现出增加趋势,增加幅度在 6.2%~9.3%,其中允景洪至清盛区域增加幅度最大。对降雨量变化来说,允景洪至清盛区域、穆达汉至巴色区域、巴色至上丁区域多年平均降雨量呈现出减小趋势,其变化量(率)分别为−7.3 mm

（－0.5%）、－4.8 mm（－0.3%）、－142.9 mm（－7.1%）；而清盛至琅勃拉邦区域、琅勃拉邦至穆达汉区域降雨量均呈现出增加趋势，且清盛至琅勃拉邦区域降雨量增加幅度最大，其"影响期"降雨量基于"自然期"增加了 56.3 mm。潜在蒸散发量在五个区域均呈现出增加趋势，这主要与流域内气温升高有关。

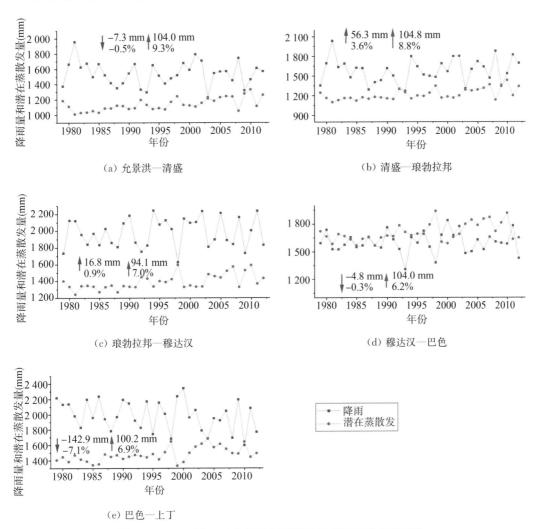

图 7.31　1979 至 2012 年五个区域降雨量、潜在蒸散发量变化

　　表 7.17 为湄公河流域五个区域 1979—2010 年六种人类活动取用水"影响期"基于"自然期"的变化量。从表中可以看出，在湄公河流域五个区域所有类别的取用水均呈现出增加趋势，居民生活用水在允景洪—清盛区域和穆达汉—巴色区域增长量最大，灌溉用水则是穆达汉—巴色区域增加量最大，其"影响期"基于"自然期"共增长了 36.25 mm，这主要跟整个流域内耕地面积分布有关，在该区域分布着流域内最多的耕地面积，而伴随着人口数量的增长，该地区的灌溉用水也呈现出增加趋势，牲畜用水也是这个区域增长幅度最大；制造业用水和采矿业用水在五个区域整体上变化不大。从五个区域各类人类活动取用水总和来看，其"影响期"基于"自然期"人类活动用水分别增加了 20.3%、74.8%、

81.2%、84.6%、41.9%,且均是灌溉用水增加对流域总用水变化贡献最大,也就是说在五个区域主要人类活动取用水以灌溉用水为主。

表 7.17 五个区域 6 种人类活动取用水"影响期"基于"自然期"的变化量

人类活动取用水	允景洪—清盛	清盛—琅勃拉邦	琅勃拉邦—穆达汉	穆达汉—巴色	巴色—上丁
居民生活用水(mm)	1.02	0.43	0.97	2.35	0.07
发电业用水(mm)	0.62	0.25	0.46	1.08	0.10
灌溉用水(mm)	1.91	11.0	13.38	36.25	3.54
牲畜用水(mm)	0.44	0.12	0.17	0.46	0.12
制造业用水(mm)	0.51	0.22	0.51	1.21	0.04
采矿业用水(mm)	0.03	0.02	0.05	0.12	0.004
人类活动取用水汇总(mm)	**4.53**	**12.04**	**15.54**	**41.47**	**3.874**
人类活动取用水变化率(%)	**20.3**	**74.8**	**81.2**	**84.6**	**41.9**

图 7.32 展示了五个区域内已修建水利设施情况,在各个区域"影响期"内修建并运行的由修建完成年份标识。由 7.3.3.6 节研究结果可知,在量化气候变化和人类活动对径流变化的贡献率过程中,水利工程的修建是影响最大的因素,特别是在"影响期"有大型水利设施修建的情况下。由图 7.32(a)和(b)可知,在允景洪至清盛区域没有水利设施修建,在清盛至琅勃拉邦区域内虽然有两座已建成的水利设施,但是其是在较早时期修建完成的(1996 年、2002 年);由图 7.32(c)和(e)可以看出,这两个区域在各自"影响期"修建完成了较多的水利工程,分别修建了 8 座、9 座,而且多数是在 2010 年左右完成的;由图 7.32(d)可以看出,在穆达汉至巴色区域虽然已经运行了 10 座水利工程设施,但是这些水利工程多是在 20 世纪 90 年代以前修建完成的,这个区域由于农业用地较多,在这些水利工程中有很多灌溉用水工程。

综上所述,湄公河流域允景洪至清盛区域人类活动和气候变化对径流变化贡献率分别为 72% 和 28%,该区域没有水利工程的修建,人类活动取用水增长了 20.3%(4.53 mm),降雨量也呈现出小幅度减小趋势,造成该区域径流增加的主要原因可能来自上游流域含水层的补给,特别是景洪水电站的修建,该水电站与允景洪至清盛区域相邻,水库蓄水会增加含水层水头,进而补给该区域,而这一部分径流补给被归结到人类活动的影响之中;清盛至琅勃拉邦区域气候变化和人类活动的贡献率分别为 57% 和 43%,是唯一一个气候变化占主导的区域,其"影响期"降水量增加了 56.3 mm,而且在该区域"影响期"内没有水利设施的修建,人类活动取用水也仅仅增加了 12.04 mm,也就是说在这个区域降水变化可能是导致气候变化占主导的主要原因;在琅勃拉邦至穆达汉区域气候变化和人类活动的贡献率分别为 12% 和 88%,该区域"影响期"降雨量并没有显著变化(增加 0.9%),人类活动取用水增加了 15.54 mm(81.2%),而且在该区域"影响期"内修建了

8座大型水利工程设施,也就是说在该区域导致径流变化的主要原因为人类活动取用水增加和水利工程设施的修建,巴色至上丁区域导致径流变化原因与该区域类似;在穆达汉至巴色区域,气候变化和人类活动的贡献率分别为13%和87%,该区域降雨量减小了0.3%,且在该区域"影响期"内未修建水利工程设施,但是该区域人类活动取用水在"影响期"内增加了41.47 mm,是五个区域中增加最大的,其中灌溉用水量增加了36.25 mm,也就是说在该区域人类活动取用水是导致径流变化的最主要原因。

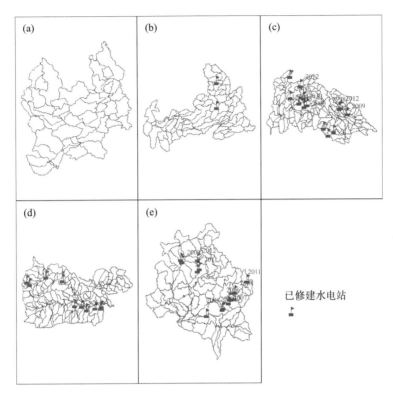

图7.32 允景洪至清盛(a)、清盛至琅勃拉邦(b)、琅勃拉邦至穆达汉(c)、穆达汉至
巴色(d)、巴色至上丁(e)五个区域内已修建水利设施情况
(图上标识年份为各个区域"影响期"内水利设施完成修建的年份)

7.4 本章小结

本章分别以雅江流域、黄河源区和澜湄流域为例进行高原高寒区的径流模拟。以雅江的拉孜、奴各沙、羊村及奴下四个断面为研究对象,分析不同降水数据在四个断面的径流模拟效果;构建多层自注意力神经网络(MSA)对黄河源区唐乃亥站、贵德站的观测降水、场次洪水径流进行建模;提出考虑水文模拟不确定性的全新的归因框架,对澜沧江流域以及下游湄公河流域五个子区域的径流变化进行了归因分析。结果表明:

(1)在基于融合降水的雅鲁藏布江流域径流模拟过程中,融合降水数据整体上优于参与数据融合的其他数据产品。与实测数据对比,在保持实测数据较高的纳什系数 NS

与相关系数 R^2 的同时,在一定程度上缩小了实测数据模拟过程中的 $PBIAS$,说明融合降水产品具有更好的水文适用性。

(2) 构建的基于深度学习算法的 MSA 模型,在唐乃亥站、贵德站 2012—2020 年共 19 场洪水过程预报中,其综合指标与洪水过程线的表现优于一众广泛应用的神经网络模型(RNN、LSTM、Conv-LSTM)与新安江模型,展现了较好的洪水预报效果。

(3) 提出的考虑水文模拟不确定性的全新的归因框架可以用于量化澜沧江流域气候变化和人类活动对径流变化的贡献率,可以充分解决水文模拟中普遍存在的局部最优参数组合给量化带来的不确定性。其计算结果表明,在澜沧江流域引起径流变化的主要因素是水利设施的修建,人类活动贡献率为 57.4%,并且随着时间的推移,水利工程对多年平均径流量的影响会越来越小。下游湄公河区域的量化结果表明,除清盛—琅勃拉邦区域以外的 4 个区域的径流变化均主要受到各自区域内人类活动影响。

参考文献

[1] ARNOLD J G, MORIASI D N, GASSMAN P W, et al. SWAT: Model use, calibration, and validation[J]. Transactions of the Asabe, 2012, 55 (4), 1491-1508.

[2] BUDYKO M I. The heat balance of the earth's surface[J]. Soviet Geography, 1961, 2(4): 3-13.

[3] ELMAN J L. Finding structure in time[J]. Cognitive Science, 1990, 14(2): 179-211.

[4] HAN Z, LONG D, FANG Y, et al. Impacts of climate change and human activities on the flow regime of the dammed Lancang River in Southwest China[J]. Journal of Hydrology, 2019, 570: 96-105.

[5] HOCHREITER S, SCHMIDUBER J. Long short-term memory[J]. Neural Computation, 1997, 9(8): 1735-1780.

[6] MRC. Overview of the hydrology of the Mekong Basin [R]. Vientiane: Mekong River Commission, 2005.

[7] NEITSCH S L, ARNOLD J G, KINIRY J R, 等. SWAT 2009 理论基础 [M]. 龙爱华,邹松兵,许宝荣,等,译. 郑州:黄河水利出版社,2012.

[8] SAHA S, MOORTHI S, PAN H L, et al. The NCEP climate forecast system reanalysis[J]. Bulletin of the American Meteorological, 2010, 91 (8): 1015-1057.

[9] SHI X, CHEN Z, WANG H, et al. Convolutional LSTM network: A machine learning approach for precipitation nowcasting[J/OL]. arXiv, 2015. http://arxiv.org/abs/1506.04214. DOI: 10.48550/arXiv.1506.04214.

[10] TANG G, LONG D, HONG Y, et al. Documentation of multifactorial relationships between precipitation and topography of the Tibetan Plateau using spaceborne precipitation radars[J]. Remote Sensing of Environment, 2018, 208: 82-96.

[11] TANG X, ZHANG J, GAO C, et al. Assessing the uncertainties of four precipitation products for Swat modeling in Mekong River Basin[J]. Remote Sensing, 2019b, 11(3): 304.

[12] TANG X, ZHANG J, WANG G, et al. Evaluating suitability of multiple precipitation products for the Lancang River Basin[J]. Chinese Geographical Science, 2019a, 29 (1): 37-57.

[13] VASWANI A, SHAZEER N, PARMAR N, et al. Attention is all you need[C]//Advances in

Neural Information Processing System. 2017：5998-6008.

［14］WINEMILLER K O，MCINTYRE P B，CASTELLO L，et al. DEVELOPMENT AND ENVIRONMENT. Balancing hydropower and biodiversity in the Amazon，Congo，and Mekong［J］. Science，2016，351(6269)：128-129.

［15］常福宣,洪晓峰.长江源区水循环研究现状及问题思考［J］.长江科学院院报,2021,38(7):1-6.

［16］冯永忠,杨改河,杨世琦,等.江河源区地域界定研究［J］.西北农林科技大学学报(自然科学版),2004(1):11-14.

［17］康婷婷,权妍丽,楚楚.新安江模型在唐乃亥站洪水预报中的应用［J］.甘肃水利水电技术,2018,54(4):1-5.

［18］康颖,张磊磊,张建云,等.近50a来黄河源区降水、气温及径流变化分析［J］.人民黄河,2015,37(7):9-12.

［19］刘秀华,吕军奇.气候变化下寒区水文研究进展［M］//中国水利学会.2022中国水利学术大会论文集(第四分册).郑州:黄河水利出版社,2022:5.

［20］宋伟华,贺顺德,崔鹏.黄河上游近年洪水特性分析［M］//中国水利学会.中国水利学会2019学术年会论文集(第二分册).中国水利水电出版社,2019.

［21］王国庆,乔翠平,刘铭璐,等.气候变化下黄河流域未来水资源趋势分析［J］.水利水运工程学报,2020(2):1-8.

［22］王文卓,张建云,陈峰,等.黄河源区雨季降水与汛期径流量重建及其千年尺度下的演变特征［J］.水科学进展,2022,33(6):868-880.

［23］徐小蓉,田园诗,孙其诚,等.1979—2021年雅鲁藏布江流域雪深时空特征研究［J］.水力发电学报,2023,42(9):58-69.

［24］雍斌,张建云,王国庆.黄河源区水文预报的关键科学问题［J］.水科学进展,2023,34(2):159-171.

［25］游庆龙,康世昌,闫宇平,等.近45年雅鲁藏布江流域极端气候事件趋势分析［J］.地理学报,2009,64(5):592-600.

［26］张成凤,刘翠善,王国庆,等.基于Budyko假设的黄河源区径流变化归因识别［J］.中国农村水利水电,2020(9):90-94.

［27］张仪辉,刘昌明,梁康,等.雅鲁藏布江流域降水时空变化特征［J］.地理学报,2022,77(3):603-618.

第八章

城市洪水预报

在全球气候变化背景下,极端暴雨事件变得更加频繁和密集(IPCC,2013),因暴雨导致的洪水成为最频繁的自然灾害之一(UNISDR,2015)。全世界约有 55%的人口生活在城市(UNDESA,2018),受综合城市化引起的热力作用,城市结构、冠层效应的动力作用以及植被减少、下垫面硬化引起的小尺度水循环过程等因素影响,未来城市可能面临更频繁更极端的暴雨洪涝威胁(胡庆芳等,2018)。同时,高度集中的人口和 GDP 也将使得城市在面临洪涝威胁时更加脆弱(Wu 等,2019),并且通过生产链和供应链影响到灾区以外的地区经济社会发展(米胤瑜等,2023)。随着城市的快速发展和进一步扩张,城市效应在城市气候变化中有着不可忽视的作用,城市将面临更加严峻的极端天气气候事件风险(张建云等,2014)。联合国政府间气候变化专门委员会(IPCC)第六次评估报告指出,21 世纪全球许多地区的强降水和洪水将加剧,且在高度城市化地区更加频繁(IPCC,2021)。

受季风气候和复杂地形影响,中国暴雨洪水集中、洪涝灾害严重(张建云等,2016;张建云等,2023)。近年来我国极端天气频发,1991—2020 年我国气候风险指数平均值较1961—1990 年的平均值增加 58%。2021 年,郑州市遭遇历史罕见"7·20"特大暴雨;2023 年 7 月底至 8 月初,受台风"杜苏芮"影响,京津冀等地遭遇严重洪涝灾害,威胁人民群众生命财产安全。近年来,"逢雨必涝"和"城市看海"正成为中国城市发展的通病,引发科学界和社会广泛关注,成为城市防灾减灾体系的突出短板和影响城市公共安全的主要制约因素(宋晓猛等,2019)。

随着京津冀、长三角、粤港澳、成渝、长江中游等城市群不断发展,我国城镇化率快速提升,对城市防洪减灾工作提出了更高要求。水利专家仲志余指出"因人口财富聚集、涉及面广,城市防洪排涝问题更为复杂多变,关系到社会安定、经济发展的大局。应统筹好发展与安全,加强城市极端暴雨洪水有效精准防控。"(黄一为,2024)。

城市洪水预报是城市洪涝防控的关键支撑,雨洪模拟是有效应对区域洪涝灾害的非工程措施之一,应用较为成熟的雨洪模型主要有 SWMM、MIKE FLOOD,InfoWorks ICM 以及一些独立开发的水文水动力耦合模型(胡彩虹等,2022;郭元等,2023)。由于城市化显著改变了下垫面条件,城市区域不透水面积迅速增加,导致产汇流过程发生变化,从而改变了城市水循环过程。同时,城市雨洪模型率定所依据的降雨和径流数据往往存在时序短、时间分辨率低、场次有限等问题。此外,强人类活动造成的局部气候效应和水利工程设施的建设与运行等因素,使得原有的水文资料序列不再符合一致性的假设前提,这些因素加大了模型的率定难度。这些都造成了城市流域事实上的缺资料问题,给城市洪水精准预报带来挑战。

基于上述现状,本研究引入 SWMM 模型、MIKE 系列模型,分别探讨了缺资料情况下南京市典型区和杭州市典型区城市洪涝模拟问题。

8.1 南京市典型区城市洪涝模拟

8.1.1 南京市典型区——建邺区河西新城的沙洲圩区

以南京市建邺区河西新城的沙洲圩区作为研究区域,该地区是南京市的重点开发区域,整个区域被长江、秦淮河、南河和秦淮新河所环绕,区域面积为 56 km²。区域内地势低平,内河水位低于周边河流的正常水位。该区域通过堤防抵御洪水,使用泵站将内河收集的雨水排出。

沙洲圩位于秦淮河两岸,秦淮河主河道在东山镇河定桥上游分为两支,西支新秦淮河,全长 18 km,前期设计防洪能力 900 m³/s,通过秦淮新河防洪闸流入长江;北支全长 22.4 km,设计防洪能力为 600 m³/s,该支流在通济门分为两个分支,一支为内秦淮河,穿过南京市区,另一支为外秦淮河。闸门的目的是改善城市水环境,在旱季提高秦淮河的水位,在汛期排出城市水流。研究区位置、水系及泵站分布见图 8.1,南京市行政区划及周边水系关系情况见图 8.2。

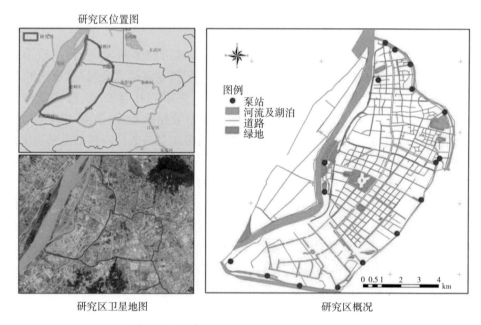

图 8.1 研究区位置、水系及泵站分布示意图

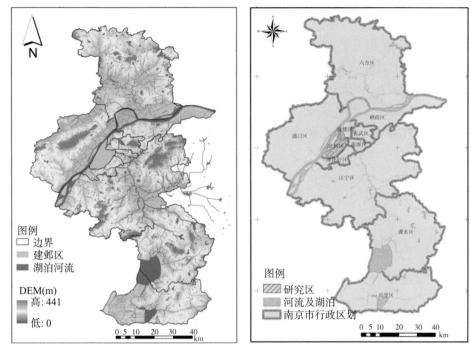

图 8.2　南京市及建邺区示意图

8.1.2　SWMM 模型简介

SWMM(Storm Water Management Model)是美国环境保护署(EPA)研发的一种动态降水-径流模拟模型,主要用于城市某单一降水事件或长期的水量和水质模拟。该模型由于可考虑地下排水管网因素,在城市内涝模拟研究中得到广泛应用。SWMM 模型主要包括四个模块。

地表产流模块:子汇水区的总降雨量减去入渗、植物截留、蒸散发等损失后形成地面径流的过程。每个子汇水区的产流由透水面积、有洼蓄不透水面积、无洼蓄不透水面积三种产流组成。

地表汇流模块:将每个子汇水区概化为一个非线性蓄水池。蓄水池入流量包括上游子流域的出流量和降雨量,蓄水池流出量包括下渗、蒸散发和下游出流量。根据水量平衡公式计算蓄水池的水深,并随时间不断计算更新,若蓄水池水深超过最大洼地蓄水量,则通过曼宁公式计算得出地表出流。

下渗模块:包括 Horton 模型、Green-Ampt 模型、SCS-CN 模型三种方法。

Horton 模型是由 Horton 提出的一个经验模型,该模型原理是描述了一个长历时降水事件,入渗衰减指数由入渗率最大值随时间成指数级下降至某一最小值的下渗过程,计算如式(8-1)所示。

$$f = f_t + (f_0 - f_t)\mathrm{e}^{-kt} \tag{8-1}$$

式中,f 为下渗率(mm/h);f_t 为稳定下渗率(mm/h);f_0 为初始下渗率(mm/h);t 为降

水历时(h);k 为下渗衰减系数(1/h)。

地表汇流是指将降雨产生的净雨集中至出水口或排入河道的过程,SWMM 模型通过联立求解连续性方程和曼宁方程计算地表汇流过程。

在计算下渗时,Green-Ampt 模型假定土壤层中存在一个湿润锋。其物理基理是多孔介质水流的达西定理。由于在土壤层中有饱和与非饱和两个区域,该方程对不同的区域有不同的计算方法。当净降水量 I<土壤含水 Q 时,$f=I$,下渗量的计算公式为式(8-2)。当净降水量 I>土壤饱和含水量 Q_m 时,下渗计算如式(8-2)、式(8-3)所示。

$$Q = \frac{a_0 \times Q_m}{\frac{1}{K_s} - 1} \qquad (8\text{-}2)$$

$$f_t = K_s\left(1 + \frac{a_0 \times Q_m}{Q}\right) \qquad (8\text{-}3)$$

式中,Q 为下渗量(m^3);a_0 为土壤平均吸附力;K_s 为饱和土壤导水率;Q_m 为最大下渗量。

SCS-CN 模型是在计算径流数字曲线的基础上演变而来。该方法的核心是 土壤的总下渗量可以从数值曲线上提取并获得。在下渗的过程中,随着降雨的持续,下 渗量随着时间的推迟逐渐减小。其计算公式如式(8-4)、式(8-5)所示。

$$Q = \frac{(I - 0.2S)^2}{I + 0.8S} \qquad (8\text{-}4)$$

$$S = 25.4\left(\frac{1\,000}{CN} - 10\right) \qquad (8\text{-}5)$$

式中,Q 为径流量(m^3);S 为土壤水吸力;I 为降水量;CN 为数值曲线数。

水力模块用于计算管网水动力过程,有三种演算方法,分别为恒定流法、运动波法与动力波法。

恒定流法最为简单,没有考虑蓄水、壅水的影响,也没有考虑进出口损失、流向逆转及相应的压力流动,仅适用于每个节点只有一个出口的树形传输网络。运动波法与恒定流法一样,都没有考虑壅水、进出口损失等,两者均对实际情况进行了简化。运动波法采用连续方程和动量方程对管段内的水流运动进行模拟,动力波法计算比较复杂,它通过计算完整的一维圣维南方程组去寻求最优值,该方法弥补了恒定流法与运动波法的缺陷,完整地考虑了蓄水、壅水的影响以及进出口损失、有压流等。它们是运用曼宁公式将流速、水深和管道摩擦力联系在一起,以质量守恒和动量守恒原理从而来计算管道内的水流。其基本方程如式(8-6)和式(8-7)所示。

$$\frac{\partial A}{\partial t} + \frac{\partial Q}{\partial x} = q_L \qquad (8\text{-}6)$$

$$\frac{1}{g} \cdot \frac{\partial v}{\partial t} + \frac{\gamma}{g} \cdot \frac{\partial v}{\partial x} + \frac{\partial h}{\partial x} = S_0 - S_f \qquad (8\text{-}7)$$

式中，Q 为流量；A 为过水断面面积；q_L 为单位长度入流量；v 为流速；h 为静压水头；t 为时间；x 为距离；S_0 为管底坡降；S_f 为摩阻坡降。

8.1.3 SWMM 模型搭建

根据收集到的研究区高程地图、土地利用数据以及道路等矢量数据，进行子汇水区划分及排水管网概化。SWMM 模型搭建示意图如图 8.3 所示。

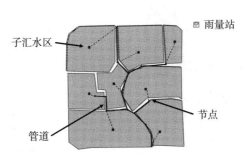

图 8.3 SWMM 模型搭建示意图

1. 子汇水区划分及属性计算

SWMM 子汇水区划分方法可分为人工划分、泰森多边形法、人工划分与泰森多边形结合法三种。为保证子汇水区划分的准确度，本研究依据南京市河西排涝片区雨水管网基础数据，结合研究区高程数据、道路网、内河河网分布，并参考《南京市中心城区排水防涝综合规划》中该片区的排水区划，进行人工划分子汇水区（图 8.4、图 8.5）。

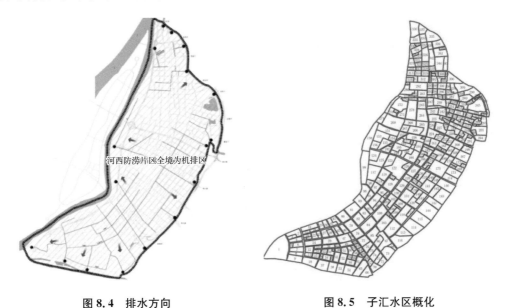

图 8.4 排水方向   **图 8.5 子汇水区概化**

将本研究区概化为 343 个子汇水区，面积在 0.86～93.84 ha，平均面积为 16.32 ha。根据 DEM 数据、土地利用数据分别计算每个子汇水区的平均坡度和不透水率（图 8.6 至图 8.8）。

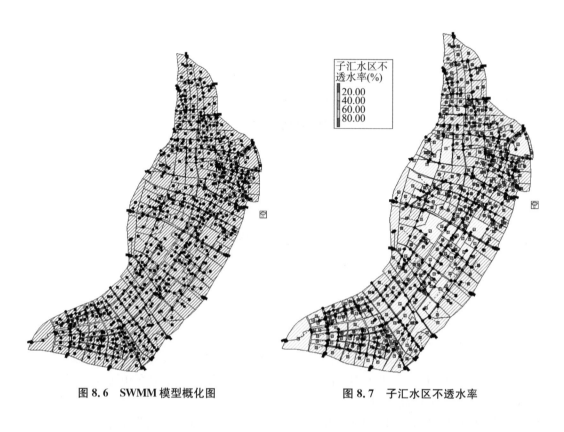

| 图 8.6 SWMM 模型概化图 | 图 8.7 子汇水区不透水率 |

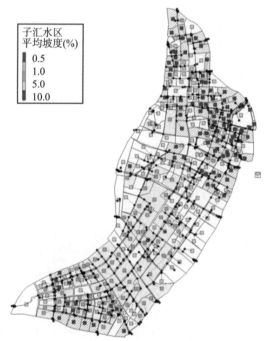

图 8.8 子汇水区平均坡度

运用GIS技术进行管道长度、坡度的计算,管道直径、管道糙率、节点和排水口的井底标高与最大深度等参数依据收集的管网数据进行设置;子汇水区的粗糙系数、最大下渗速率、最小下渗速率等参数通过查阅相关文献参考经验值进行设置。

根据研究区雨水管线数据,将每个子汇水区对应一个节点,并将研究区内的节点按照流向串联起来,节点与节点的连接即为管线,管线类型包括地下涵管和内河渠段两种(图 8.9)。

圆形　　　　封闭矩形　　　　梯形

图 8.9　地下涵管以及内河渠段示意图

2. 检查井节点及管线属性设置

根据研究区雨水管线数据,设置检查井节点的井底高程和埋深,以及管线的几何特性参数。

本研究区共概化 559 个检查井节点、315 段雨水管线、247 段内河渠段。其中,检查井平均高程 4.99 m,平均埋深 3.34 m;概化雨水管线总长度 4.54 万 m;概化内河渠段总长度 6.66 万 m。雨水管网直径在 0.8～2 m。

3. 泵站概化

根据各泵站的排涝模数,选择 TYPE2 型水泵曲线,以最大排涝模数进行设置(图 8.10、图 8.11)。

图 8.10　泵站分布及排涝模数

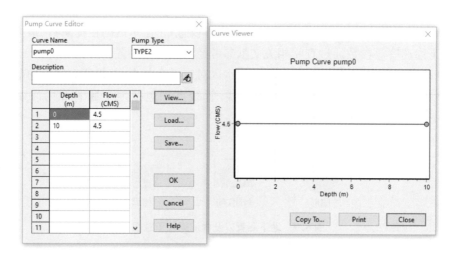

图 8.11　SWMM 泵站曲线设置界面

8.1.4　模型参数率定

下渗模块采用 Horton 模型,管网汇流模块采用运动波法。在设置好确定性参数的基础上,根据 2016 年 7 月 7 日凌晨的暴雨和淹没数据,对模型的经验参数进行率定。经验参数通过查阅文献及 SWMM 用户手册等方式进行设置并率定,最终取值见表 8.1。

表 8.1　经验参数率定结果表

参数	解释	取值
width	特征宽度	Area/150
N-Imperv	不透水区曼宁系数	0.015
N-Perv	透水区曼宁系数	0.1
S-Imperv	不透水区洼蓄量	1.5
S-Perv	透水区洼蓄量	5
MaxRate	最大入渗率	70
MinRate	最小入渗率	0.5
Decay	衰减系数	4
DryTime	排干时间	7
roughness	管道糙率	0.02

8.1.5　模拟结果与分析

对 20160707 场次暴雨内涝事件进行模拟。本次降雨历时 2 h 25 min,模拟时间设定为 6 h,为保证运动波法的准确性,计算时间步长设为 30 s。模拟结果见表 8.2。

表 8.2 SWMM 模拟模型结果

径流量连续性	体积(ha·m)	深度(mm)
总降雨量	552.547	119
蒸发损失	0	0
下渗损失	19.145	4.123
地表径流	505.597	108.889
最终存储量	31.722	6.832
连续性误差(%)	−0.71	
流量演算连续性	体积(ha·m)	容积(10^6 L)
雨天入流量	504.206	5 042.113
外部流出量	86.212	862.13
遗留损失量	225.91	2 259.12
最终存储量	191.51	1 915.104
连续性误差(%)	0.12	

模型产汇流模块连续性误差为−0.71%，管渠排水模块连续性误差为0.12%，且模型在不同时段的溢流情况模拟结果与实测溢流情况较为吻合，结果如图8.12至图8.14所示，模拟精度基本满足研究需要。

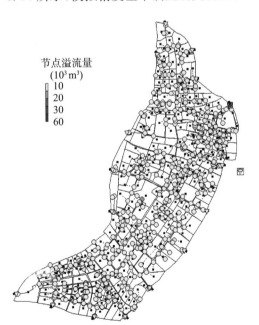

图 8.12   2016-7-7 2:35 溢流点

图 8.13   2016-7-7 3:00 溢流点

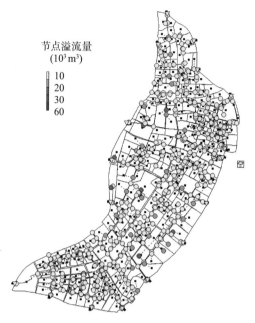

节点溢流量
$(10^3\,\mathrm{m}^3)$
10
20
30
60

图 8.14　2016-7-7 3:10 溢流点

与实际溢流点相比,模型的模拟效果较好。

8.1.6　不同设计暴雨下的内涝模拟情况

基于研究区长时间序列降雨资料和南京市典型暴雨雨型特征,采用芝加哥雨型推求研究区不同重现期 180 min 的设计暴雨,设计暴雨结果如表 8.3 所示,不同重现期设计暴雨过程如图 8.15 所示。设计暴雨的时间步长为 1 分钟。

依据设计暴雨驱动城市雨洪模型,得到不同重现期条件下的检查井溢流情况,如表 8.4 所示。降雨重现期为 2~3 年一遇条件下,研究区各检查井不存在溢流。随着降雨重现期的增大,研究区溢流点个数和溢流总流量均相应增大。当降雨重现期为 5 年一遇时,检查井溢流总流量为 1.62×10^3 m^3,平均淹没时长为 0.18 h,当降雨重现期增大为 10 年一遇,检查井溢流总流量增加 43.62×10^3 m^3,平均淹没时长增加 0.41 h;当降雨重现期增大为 20 年一遇,检查井溢流总流量较 10 年一遇条件下增加 123.17×10^3 m^3,平均淹没时长增加 0.46 h。

将城市暴雨内涝过程按照产汇流模块和管渠排水模块分别统计分析,如表 8.5 和表 8.6 所示,随着降雨重现期的不断增大,研究区的下渗损失量和蓄水量变化幅度不大,但是径流系数呈现显著增大趋势。例如,2 年一遇条件下,总降雨量为 64.21 mm,地表径流量为 53.44 mm,径流系数为 0.83;5 年一遇条件下,总降雨量为 81.29 mm,地表径流量为 69.48 mm,径流系数为 0.85;10 年一遇条件下,总降雨量为 94.21 mm,地表径流量为 81.64 mm,径流系数为 0.87;当降雨重现期增大至 50 年一遇,总降雨量为 124.21 mm,地表径流量为 109.89 mm,径流系数为 0.88;当降雨重现期增大至 100 年一遇,总降雨量为 137.13 mm,地表径流量为 122 mm,径流系数为 0.89。径流系数随降雨重现期的增大而显著增大,该变化趋势主要由于当降雨重现期逐渐增大,而研究区的下渗和排水能力逐步达到饱和的前提下,研究区地表已逐渐接近不透水地表,因此其径流系数也随之显著增大。依据不同重现期条件下的溢流量模拟结果,得到溢流点及溢流量的空间分布情况,如图 8.16 所示,并结合研究区地形数据计算其地表的淹没分布,如图 8.17 所示,淹没范围主要集中于江东中路、河西大街、梦都大街和奥体大街附近,与研究区的易涝点较为吻合。该区域人口和社会经济高度集中,属于城市内涝高风险区域。

表 8.3   不同重现期设计暴雨量

重现期(年)	总降雨量(mm)	降雨时长(min)	时间步长(min)
2	64.213	180	1
5	81.285	180	1
10	94.207	180	1
20	107.121	180	1
30	114.673	180	1
50	124.209	180	1
100	137.125	180	1

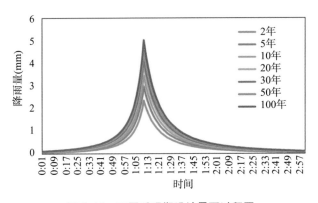

图 8.15   不同重现期设计暴雨过程图

表 8.4   不同降雨重现期溢流点模拟结果

重现期(年)	溢流点个数	溢流总流量(10^3 m³)	平均淹没时间(h)
2	0	0	0
3	0	0	0
5	2	1.62	0.18
10	4	43.62	0.41
20	6	123.17	0.46

重现期(年)	溢流点个数	溢流总流量($10^3 m^3$)	平均淹没时间(h)
30	12	185.94	0.35
50	19	287.41	0.3
100	21	472.88	0.41

表 8.5　不同降雨重现期产汇流模块模拟结果

重现期	总降雨量 (mm)	产汇流模块			
		下渗损失量(m)	地表径流量(m)	蓄水量(m)	连续性误差(%)
2	64.21	4.10	53.44	5.12	−0.10
5	81.29	4.11	69.48	5.73	−0.10
10	94.21	4.12	81.64	6.17	−0.10
20	107.12	4.12	93.79	6.61	−0.09
50	124.21	4.13	109.89	7.18	−0.09
100	137.13	4.13	122.00	7.60	−0.09

表 8.6　不同降雨重现期管渠排水模块模拟结果

重现期	入流量 ($10^3 m^3$)	管渠排水模块			
		下渗损失量 ($10^3 m^3$)	地表径流量 ($10^3 m^3$)	蓄水量 $10^3 m^3$	连续性误差 (%)
2	2 478.83	721.57	766.17	991.83	−0.03
5	3 223.18	791.88	1 195.58	1 236.98	−0.04
10	3 787.14	830.02	1 554.79	1 403.27	−0.02
20	4 351.23	860.67	1 938.20	1 553.47	0.03
50	5 098.16	893.27	2 478.51	1 725.70	0.01
100	5 663.11	915.32	2 906.50	1 837.47	0.07

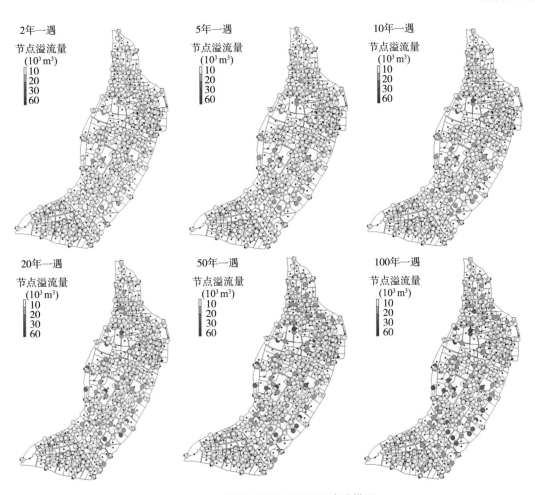

图 8.16 不同重现期设计降雨下内涝模拟

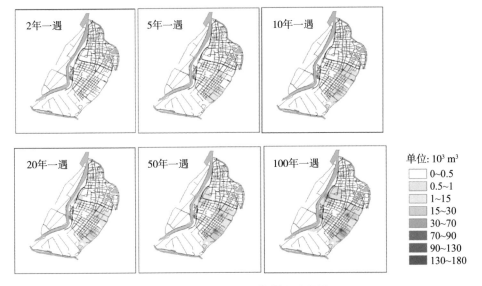

图 8.17 不同重现期暴雨淹没图

8.2 杭州市典型区城市洪涝模拟

8.2.1 杭州市典型区

将杭州市部分区域也作为研究区域,对城市洪涝模拟进一步分析。杭州市处于杭州湾的西部,长江三角洲的南端。研究区位于浙江省杭州市钱塘区,辖区范围内陆域面积 436 km²,水域面积主要是钱塘江流经辖区面积,约 95.7 km²,涵盖了原杭州大江东产业集聚区与原杭州经济技术开发区,包括白杨、下沙等 7 个街道和原杭州大江东产业集聚区规划控制范围内的其余区域(不含党湾镇所辖接壤区域的行政村)。本研究选取由白杨街道的三号大堤河、11 号渠与钱塘江所围绕的区域作为研究区,区域较为封闭独立,可认为其不受研究区以外区域的影响和干扰,总面积 26 km²,如图 8.18 所示。

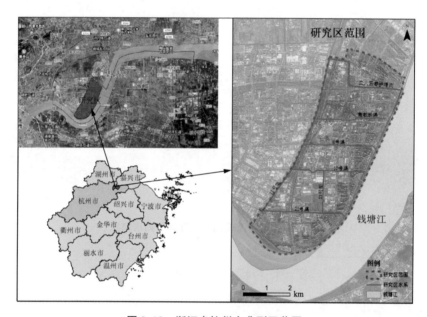

图 8.18　浙江省杭州市典型区范围

研究区属于钱塘江淤积平原,地势平坦,在黄海高程标准以下,地面自然标高为 5.1～5.8 m。土壤多为泥沙,系砂壤土,以粗粉砂为主。沉积在 70～80 m 厚的第四纪地层,基岩为白垩系砂岩、砂砾岩。中更新世时期所形成的地层覆盖在基岩上,物理力学性质较好。上更新统时期的岩性为可塑状亚黏土和密实状粗砂、砂砾石。全新世时期以海陆过渡相为主,分布在整个区块,厚度较稳定,岩性为粉砂、亚黏土。全新统时期岩性为粉砂、粉细砂,物理力学性质较好,直接出露地表或埋藏较浅,厚度在 5～14 m,承载力为 10～12 t/m²。大地构造组成完整,构造活动较弱,属于地壳较为稳定的区域,地震烈度为 6 度。其地下水水位受到区域内部河道的影响,水位标高在 2.6 m,水体不具有侵蚀性。

8.2.2 MIKE 模型简介

MIKE 是丹麦水利研究所(DHI)开发的专业软件,应用于河口海岸海洋模拟、水资源管理模拟、城市用水模拟等多个领域,其功能较为齐全,可视化界面易操作,呈现效果较好。在模拟城市内涝时,主要应用了 MIKE 软件产品中的 MIKE FLOOD、MIKE Urban、MIKE 11、MIKE 21。综合 MIKE 模型的特性,本文将杭州钱塘江研究区作为 MIKE 模型的主要研究对象。

1. MIKE Urban 模型

MIKE Urban 可用于排水管网中排水过程模拟,模拟降雨进入管网后的行进路径,还能模拟污水管道中的水流行进过程、污染物的成分变化及其迁移过程等。MIKE Urban CS 是专门用于排水管网计算的模块,其包含了整个雨水排水过程的三个部分:地表产流、地表汇流和管道内水流过程。对于排水管网的模拟,分为两个计算过程:一是降雨径流过程模拟计算,二是管道内水流水力模拟计算,将降雨后的地表产流与地表汇流过程分散成单元时间长度内的产汇流,产汇流计算的结果与管网计算直接相关,产汇流计算的结果作为管网水流计算的边界条件,水流进入管网后,水流为非恒定流,利用圣维南方程组进行求解计算。本研究主要应用 MIKE Urban 构建一维地下排水管网模型。

2. MIKE 21 模型

MIKE 21 是建立在二维平面上的模型,可用于与河道、管网、湖泊等相关联的水力计算模拟,呈现出二维地面的相关特征。MIKE 21 涵盖了水动力、泥沙输沙运输、水质评价等多个模块,可用于复杂工况条件下的水流特性研究、水利工程前期的规划与设计、城市洪水淹没行进过程及退水过程的模拟、水环境治理模拟等。其中水动力模块,即 MIKE 21 HD,基于圣维南方程组求解计算,与管网、河道关联进行二维平面上的水流水力计算,本研究主要应用 MIKE 21 构建二维地形地面模型。

3. MIKE 11 模型

MIKE 11 是建立在一维河道上的模型,可以模拟一维河流水体以及流域的流动状态,或者在自然状态下的地表径流过程,还能对河道中的多种河道建筑物、溃坝等工况进行仿真模拟,另外,可以对受到污染的河道进行污染物的跟踪。其中水动力模块模拟明渠河网中非恒定流,其结果是关于水位和流量的时间序列文件。本研究主要应用 MIKE 11 构建一维河道模型。

4. MIKE FLOOD 模型

MIKE FLOOD 是一个耦合其他 MIKE 模型的平台系统,引入构建好的一维与二维模型,提供一维、二维模型相互连接的方式,即综合考虑一维、二维的影响。由于一维模型与二维模型是在单位时间步长上的连续过程,MIKE FLOOD 中的耦合连接方式也是动态过程,因此耦合模型的呈现也是一个动态过程,能够切实展现水流交换。这样,一方面能够充分发挥各模型的优点,另一方面能够减少单独使用模型过程中的网格精度问题。本研究主要应用 MIKE FLOOD 耦合 MIKE 21、MIKE 11、MIKE Urban 模型。

8.2.3　MIKE 模型构建及模拟

综合考虑地下管网的排水作用、地形地面行进漫流、河道的蓄水与顶托作用,构建城市内涝模型,因此,在 MIKE FLOOD 中耦合 MIKE Urban 排水管网模型、MIKE 21 地形地面模型、MIKE 11 河道模型。即在 MIKE Zero 中创建一个新的项目文件,在此基础上分别建立 MIKE Urban、MIKE 21、MIKE 11 模型文件,这可以通过在 MIKE Zero 目录下添加已有文件或者建立新的文件来实现。

MIKE Urban 运行前期需要整理的数据包括:

(1)管网数据。在整理检查井、排水管线、排水口的相关属性过程中,由于地下管网错综复杂,各节点与各管线之间的间距较小,因此,须对管网中的节点和管线进行合并与概化,主要是合并平行的管线,其次在添加管线和节点的相关属性后,根据管道流向、管道底面高程、管径和坡降简化节点,合并管线。经过概化和整理,研究区的检查井共计 2 115 个,排水口共计 100 个,管线共计 2 169 段,并对其进行拓扑关系检查。

(2)土地利用类型,即下垫面情况。将研究区的土地利用类型划分为绿地、水域、建筑用地、道路用地与其他土地利用类型五大类。将研究区的遥感影像、DEM 数据、管网数据设置为同一坐标系后,以遥感影像为底图,在 BigeMap 中下载的路网矢量图的基础上,对五种不同的土地利用类型进行增加、删减、修改,得到矢量化的下垫面数据,研究区主体部分为建筑物,其总面积 11.8 km²,研究区内水系较为发达,同时城市内的小区绿化程度较高。

(3)汇水分区。研究区的排水系统实行雨污分流,集水区域分布规整,按照河流、渠道等水系划分成 8 个分区明显的排水子片区,后期直接导入即可。

(4)降雨数据。降雨数据作为排水管网模型的边界条件,模型对其有数据格式要求,需要.dfs0 格式才可导入模型中,本研究设计降雨拟定的降雨历时均为 120 min,拟定的时间步长均为 1 min。

本研究选取 2015 年 7 月 21 日、2015 年 7 月 22 日两次短历时强降雨对模型进行验证,两场实测降雨过程如图 8.19 所示。将实测降雨数据导入模型中,模拟得到研究区的淹没水深。选择三处典型内涝点(其分布如图 8.20 所示),对比内涝点的模拟淹没水深与实测淹没水深。以 2015 年 7 月 21 日 8:00—10:00 实测降雨条件下模拟出的 3 号典型内涝点为例,在 9:00 实测了其淹没水深为 24 cm,模拟水深为 22.8 cm,相对误差为 5.0%;以 2015 年 7 月 22 日 18:00—20:00 实测降雨条件下模拟出的 1 号典型内涝点为例,在 19:00 实测了其淹没水深为 40 cm,模拟水深为 37.8 cm,相对误差为 5.5%。两场短历时强降雨条件下的实测淹没水深与模拟淹没水深对比如表 8.7、表 8.8 所示。

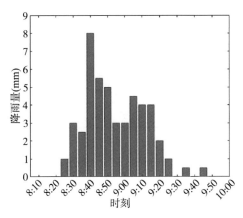

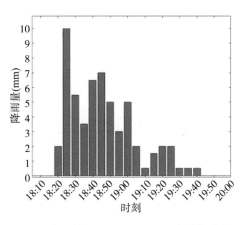

(a) 2015 年 7 月 21 日 8:00—10:00 实测降雨过程　　(b) 2015 年 7 月 22 日 18:00—20:00 实测降雨过程

图 8.19　杭州市两场实测降雨过程

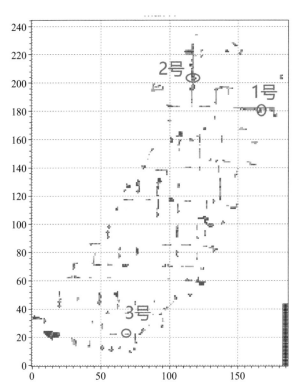

图 8.20　实测降雨量内涝点位置分布图

表 8.7　2015 年 7 月 21 日降雨实测数据与模拟数据对比表

编号	测点名称	测量时间	实测水深(cm)	模拟水深(cm)	相对误差(%)
1 号	杭州师范大学下沙校区	09:00	30	34.5	15
2 号	千帆路	09:00	25	25.4	1.6
3 号	24 号大街	09:00	24	22.8	5.0

表 8.8　2015 年 7 月 22 日降雨实测数据与模拟数据对比表

编号	测点名称	测量时间	实测水深(cm)	模拟水深(cm)	相对误差(%)
1 号	杭州师范大学下沙校区	19:00	40	37.8	5.5
2 号	千帆路	19:00	30	30.2	0.7
3 号	24 号大街	19:00	29	27.6	4.8

8.2.4　内涝模拟及风险分析

1. 设计暴雨计算

（1）暴雨强度

暴雨是引发城市内涝的重要原因,其影响因素包括暴雨强度、暴雨时程分配。设计降雨是指为防洪等工程设计拟定的符合指定设计标准的当地可能出现的降雨。暴雨强度的计算公式与暴雨雨型的特性探究是设计降雨推求的基础,对于城市排水设计规划、城市内涝治理具有重要的价值与意义。浙江省工程建设标准《暴雨强度计算标准》(DB 33/T 1191—2020)于 2020 年 3 月发布,2020 年 8 月 1 日正式开始实施,其附录 A 给定了杭州主城区的暴雨强度计算公式:

$$q = \frac{1\,455.550 \times (1+0.958\lg P)}{(t+5.861)^{0.674}} \tag{8-8}$$

式中:q 表示暴雨强度,L/s·hm²;P 表示降雨重现期,年;t 表示降雨历时,min。

该公式是将杭州国家基准气候站作为取样站点,选取 1974 年至 2013 年共计 40 年的历史降雨资料,通过年最大值法进行选样,利用数理统计的方法,包括频率分析、数值拟合等,由耿贝尔分布推导得出。本研究利用该公式计算不同重现期设计降雨量。

（2）降雨雨型

根据《城镇内涝防治技术规范》(GB 51222—2017)2.1.4 节,设计雨型是指在典型降雨事件中,降雨量随时间的变化过程。设计雨型能够体现降雨量在时间上的分配,与城市内涝中的积水区域范围以及出现的最大水深都有着密不可分的关系。根据研究区的内涝现状,导致该区域发生城市内涝的主要是短历时强降雨。国内外常见的短历时设计雨型的推求方法有:芝加哥法、Pilgrim & Cordery 法。2014 年 4 月中国气象局发布的《城市暴雨强度公式编制和设计暴雨雨型确定技术导则》推荐使用芝加哥法确定短历时暴雨雨型。因此本研究采用芝加哥雨型来合成设计降雨。

芝加哥法推求设计降雨涵盖了降雨过程线的推求与雨峰位置系数 r 的推求。短历时降雨的峰值类型一般为单峰值雨型,并且峰值位置多集中在前部或中部,综合雨峰位置系数为 0.30~0.45。倪志楠等推求出南京市短历时暴雨综合雨峰位置系数为 0.39,熊厚庭等推求出银川市短历时暴雨综合雨峰位置系数为 0.40,张坤等取河北省邯郸市的短历时暴雨综合雨峰位置系数为 0.40,谢家强等根据以往文献,认为雨峰位置系数为 0.375 的芝加哥雨型更适用于上海地区降雨设计。刘樱等以杭州市为研究对象,利用杭州地区 2008—2019 年逐分钟降水数据,探究分析杭州市的降雨雨型特征,并得出 120 min 短历时降雨的雨峰位置系数为 0.352。因此本研究采用雨峰位置系数为 0.352 的芝加哥合成雨型推求设计降雨。

（3）设计降雨情景

在进行排水防涝规划时，设计降雨主要采用 2 h 降雨或 24 h 降雨。2 h 降雨一般采用芝加哥法推求；24 h 降雨一般采用同频率分析法推求。根据浙江省工程建设标准《暴雨强度计算标准》（DB 33/T 1191—2020）中 1.0.2 节规定，本研究拟定选取降雨历时为 120 min、时间步长为 1 min 的短历时设计降雨。结合研究区的降雨特性，降雨时间拟定为 2022 年 6 月 20 日 14:00 至 16:00，步长为 1 min。

基于暴雨强度公式、芝加哥合成雨型、雨峰位置系数和拟定的降雨历时，合成 1 年、2 年、5 年、10 年、20 年、50 年、100 年七种不同重现期下 120 min 降雨历时的设计降雨，如图 8.21 所示，降雨总量分别为 40 mm、51 mm、67 mm、78 mm、90 mm、105 mm、117 mm，1 年一遇、100 年一遇 120 min 的设计降雨分布图如图 8.22 所示。

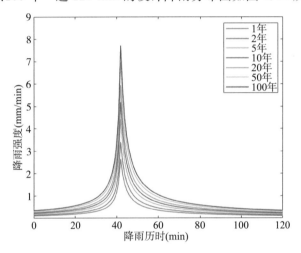

图 8.21　不同重现期下的设计降雨（$r = 0.352$）

2. 不同设计暴雨下的内涝模拟情况

（1）径流系数

径流系数是直接影响城市内涝的一个重要参数，根据《室外排水设计标准》（GB 50014—2021）4.1.8 节，综合径流系数应严格按规划确定的控制，且综合径流系数高于 0.7 的区域应采取渗透、调蓄等措施。本研究利用 MIKE Urban 中的径流计算工具，统计了每个集水区的径流量。利用"径流总量/（总降雨量 × 10 × 径流面积）"计算不同重现期的综合径流系数，计算结果如表 8.9 所示，结果显示：研究区在 1 年一遇 120 min 至 100 年一遇 120 min 降雨条件下，综合径流系数在 0.628 5～0.634 9，按照规范给定的综合径流系数与城市建筑密集程度之间的对应关系，研究区属于城镇建筑密集区；对比降雨重现期为 1 年和降雨重现期为 100 年两种降雨情景模拟结果，重现期从 1 年增加到 100 年，在降雨总量上增加了 1.9 倍，而综合径流系数仅增加了 0.006 4，由此可见随着重现期的增加，降雨总量增加，地表综合径流系数也呈现增加的趋势，但是对综合径流系数的影响较小，因此可以认为降雨强度并不是影响区域综合径流系数的主要因素，这与张坤等在河北省邯郸市的研究结果一致。

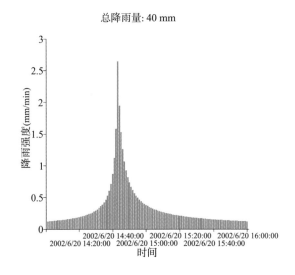

总降雨量: 40 mm

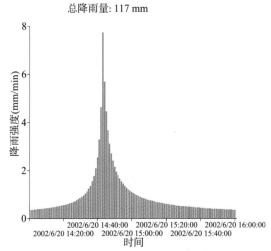

总降雨量: 117 mm

图 8.22　1 年、100 年一遇 120 min 芝加哥合成雨型 ($r = 0.352$)

表 8.9　不同重现期下的综合径流系数

降雨重现期(年)	降雨总量(mm)	综合径流系数
1	40	0.628 5
2	51	0.630 8
5	67	0.632 4
10	78	0.633 3
20	90	0.633 9
50	105	0.634 5
100	117	0.634 9

利用"径流量/(总降雨量×10×集水区面积)"统计每个集水区的径流系数,不同重现期降雨条件下的径流系数分段统计如图 8.23 至图 8.26 所示,由图中可以看出:随着重现期的增加,径流系数小于 0.40 的集水区的个数几乎无变化,径流系数在 0.40~0.50、0.50~0.60、0.60~0.70、0.70~0.80 各分段的集水区个数逐渐减少,径流系数大于 0.80 的集水区个数逐渐增加;1 年、2 年、5 年、10 年、20 年、50 年、100 年一遇 120 min 降雨条件下径流系数超过 0.7 的集水区分别为 1 149 个、1 174 个、1 187 个、1 195 个、1 201 个、1 203 个、1 204 个,分别占集水区总数的 54.35%、55.53%、56.15%、56.53%、56.81%、56.91%、56.95%。不同重现期下,单个集水区的径流系数超过 0.7 的占比均超过了 50%,从侧面反映出研究区一半以上的地区地表径流系数较大,这将增加研究区的内涝风险;但随着重现期的增大,径流系数超过 0.7 的集水区的数量增加幅度越来越小。另外发现,径流系数较大的集水区分布与土地利用类型中的建筑物图层、其他类型图层的分布较为一致,因此本研究认为下垫面是影响地表径流的重要因素。不同下垫面的土壤入渗率不同,随着降雨强度的增加,土壤逐渐趋于饱和,当降雨强度大于土壤入渗能力时,产生地表径流。研究区城镇建筑密集,下垫面不透水面积占比大,进而造成区域地表径流系数偏大,内涝风险增加。

(2) 节点分析

在 MIKE Urban 中计算排水管网节点的溢流时,假定存在一个直径为该集水井直径 1 000 倍的圆柱储水单元。溢流节点的数量从某方面也能反映该区域内涝发生的潜在可能性。以 10 年一遇 120 min 降雨情景为例,其降雨条件下的溢流节点分布情况如图 8.27 所示,由图可见:溢流节点集中发生在研究区中部的富士康钱塘科技园、新加坡杭州科技园、29 号大街和 22 号大街附近。其中科技园为商业密集区,29 号大街与 22 号大街的溢流节点的高程低于靠近排水口的临近节点的高程,为地势低洼处,因此本研究认为商业密集区、地势低洼处发生城市内涝的风险更高。

节点溢流水深是指节点水位减去地面高程,统计研究区在不同重现期下排水管网发生节点溢流的情况,并对节点溢流水深划分区间,分段统计分析,结果如表 8.10 所示。由此可以看出:随着重现期的增大,发生溢流节点的比例增加,但增加幅度逐渐减小,从 1 年一遇 120 min 降雨条件下的 18.4% 上升为 100 年一遇 120 min 的 21.6%;从溢流水深的分段情况来看,随着重现期的增加,溢流水深为 0.4~0.5 m 和 0.5 m 以上的溢流节点数量发生了明显变化,尤其是节点溢流水深超过 0.5 m 的范围,100 年一遇 120 min 降雨条件下的总溢流节点数是 1 年一遇 120 min 降雨条件下的 1.17 倍,节点溢流水深越大,发生内涝的可能性越大,可见降雨总量带来的溢流节点的变化集中发生在更易发生溢流的区域。

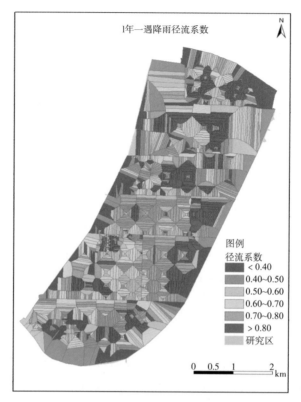

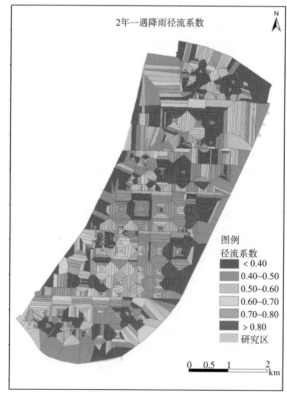

图 8.23　1 年、2 年一遇降雨条件下的径流系数

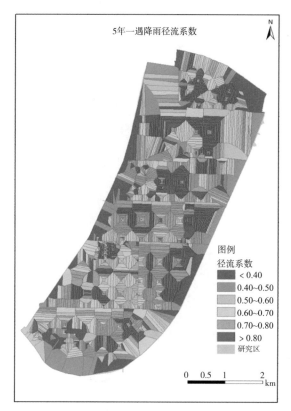

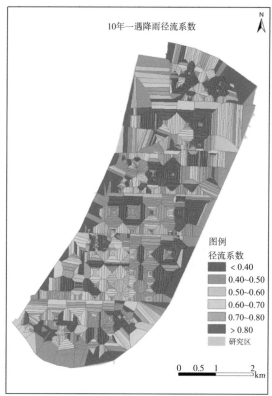

图 8.24 5 年、10 年一遇降雨条件下的径流系数

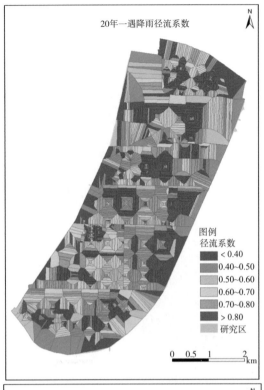

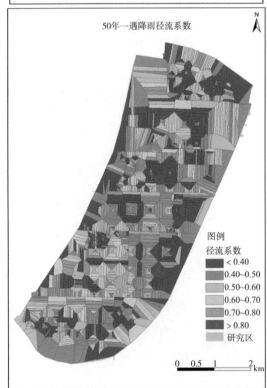

图 8.25　20 年、50 年一遇降雨条件下的径流系数

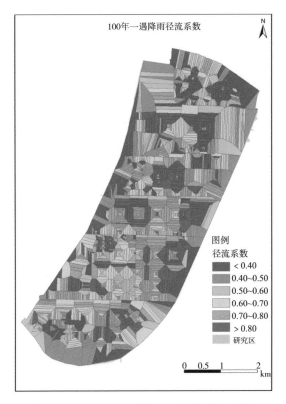

图 8.26　100 年一遇降雨条件下的径流系数

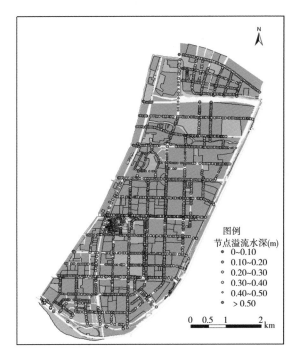

图 8.27　10 年一遇降雨条件下的溢流节点分布

表 8.10　不同重现期下的溢流节点数

节点溢流水深	不同重现期下的溢流节点数						
	1 年	2 年	5 年	10 年	20 年	50 年	100 年
$0<H\leqslant0.10$ m	29	28	29	30	29	24	24
0.10 m$<H\leqslant0.20$ m	24	23	24	26	26	28	28
0.20 m$<H\leqslant0.30$ m	29	37	39	41	37	38	41
0.30 m$<H\leqslant0.40$ m	29	32	33	35	32	27	24
0.40 m$<H\leqslant0.50$ m	49	31	30	29	28	33	29
$H>0.50$ m	229	264	270	286	297	303	311
总溢流节点数(个)	389	415	425	447	449	453	457
溢流节点占全部节点的比例	18.4%	19.6%	20.1%	21.1%	21.2%	21.4%	21.6%

选取溢流节点集中分布地区的部分节点,统计其在不同重现期下的溢流水深,结果如表 8.11 所示,由此可以发现:随着重现期增大,溢流水深增加,但溢流水深增加速度减小,并逐渐趋于稳定,例如编号为 MH532、MH538、MH540、MH558、MH562 的节点在 50 年一遇 120 min 降雨条件下和 100 年一遇 120 min 降雨条件下的溢流水深已经相同;研究区局部溢流节点所呈现的特征与整体溢流节点的特征具有一致性。

表 8.11　不同重现期的节点溢流水深统计

节点编号	典型溢流节点在不同重现期下的溢流水深(m)						
	1 年	2 年	5 年	10 年	20 年	50 年	100 年
MH526	0.14	0.20	0.21	0.24	0.27	0.30	0.31
MH529	0.31	0.34	0.35	0.38	0.38	0.42	0.47
MH530	0.23	0.28	0.30	0.31	0.36	0.36	0.37
MH531	0.21	0.27	0.32	0.34	0.35	0.39	0.38
MH532	0.21	0.29	0.30	0.34	0.38	0.40	0.40
MH533	0.70	0.81	0.89	0.96	0.98	1.00	1.01
MH537	0.43	0.52	0.51	0.51	0.55	0.58	0.59
MH538	0.45	0.50	0.21	0.52	0.53	0.55	0.55
MH539	0.39	0.46	0.47	0.48	0.52	0.55	0.56
MH540	0.62	0.65	0.66	0.67	0.70	0.71	0.71
MH541	0.69	0.71	0.72	0.73	0.76	0.77	0.78
MH542	0.27	0.33	0.35	0.38	0.42	0.44	0.45
MH543	0.45	0.46	0.48	0.50	0.55	0.61	0.64
MH558	0.42	0.48	0.48	0.49	0.51	0.52	0.52
MH559	0.63	0.63	0.63	0.64	0.76	0.77	0.82

节点编号	典型溢流节点在不同重现期下的溢流水深(m)						
	1年	2年	5年	10年	20年	50年	100年
MH560	0.38	0.42	0.42	0.44	0.46	0.49	0.50
MH561	0.86	0.89	0.87	0.87	0.88	0.89	0.91
MH562	0.37	0.40	0.44	0.46	0.50	0.52	0.52

图 8.28 是节点编号为 MH533 在不同重现期下的溢流水深动态变化过程,由图可以看出:重现期越大,溢流水深越高;不同重现期的溢流水深的高峰期发生在整个降雨过程的中部偏前的位置;随着重现期的增加,溢流水深开始增长的时间向前推移。因此本研究认为重现期越大,发生城市内涝的风险性越大,这是因为随着重现期的增大,一方面降雨总量增加,另一方面是峰值时间提前,应对内涝灾害的时间缩短。

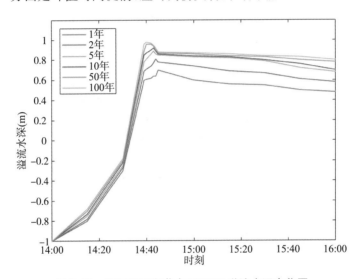

图 8.28 不同重现期节点 MH533 溢流水深变化图

(3) 管道分析

管道充满度是指管道中的水深与管道直径的比值。管道承压运行是指管道在满流条件下,即管道充满度为 1 时运行,此时可能具有爆管和溢流的风险,间接反映内涝的潜在可能。管道负荷压力也能间接反映管道超负荷运行的情况,进而从侧面反映出内涝的潜在风险性。以 10 年一遇 120 min 降雨情景为例,其降雨条件下的管道负荷分布情况如图 8.29 所示,可见管道负荷压力较大,承压运行的分布地区与溢流节点的分布具有一致性,其中新加坡杭州科技园中科园路西侧的管道连接纵剖图如图 8.30 所示,其管道连接为 D400-1500-400-1400,存在明显的大管接小管现象,并且中间段 D400 雨水管径明显偏小,上游多条雨水管网汇流至该管段处,再排入排水口,形成了瓶颈管段。29 号大街与 22 号大街出现管道承压运行的管线,上游连接点的高程低于下游连接点的高程,为逆坡管段。因此认为瓶颈管段、逆坡管段处发生城市内涝的风险更高,在改造管网时应首先考虑以上管线情景。

图 8.29　10 年一遇降雨条件下的管道负荷分布

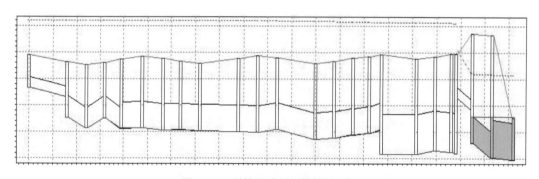

图 8.30　科技园路西侧管线纵剖图

　　统计研究区在不同重现期下排水管网发生承压运行的情况,并对管道充满度划分区间,分段统计分析,结果如表 8.12 所示,由表可以看出:1 年、2 年、5 年、10 年、20 年、50 年、100 年一遇 120 min 降雨条件下,管道充满度超过 1 的管道数量占比分别为 65.93%、68.28%、68.76%、70.54%、71.00%、71.23%、71.46%,比例均在 65% 以上。选取了研究区的部分管段,统计其在不同重现期下的管道充满度,如表 8.13 所示,由表可以看出:不同重现期下,管道充满度的变化幅度较小。区域管道承压运行主要是现行管道标准偏低所造成的,降雨总量上的变化对其影响较小,因此认为研究区的地下排水管线排水标准偏低,仅依靠现状管网抵御短历时极端降雨下的城市内涝较为困难。

表 8.12　不同重现期下不同管道充满度管道数量

管道充满度	不同重现期下管道充满度的管道数量						
	1 年	2 年	5 年	10 年	20 年	50 年	100 年
$1<F\leqslant2$	547	538	522	515	498	481	477
$2<F\leqslant3$	190	189	195	204	224	239	244
$3<F\leqslant4$	111	141	142	145	143	135	134
$4<F\leqslant5$	90	91	100	119	111	116	120
$F>5$	492	522	533	547	564	574	575
溢流风险管道数量（个）	1 430	1 481	1 492	1 530	1 540	1 545	1 550
比例	65.93%	68.28%	68.76%	70.54%	71.00%	71.23%	71.46%

表 8.13　部分管段在不同重现期下的管道充满度

管段编号	部分管段在不同重现期下的管道充满度						
	1 年	2 年	5 年	10 年	20 年	50 年	100 年
link_1481	1.49	1.53	1.60	1.65	1.69	1.76	1.82
link_1482	1.11	1.14	1.18	1.19	1.20	1.21	1.23
link_1483	0.75	0.77	0.81	0.84	0.86	0.89	0.92
link_1484	0.97	1.03	1.05	1.10	1.12	1.15	1.17
link_1485	0.92	0.98	0.99	1.06	1.08	1.10	1.12
link_1486	0.86	0.91	0.92	0.98	1.00	1.02	1.05
link_1487	0.79	0.84	0.85	0.88	0.90	0.91	0.92
link_1488	0.80	0.84	0.85	0.88	0.89	0.91	0.92
link_1489	3.77	3.77	3.77	3.79	3.85	3.95	3.98
link_1490	3.67	3.68	3.69	3.70	3.75	3.86	3.89
link_1491	3.31	3.31	3.32	3.34	3.38	3.47	3.48
link_1492	3.57	3.58	3.59	3.61	3.66	3.75	3.78

（4）最大淹没水深

模型模拟的是降雨、径流、漫流等整个动态的淹没行进过程,统计在这个过程中每个网格出现的最大淹没水深,在一定程度上也能反映城市易发生内涝的危险性和潜在性,即确定易涝点的位置和水深,能够为采取应急管理措施提供相关的理论依据。根据构建的城市雨洪模型,模拟得到的动态淹没水深的结果,统计降雨过程中最大淹没水深,1 年、50 年一遇 120 min 降雨条件下的最大淹没水深分别为 0.657 m、1.731 m,均出现在千帆路与秀水街的交叉路口,图 8.31 为 1 年一遇 120 min 降雨条件下研究区各网格最大淹没水深分布图。2 年、5 年、10 年、20 年、100 年一遇 120 min 降雨条件下的最大淹没水深分别为 0.846 m、1.070 m、1.211 m、1.435 m、2.412 m,均出现在 29 号大街与临江护塘河的交界处,图 8.32 为 100 年一遇 120 min 降雨条件下研究区各网格最大淹没水深分布图,千帆路与秀水街的交叉路口为地势低洼处,29 号大街与临江护塘河交界处地势低且临近排水出口,因此本研究认为地势低洼处、排水口附近是城市内涝积水较为严重的区域。

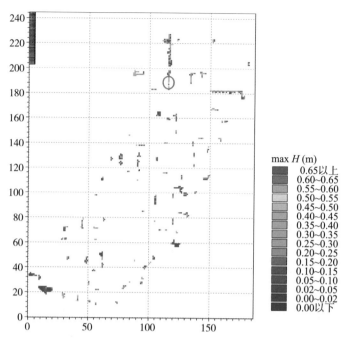

图8.31　1年一遇降雨条件下的最大淹没水深分布图

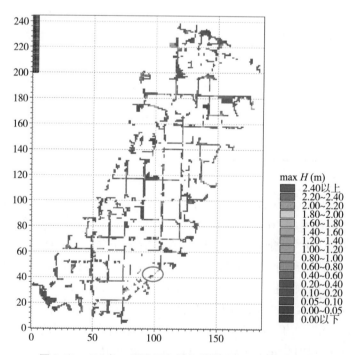

图8.32　100年一遇降雨条件下的最大淹没水深分布图

8.3　本章小结

本章分别以南京市和杭州市典型区研究城市洪涝模拟,采用 SWMM 模型进行南京市中心城区的洪涝模拟,采用 MIKE 模型探究杭州市钱塘区不确定信息情况下的城市洪涝模拟。结果表明:

(1) 采用 SWMM 模型对南京市典型区 20160707 场次暴雨内涝事件进行模拟,产汇流模块连续性误差为 -0.71%,管渠排水模块连续性误差为 0.12%,模拟精度在合理范围内。

(2) 采用 MIKE 模型对杭州市典型区两场短历时降雨洪涝进行模拟,三处典型内涝点的淹没水深模拟相对误差在 $0.7\%\sim6\%$,在误差允许范围内。不同设计暴雨下的内涝模拟情况表明:①下垫面是影响地表径流的重要因素;②重现期越大,节点溢流水深越高,发生城市内涝的风险越大;③瓶颈管段、逆坡管段处发生城市内涝的风险更高;④地势低洼处、排水口附近是城市内涝积水较为严重的区域。

由于水文资料和精细化的地形、管网资料缺乏,加之用以模拟率定的场次洪水系列较短或仅有几场洪水,城市洪水及内涝模拟普遍精度不高、可靠性不强,未来还需要加强对城市流域短缺资料的支撑,以提高城市洪水预报精度,支撑城市洪涝防灾减灾管理。

参考文献

[1] IPCC. Climate change 2013:The physical science basis[M]//STOCKER T F, D QIN, G-K PLATTNER, et al. Contribution of working group Ⅰ to the fifth assessment report of the intergovernmental panel on climate change [M]. Cambridge:Cambridge University Press,2013.

[2] IPCC. Climate change 2021:The physical science basis [M/OL]. Cambridge:Cambridge University Press, 2021[2023-11-24]. https://www.ipcc.ch/report/ar6/wg1/downloads/report/IPCC_AR6_WGI_Full_Report. pdf.

[3] UNDESA. 2018 Revision of World Urbanization Prospects [EB/OL]. (2018-03-16). https://www.un.org/develop-ment/desa/publications/2018-revision-of-world-urbanization-pros-pects.html.

[4] UNISDR. The Human Cost of Weather-Related Disasters 1995—2015[EB/OL]. (2015). https://www.unisdr.org/2015/docs/climatechange/COP21_% 20WeatherDisastersReport_2015_FINAL. pdf.

[5] WU S H, LIU L L, GAO J B, et al. Integrate risk from climate change in China under global warming of 1.5 and 2.0℃[J]. Earth's Future, 2019, 7(12):1307-1322.

[6] 郭元,王路瑶,陈能志,等. 极端降水下的城市地表-地下空间洪涝过程模拟[J]. 水科学进展,2023,34(2):209-217.

[7] 胡彩虹,姚依晨,刘成帅,等. 降雨雨型对城市内涝的影响[J]. 水资源保护,2022,38(6):15-21+87.

[8] 胡庆芳,张建云,王银堂,等. 城市化对降水影响的研究综述[J]. 水科学进展,2018,29(1):

138-150.

［9］黄一为.全国政协委员仲志余:加强城市极端暴雨洪水有效精准防控［N］.中国水利报,2024-03-09(001).

［10］刘樱,杨明,徐集云.杭州市城市暴雨雨型分析研究［J］.科技通报,2021,37(4):15-22.

［11］米胤瑜,孔锋.气候变化背景下城市洪水风险管理体系国际比较与启示:以伦敦、纽约、郑州为例［J］.水利水电技术(中英文),2023,54(3):21-34.

［12］倪志楠,李琼芳,杜付然,等.南京市短历时设计暴雨雨型研究［J］.水资源与水工程学报,2019,30(2):57-62.

［13］宋晓猛,张建云,贺瑞敏,等.北京城市洪涝问题与成因分析［J］.水科学进展,2019,30(2):153-165.

［14］谢家强,廖振良,顾献勇.基于MIKE URBAN的中心城区内涝预测与评估——以上海市霍山-惠民系统为例［J］.能源环境保护,2016,30(5):44-49＋37.

［15］熊厚庭.基于MIKE FLOOD雨洪模拟研究——以银川市某城区为例［D］.长沙理工大学,2016.

［16］张建云,宋晓猛,王国庆,等.变化环境下城市水文学的发展与挑战:I.城市水文效应［J］.水科学进展,2014,25(4):594-605.

［17］张建云,舒章康,王鸿杰,等.郑州"7·20"暴雨洪涝几个水文问题的讨论［J］.地理学报,2023,78(7):1618-1626.

［18］张坤.综合措施下邯郸市低洼城区径流监减控效果模拟研究［D］.河北工程大学,2019.

［19］张建云,王银堂,贺瑞敏,等.中国城市洪涝问题及成因分析［J］.水科学进展,2016,27(4):485-491.

第九章

不确定性预警

洪水预警是根据观测或预报的洪水要素进行发布的信息,为了延长洪水预警的预见期,一般采用预报信息进行发布,更为精准的河道洪水预警是基于观测水位、流量等信息发布的。由于受到多源不确定性信息影响,如预报模型结构及其参数的不确定性、模型输入降水不确定性,以及水利工程不确定性、区域下垫面不确定性和人类响应不确定性等影响,目前洪水预警还存在很大的不确定性。

9.1 洪水预警及指标

9.1.1 洪水预警方法

洪水预警的标准为水位(流量)接近警戒水位(流量)、洪水要素接近或超过一定重现期。接近洪水预警指标主要有水位预警、流量预警和降雨预警,其中降雨预警又分为落地雨预警和预报降雨预警。水位预警和流量预警紧密相关,被认为是较为精确的预警,降雨预警尤其是预报降雨预警是延长洪水预警预见期的重要途径,但相对水位预警和流量预警,其精度较低,不确定性更大。

中小河流洪水具有汇流时间短、预报难度大的特点,是我国南方湿润地区特别是其山丘区重要灾害之一(芮孝芳,2013)。确定中小河流站点预警水位,可以更加精准有效地对所在河段洪水进行预警,助力河流洪水风险防控"四预"机制快速完整建立,增强中小河流防灾减灾能力和风险管理能力,减少人员伤亡和财产损失。预警水位是洪水期须开始防守警戒的特征洪水位,是洪水风险预警的重要水位(陈元芳等,2013)。根据河段暴雨洪水特性及其洪涝灾害特点分析,选择合适的河段位置,确定特定断面合理的洪水预警水位,对防洪减灾有重要的指导作用。

山洪灾害主要指山区中发生的暴涨洪水,受地形地貌及降雨过程影响,常具有突发性强、洪水较为集中、水流中携带土石等特点,容易引发局部洪水灾害,这种短历时陡涨过程极大缩短了沿河居民的有效安全转移时间,对山区人民的生命财产存在严重威胁。山洪预警预报是山洪灾害防治非工程措施的重要组成部分,一般分为水位预警和雨量预警。由于山区洪水历时短且监测站不足,水位预警在国内应用较少,预警指标中临界雨量的研究已成为我国现阶段山洪预警研究的重点方向。

洪水预警方法主要有落地雨预警方法、流量预警方法、预报降雨预警等方法。落地雨预警方法计算简便,可以通过计算各种频率下的暴雨确定不同时间尺度下的雨量预警指标,但是在实际应用中由于下垫面条件及降雨时空分布复杂,该方法的预警精度较差。在落地雨预警指标的基础上,将预报成果与成灾流量相结合,结合地区水文模型,形成了流量预警方法,它可以提高洪水预报精度,提升山洪灾害预警的可靠性。在落地雨预警方法和流量预警方法中,主要考虑的是短临降雨预报,而为了延长山洪预警的预见期,可以考虑采用数值预报的中长期降雨预报方法,以有效延长预警预见期,然而预报降雨预警方法的准确度现在还无法保证,相关的数值预报方法有待进一步的研究和推广。

落地雨预警方法、流量预警方法、预报降雨预警方法的研究方法和指标确定过程如下。

（1）落地雨预警方法：在该方法中，主要是临界雨量的计算，一般采用水位流量反推法进行计算。假定降雨与洪水同频率，由暴雨洪水计算方法推求各频率下的设计洪峰流量，再由设计洪峰流量-频率关系曲线计算各典型频率下的设计暴雨，最后根据成灾流量的频率查得各预警时段对应的临界雨量。在采用落地雨预警方法时，一般根据各雨量测站的实时雨量成果与临界雨量对比，以判断预警状态。

（2）流量预警方法：在该方法中，首先确定控制断面的水位流量信息，绘制水位-流量关系曲线，根据各重现期洪水要素的调查成果，计算得到各典型频率的设计洪水，确定成灾流量及成灾水位。在采用流量预警方法时，一般由落地雨测量成果，结合当地水文模型的洪水预报方法，得到当前时刻的洪峰流量值，与预警流量相比较判断预警状态。流量预警方法将洪水预报成果与成灾流量相结合，预警结果具有较高的可靠性，然而流量预警方法通常利用各种水文模型计算，包含参数选取及参数率定等步骤，运算过程较为复杂，同时流量预警的预警指标不包含时间尺度。

（3）预报降雨预警方法：在洪水预警中考虑预报降雨方法，一般可以通过 ECMWF、NCEP、CMA 以及 TIGGE 集合预报等数值预报中心获取预报降雨数据，这些数据是通过大气数学物理公式以及构建模型得出的后期天气的预报结果。利用预报降雨的预警方法，通过结合中长期降雨数值预报的成果，可以有效延长山洪预警预见期，但是现阶段预报降雨的精度难以保证，故该方法较少应用于小流域的山洪预警中。

表 9.1 给出了不同洪水预警方法的优缺点。

表 9.1　不同洪水预警方法的优缺点

洪水预警方法	预警方法优缺点
落地雨预警	计算过程简便，预警指标包含不同时间尺度；由于前期影响条件复杂，预警精度较差
流量预警	将预报成果与成灾流量相结合，预警结果可靠性高；运用水文模型，计算复杂，同时预见期较短
预报降雨预警	结合了数值天气预报成果，延长了预见期；较少应用于山洪预警，预报降雨的精度难以保证

水文模型法和统计分析法是雨量预警指标确定常用的两种方法。水文模型法是对站点所在流域建立产汇流计算模型，通过模型按照防洪标准对其雨量预警阈值进行确定。统计分析法是结合中小河流站点长序列的暴雨洪水观测资料，通过样本选择的方式，对其进行统计分析，确定超过防洪标准条件下的雨量阈值。

9.1.2　动态临界雨量

现行的山洪灾害预警主要依据临界雨量，即当降雨量超过某一临界值就会引发山洪灾害，如何准确地估算临界雨量在山洪灾害预警预报工作中至关重要（卢燕宇等，2016；沈澄等，2015）。山区流域通常面积较小，且降雨径流响应时间较短，使得基于上游河道水位监测或是基于降雨径流关系的预报方法均存在预见期短的问题，因此在小流域山洪预警中的适用性有限（Liu 等，2018）。临界雨量预警方法则直接依靠降雨信息进行山洪预警，若实时（或预报）降雨量超过可能致灾的临界雨量，表明山洪灾害发生的可能性很高，需要发出预警,反之则表明山洪灾害发生可能性较低,不需要预警(程卫帅,2013)。临界雨量预警方法不仅具有较长的预报期,又具有一定的准确度,且步骤简单,操作方便,因此在中小河流洪水预警中得到了广泛应用(樊建勇等,2012;李青等,2017)。

临界雨量可以分为静态临界雨量和动态临界雨量。静态临界雨量不考虑前期雨量等动态因子的影响,动态临界雨量考虑了前期降雨对土壤水分和产流的影响。目前的研究多针对静态临界雨量的确定方法及应用,而在实际情况下,受下垫面状况、前期降雨、土壤湿度、河道流量等影响,临界雨量是动态变化的。静态临界雨量计算中大多未考虑土壤饱和度或前期影响雨量的影响(郭克伦等,2016)。当土壤较干时,降水下渗大,产生地表径流则小;反之,如果土壤较湿,降水下渗少,产生地表径流则大。因此,在建立山区性中小河流临界雨量指标时,首先应考虑其土壤饱和度,给出不同初始土壤含水量条件下的临界雨量,土壤含水量可用前期影响雨量 P_a 表示。临界雨量值会随着流域土壤饱和度的变化而变化,故称之为动态临界雨量。近年来,水文气象学家基于水文模型(刘志雨等,2010;叶金印等,2014;陈瑜彬等,2015)开展了动态临界雨量的研究,如刘志雨等(2010)以GBHM 水文模型为基础,计算了不同土壤饱和度下不同历时的江西遂川江流域山洪灾害动态临界雨量,陈瑜彬等(2015)和李昌志等(2015)分别采用统计学方法和分布式水文模型对动态临界雨量展开了研究。由于考虑了前期雨量的影响,动态临界雨量在山洪灾害预报预警中的应用效果通常优于传统静态指标。但多数研究仅考虑了前期土壤含水量和降雨量的影响,未考虑前期河道流量和产流面积因素。采用动态临界雨量作为预警指标是我国山洪灾害预警的发展方向。

相关研究表明,前期降雨较干与较湿情形下的临界雨量相比,约有 30%～50% 的增加(陈瑜彬等,2015;Grillakis 等,2016;翟晓燕等,2019),可见,土壤含水量对临界雨量的影响非常大。土壤含水量的表示方法有多种,如前期降雨、前期降雨指数(API)、土壤饱和度等,这些指标比较容易量化,现有研究也大多基于这些指标推求动态临界雨量(刘志雨等,2010;李昌志等,2015;刘淑雅等,2017;李照会等,2019)。除此之外,降雨的空间分布对临界雨量指标也有较大影响,罗倩等(2017)采用 HEC-HMS 模拟了不同降雨空间分布对临界雨量计算的影响,表明暴雨中心位于上游比位于下游的临界雨量有 30%～50% 的增加。降雨空间分布的不均匀性对中小河流洪水预警的临界雨量有较大影响,而降雨的空间分布难以准确量化,成为制约洪水预警精度的重要难题。闫宝伟等(2020)结合泰森多边形和等流时面,提出了一种耦合泰森多边形法和等流时线法的降雨空间异质性指数(Spatial Heterogeneity Index of Precipitation,SHIP),用来全面量化降雨空间不均匀度和暴雨中心分布情况,并进一步基于支持向量机的分类原理,将 SHIP 用于中小河流洪水动态临界雨量预警指标的推求。

在动态临界雨量确定方法方面,水文模型是主要的计算工具。刘泽文等(2021)采用基于 API 水文模型的动态临界雨量确定方法,建立前期影响雨量、累积降雨量和临界雨量的关系,通过查图的方式查算不同前期影响雨量下某一时段累积降雨量对应的下一时段的临界雨量值,并在重庆市不同地区山区性中小河流进行了应用检验。李姣等(2023)基于新安江模型,综合考虑了流域前期土壤饱和度、前期河道流量和产流面积,构建了山洪灾害动态临界雨量计算模型,可逐小时计算未来 1 h、3 h、6 h、12 h、24 h

这5种不同历时的Ⅰ～Ⅳ级的动态临界雨量,结合气象部门逐时降水预报,可实现对山洪灾害的逐时滚动预报,为山洪业务提供技术支撑。俞彦等(2020)通过水位流量关系和致灾水位插值得到致灾流量,由致灾流量通过三角汇流曲线反推得到临界产流量,考虑前期影响雨量的因素,分别通过SCS模型和新安江模型反推得到动态临界雨量。陆奕(2020)基于前期土壤含水量和新安江模型,综合考虑降雨特征、地形地貌、下垫面特征等要素,对比分析得出临界预警指标值,绘制不同时段雨量预警指标和土壤含水量的关系曲线,实现动态预警。刘潇忆(2022)运用MIKE模型计算不同预警时段的动态临界雨量,并分析临界雨量对土壤水分和预警时段的敏感性,以期为西南山区山洪灾害防御能力提升提供参考。

9.2 洪水预报不确定性下的预警

9.2.1 洪水预警中的不确定性

水文资料短缺地区洪水预报存在较大的不确定性,给预警带来困难,亟须研究洪水预警中各组分不确定性及其传递机制,发展耦合不确定性的洪水灾害预警方法,延长预见期、提高准确度并降低不确定性。

厘清灾害预报中各个组分及其传递过程,是提高灾害预警精度和避免对灾害的过度响应或响应不足的关键(王政荣等,2023)。洪水预报的不确定性主要发生在数据输入、水文模型模拟等过程中,主要包括输入不确定性、参数不确定性和结构不确定性(Li等,2012)。输入不确定性包括模型的降雨、潜在蒸散发等输入数据的不确定性,参数不确定性是指模型参数赋值的不确定性,结构不确定性是指建模各环节对水文过程模型的不确定性(Viglione等,2013)。此外,洪水预报方法也存在不确定性(Melisa等,2018)。

洪水灾害风险预警各组分的不确定性相互影响,其传递过程具有多层次的特点。降水作为水文模型以及临界雨量量化方法的输入,其不确定性直接影响水文模拟和临界雨量的不确定性。水文模型由降水驱动,其径流模拟结果的不确定性受降水输入不确定性的影响。水文模型的模拟结果作为临界雨量量化方法的输入项,也会影响最终的临界雨量的不确定性。临界雨量的量化结果是否为真存在不确定性,该组分作为各组分传递过程的终点,同时可以量化表征其他组分不确定性的概率分布。对临界雨量量化方法的不确定性研究是耦合不确定性分析的核心环节。

以山洪灾害为例,王政荣等(2023)提出了一种考虑各组分不确定性的临界雨量划分方法,首先对各组分不确定性的临界雨量进行划分,然后对各组分的临界雨量进行频率分析,以所有组分不确定性临界雨量的95%置信区间作为临界雨量的综合不确定性范围,由此计算耦合了不确定性的山洪灾害发生概率:

$$U^k = p \cdot POD, k \in (Ⅰ, Ⅱ, Ⅲ, Ⅳ) \tag{9-1}$$

式中:U^k 为灾害发生概率;k 为山洪灾害风险等级;p 为对应风险等级下的临界雨量线性划分的保证率;POD 为预报准确率。其中Ⅰ(红色预警,$4T$)、Ⅱ(橙色预警,$3T$)、Ⅲ(黄色预警,$2T$)、Ⅳ(蓝色预警,T)代表山洪灾害的风险等级,常由成灾流量的历史重现期(T)进行划分(韩俊太等,2022;Yang,1998)。

与确定性预报下的确定性决策不同(图 9.1),考虑预报不确定性的预警决策(图 9.2)需要根据可能发生超过防洪控制水位的概率(即似然度,PE)和可靠度(R)来判断是否发出预警,以支撑相关应急管理。以预见期为 6 h 的预报为例,若能准确计算出 PE 和 R,就能支撑决策者做出较为准确的判断,可延长城市洪涝应急管理预见期 6 h(图 9.3)。因而,考虑预报不确定性的预警能提高应急响应准确度,从而降低应急管理成本。但这些依赖于降水预报、洪水预报的准确度及不确定性信息的准确预估,从根本上说,即需要更为详尽的气象、水文、工况、河道等多方位监测观测信息的支撑和精度较高的预报模型。

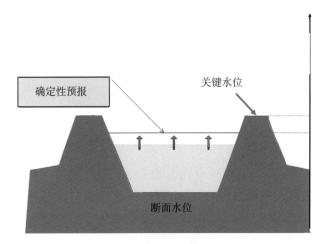

图 9.1　确定性预报和预警

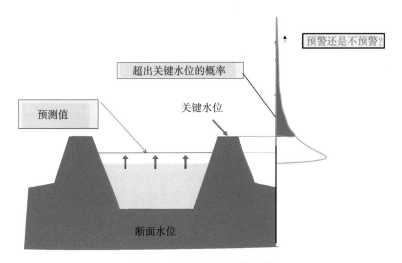

图 9.2　不确定性预报和预警

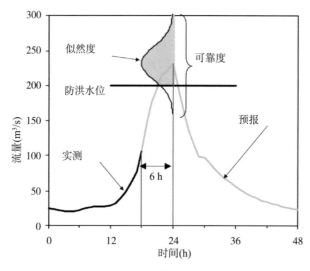

图 9.3　预警不确定性

9.2.2　洪水预报预警不确定性下的城市洪涝管理

近年来我国夏季暴雨频发，2016 年南京遭受了严重的洪涝灾害，导致该市许多地区被洪水淹没。这些地区大多是内河的圩区，位于邻近外河的水位以下，而外河与长江相连。在暴雨期间，圩区水排入内河，再由抽水系统将水从内河输送到外河。尽管南京发布了暴雨警报，但可以认为这些泵站运行是被动的，因为它们主要是由观测到的流量所驱动运行的。

沙洲圩区位于南京城西南的河西新城，面积 56 km²，被长江、秦淮河、南河和秦淮新河（外河）环绕。河西新城地形平坦低洼，低于邻近外河的正常高水位。河西新城通过堤防进行防洪，内河中收集的雨水通过泵站排放到相邻外河（图 9.4）。

本研究提出了一个基于蒙特卡洛框架的临界雨量洪水早期预警系统模拟方法，主要由三部分组成：①可生成"实时"小时降水和 24 h 预报降水的暴雨预报发生器；②可基于暴雨生成数据进行预警决策的洪水决策模拟模块；③评估排水策略和应急响应成本模块。图 9.5 给出了由暴雨预报发生器生成的 24 h 降雨概率预报。

洪水预警旨在提前为圩区管理人员预留时间，以便在圩区系统中采取主动行动，避免出现危急情况。图 9.6(a)展示了蒙特卡洛框架内用于圩区系统的调度表。假设洪水预报是在午夜（晚上 12 点）发布的，圩区管理人员可以根据 24 h 的预报采取积极主动的策略。需要注意的是，主动行动(t_{pro})的结束取决于圩区管理人员采用的抽水策略以及 t_{pro} 的及时位置，暴雨可能在主动行动之前或之后到达。

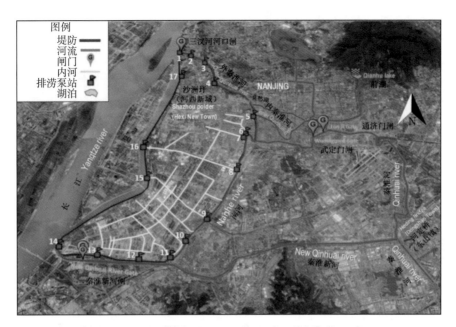

图 9.4　南京沙洲圩区(河西新城)及其周边地区地图(圩区的抽水系统由 17 个泵站组成，
本研究仅侧重于对圩区系统和内河的水通量模拟，忽略与相邻外河的相互作用)

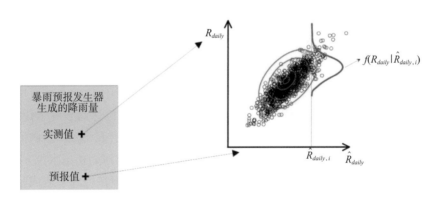

图 9.5　通过暴雨预报发生器生成的概率 24 小时观测降雨量及其预报降雨量[基于日观测
降雨量 R_{daily} 及日预报降雨量 $\hat{R}_{daily}$，构建了一个双变量参数模型，如等高线图(红线)所示，
由此得到概率密度 $f(R_{daily}\,|\,\hat{R}_{daily})$(蓝线)]

　　使用临界雨量曲线作为洪水预警决策的工具。临界雨量曲线定义了使内河达到临界条件的圩区日降雨量的临界量。该曲线由预报发布时内河水位的几个初始条件(h_0)所对应的不同的临界值组成。因此，在确定性预报情景中，假设当确定性 24 小时预报(即 $\hat{R}_{daily}$)高于临界雨量曲线时，会自动发出预警[图 9.6(b)]。在概率预报情景中，当临界雨量曲线的超越概率(PE)超过预定义的概率阈值(PT)时，会自动发出预警[图 9.6(c)]。超越概率(PE)取自 $f(R_{daily}\,|\,\hat{R}_{daily})$(图 9.5)，$PT$ 是在分析临界雨量洪水早期预警系统的内涝淹没和排水响应成本时确定的值。

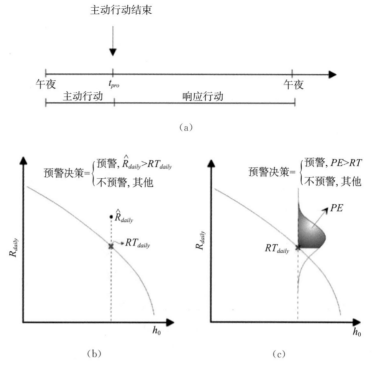

**图 9.6 基于 24 小时预报考虑洪水预警的沙洲圩区调度表(a),预警决策假设在午夜做出,
在洪水预警决策模块中使用确定性(b)或概率(c)规则进行模拟**

洪水预报的降雨阈值是一种简单且广泛使用的方法,已用于城市和河流地区。尽管阈值的应用是相似的,但在考虑到精度和所需参数时,设置降雨阈值的方法有所不同。在本研究中,圩区系统的日降雨量阈值(RT_{daily})定义为使内河水位达到临界水位 h_c 的日降雨量,即填满内河蓄水量的日降雨量。因此,圩区日降雨量大于 RT_{daily} 时,内河处于临界状态。在这种情况下,RT_{daily} 必须与 h_0 相关联,预报开始时内河的初始水位 h_0 为初始条件。还需注意的是,临界条件不仅取决于暴雨量,还取决于暴雨在圩区中造成临界条件的降雨剖面。由于到达内河的径流量等于或小于圩区的最大抽水能力 q_{max},均匀分布的日降雨量可能不会在圩区中达到临界条件。在这种情况下,水不会储存在内河中,如果圩区管理人员按照与圩区排水成比例的方式抽水,则可以顺利排出涝水。然而,其他具有相似日降雨但集中在相对较短时间内的情况,可能会导致圩区系统出现临界条件,因为径流量可能高于最大抽水能力 q_{max}。在这种情况下,以 q_{max} 的速率抽水但水位上升,可以达到临界状态。为了考虑全天降雨量分布的不确定性,采用随机降水模拟模型 RainSim V3,根据可能在圩区系统中产生极端径流事件小时值计算日降雨量线。采用沙洲圩区的水平衡模型和抽水策略(该策略被认为代表了当前沙洲圩区的泵站运行)的试错法,可以计算出每个日降雨量线的 RT_{daily} 值。然后估算出 RT_{daily} 概率分布函数(PDF)的 p 概率分位数。该算法可以表示如下。

步骤 1:根据 RainSim V3 模型的模拟,定义一组可能会在圩区系统中产生极端径流事件的观测日降雨量(日降雨量>50 mm,在中国被定义为极端降雨量)。

步骤2:将不同的初始条件定义为

$$h_0^j = h_n + j\ \frac{\Delta h_n}{n_0} \tag{9-2}$$

式中:h_0^j 为初始条件 j（即暴雨来临前的内河水位）;n_0 为所考虑的初始条件的数量;h_n 是正常高水位;Δh_n 是临界水位 h_c 和正常高水位 h_n 之间的差值。

步骤3:对于每一个 h_0^j,执行以下子步骤。

(1) 基于圩区系统概念模型,采用近似沙洲圩区中的当前水泵运行的（被动的）抽水策略,将步骤1中得到的日降雨量集合中的所有值重新缩放（使其变大或变小）,直到内河水位达到临界水位 h_c,从而得到 RT_{daily}。

(2) 使用上一个子步骤中获得的一组值,定义 RT_{daily} 的概率分布函数,即 $f(RT_{daily})$。

(3) 定义与 h_0^j 相关的降雨阈值,即 RT_{daily}^j,作为 $f(RT_{daily})$ 的 p 概率分位数。

因此,如果在发布 24 h 降雨预报时,内河的初始条件为 h_0^j,且确定性或概率预报大于 RT_{daily}^j,则将达到临界条件,应采取积极的抽水措施,避免内河达到临界水平。

基于不同初始条件,图 9.7(a) 展示了由 RainSim V3 模型得到的可能会在圩区系统中产生极端径流事件（日降雨量>50 mm）的 17 998 个日降雨量线。图 9.7(b) 展示了假设阈值 RT_{daily}^j 为 $f(RT_{daily})$ 的 0.01 概率分位数所采用的值,由此可以假设大于这些分位数的值将使内河处于临界状态。最后,值得注意的是,正常高水位 $h_n = 3\ 000$ mm 的降雨阈值>100 mm,与南京的"黄色"预警相对应。

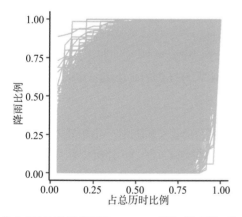

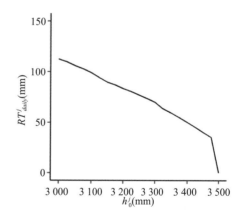

(a) 推求 RT 日值（日降雨量>50 mm）所需要的观测日降雨量

(b) h_0^j-RT_{daily}^j 关系线

图 9.7　沙洲圩区的降雨阈值

1. 单场暴雨的情景模拟

图 9.8 展示了在同一"观测的"暴雨导致四种情景的临界条件下,圩区系统的运行模拟示例。在本例中,四个情景的初始条件都是匹配的。需要注意的是,第 1 天,暴雨强度不足以在所有情景下采取主动排水触发预警,而采用被动排水触发预警。第 2 天,除了没有预警的情景外,暴雨在其余情景下都会触发主动行动。

这场"观测的"暴雨采用了以下四种预报情景：

(1) 无预警情景(NW)下，实施了被动排水。

(2) 完美预报情景(PF)下，在暴雨到来之前，通过主动抽水降低水位，最大水位与排水调控措施下河道最终水位匹配，此处假设为 3 400 mm。

(3) 确定性预报情景(DF)下，采用 $\alpha=0.05$。从这场暴雨中可以看出(图 9.8)，已经发布了预警，采用的 α 值不足以避免出现临界情况。因此，在临界条件下，使用最大抽水能力 q_{max} 将水位降至正常高水位 h_n(3 000 mm)。

(4) 概率预报情景(PrF)下，采用 $PT=0.9$(概率阈值)，并发布预警。对于主动抽水，采用 $\alpha=0.025$，如图 9.8 所示，该值不足以避免临界情况。因此，在临界条件下，使用最大抽水能力 q_{max} 将水位降至正常高水位 h_n(3 000 mm)。

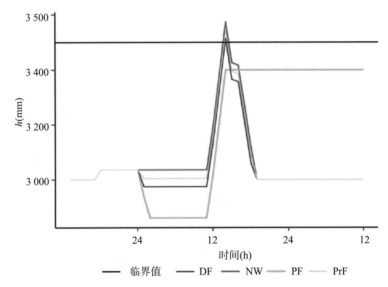

图 9.8 "观测的"暴雨导致四种情景的临界条件下，圩区系统(水位)运行模拟示例

2. 多场暴雨模拟实验

模拟实验认为，7 月至少有一次降雨事件可能会在圩区系统中产生极端径流事件(日降雨量>50 mm)。在采用该条件过滤后，样本量减少到 8 730 个(分析中使用了 1 000 年的模拟日降雨量)。确定性预报场景的结果如图 9.9(a)、(b)所示，该图展示了平均排涝费用 $\overline{C_p}$、平均最大淹没面积 $\overline{MIA}$ 和平均淹没时长 $\overline{D_w}$ 之间的权衡关系。基准情景的结果也绘制在该图中。无预警情景为分析中最糟糕的情景，因为在圩区中没有采取积极的抽水行动。相比之下，由于对抽水策略中的目标变量有着清晰的了解，因此完美预报情景代表了最佳情景。值得注意的是，这种情景下的抽水成本略低于无预警情况下的成本，其原因是在完美预报情景下，临界情况的数量显著减少，因此需要圩区管理员启动最大抽水能力降低内河水位的次数也减少了，这反映在被动抽水成本的降低上，进而也降低了总抽水成本。然而，任何不完善的预报策略都无法克服这些结果。

确定性预报情景的最坏策略是当 $\alpha=0$(图上的最高三角形)，即当临界暴雨前抽水的水量为零时，可以认为是被动抽水策略。因此，这种策略与无预警情景的结果相一致。随

着 α 的增加,$\overline{MIA}$ 和 $\overline{D}_w$ 减少,$\overline{C}_p$ 增加。然而,当 $\alpha=0.25$ 时,$\overline{MIA}$ 和 $\overline{D}_w$ 停止下降并保持不变,这意味着在这个点之后,都无法避免临界暴雨的影响。这是因为,超过这个点之后,临界雨量的降雨都是在预警节点(或接近这个时间)开始的,其流量超过了最大圩区抽水能力 q_{max}。这对于完美预报策略也是一个问题。在这种情况下,假设圩区管理员不具备应对临界暴雨所需的能力,只能采用最大抽水能力 q_{max} 抽水,而内河的水位会上升直到出现临界情况。因此,在 $\alpha \geqslant 0.25$ 之后,$\overline{MIA}$ 和 $\overline{D}_w$ 与上述情况暴雨以及径流超过排水系统容量引起的内涝有关。

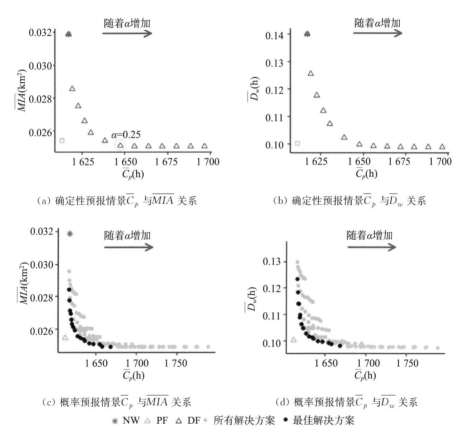

(a) 确定性预报情景 $\overline{C}_p$ 与 $\overline{MIA}$ 关系 (b) 确定性预报情景 $\overline{C}_p$ 与 $\overline{D}_w$ 关系

(c) 概率预报情景 $\overline{C}_p$ 与 $\overline{MIA}$ 关系 (d) 概率预报情景 $\overline{C}_p$ 与 $\overline{D}_w$ 关系

＊ NW △ PF △ DF 所有解决方案 • 最佳解决方案

图 9.9 确定性和概率预报情景的抽水成本和内涝之间的权衡关系,以及与两个基准情景的比较

概率预报情景的结果如图 9.9(c)、(d)所示。该方法通过在基于概率信息的抽水策略中的每个 α 值的预警决策中考虑 PT 的不同值来模拟基于临界雨量的洪水早期预警系统。然后,绘制 $\overline{C}_p$ 与 $\overline{MIA}$ 或 $\overline{D}_w$ 关系图,将一组"最佳点"定义为帕累托(Pareto)前沿[图 9.9(c)、(d)中的黑点]。这些最佳点表示了概率 PT 和 α 的不同组合,其中多个 PT 值对应相同的 α 值。然而,如果圩区管理员选择了一个 α 值,最好只对应一个 PT 值,该值的性能优于确定性预报情景。通过绘制与具有不同 PT 值的相同 α 值相关联的最佳帕累托曲线,并将其与具有相同 α 值相关联的确定性结果进行比较,选择克服确定性结果并最接近完美预报情景的点。

图 9.10 展示了最佳概率解决方案以及其他情景(无预警预报情景、完美预报情景和

确定性预报情景）的结果。此外，为了确认不同情景下的行为，计算了 $\overline{D}_w$ 大于 $1\,h$ 的 99%分位值（D_w^{99}），结果如图 9.11 所示，图中无预警和完美预报情景分别代表最坏和最好的情景，不完美预报情景位于两者之间，其中概率结果优于确定性结果。

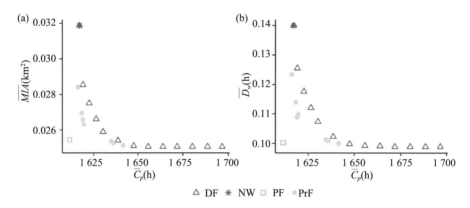

△ DF　＊ NW　□ PF　● PrF

图 9.10　由$\overline{MIA}$ 和$\overline{D}_w$ 定义的确定性和概率预报情景（最佳概率解决方案）
的排水成本和内涝之间的权衡关系，以及与两个基准情景的比较

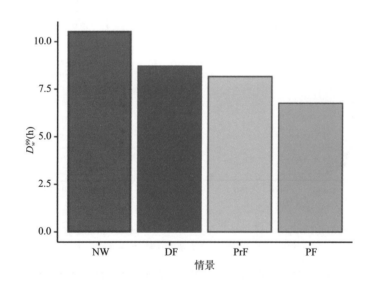

图 9.11　所有情景下的 D_w^{99} 值（确定性和概率预报情景的抽水策略假定 α 值为 0.15）

　　本研究通过构建基于临界降雨阈值的洪水预警系统，探讨了在圩区系统的洪水管理中使用洪水预报预警可能给防洪带来的有益效果。该预报-预警-响应系统基于蒙特卡洛的模拟方法生成的暴雨数据驱动，模拟了确定性预报和概率预报及其预警，计算了大范围暴雨下圩区潜在内涝持续时间和最大淹没面积的指标，并探讨了其与不同排水策略与排水成本的权衡，得出以下主要结论：

　　（1）创建了一个灵活的蒙特卡洛（MC）框架，可以实时模拟圩区运行的完全集成的洪水预警-响应-评估系统。MC 框架可以作为测试平台，用于评估实现预期操作性能所需预报的准确性。

（2）集成系统的模拟实验表明，在圩区运行中，降雨预报和基于阈值的预警可以带来潜在的益处。

（3）基于所选的圩区运行指标，概率降雨预报优于确定性降雨预报。

（4）生成了一条帕累托曲线，展示了洪水指标（如淹没面积或持续时间）与排水成本之间的权衡关系，使圩区管理者能够选择满足既定目标的调度策略。

此外，以 SWMM 模型为基础，构建了南京市研究区的考虑不确定性信息的城市洪涝管理决策仿真系统（图 9.12），目前决策者可对历史洪水过程进行仿真推演，可初步考虑降水预报、洪水预报、河道水位、泵站运行等的不确定性，并能对比确定性决策，初步分析给出延长预见期（取决于降水预报）和提高应急响应准确度、降低应急响应成本的思路。

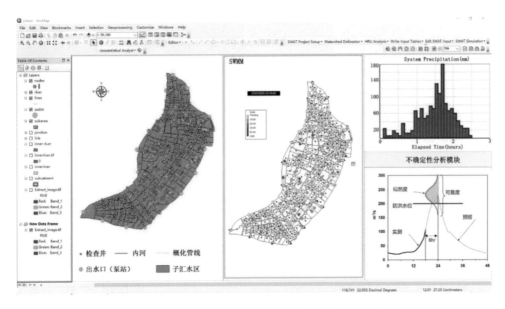

图 9.12　考虑不确定信息的城市洪涝管理决策仿真系统

9.3　本章小结

洪水预报和预警过程中存在不可避免的不确定性，这在水文资料短缺地区尤为显著。降雨资料是洪水预警中最重要的信息之一，降雨的时空不确定性严重影响洪峰流量和峰现时间。临界雨量是指导洪水灾害暴发所对应时段的雨量，是洪水灾害预警的重要指标。本章在梳理洪水预警方法和预警指标的基础上，探讨了洪水预警中的不确定性及预警方法，并以洪水预报预警不确定性的城市洪涝管理为例，阐释了不确定性预警的重要作用和潜在价值，主要结论如下：

（1）相对于流量预报预警，基于降雨量的预警在延长预见期上更具优势，也在一定程度上避免了流量预报中的误差叠加，这在水文资料短缺地区尤其是中小河流和山区等地区更为重要。

（2）动态临界雨量考虑了前期降雨对土壤水分和产流的影响，还可以纳入前期河道流量和产流面积因素，相对于静态临界雨量，可有效减少流域前期湿润状况对洪水发生及洪峰量级的影响下的洪水预警的空报或漏报，采用动态临界雨量作为预警指标是我国山洪灾害预警的发展方向。

（3）洪水预报预警不确定性是普遍存在的，在洪水管理决策中纳入洪水预报预警过程的不确定性，将有效提升洪水管理决策的可靠性，在一定成本的条件下实现防洪效益最大化。

（4）决策者的风险偏好也是影响洪水预警和应急管理的重要因素，在应用动态临界雨量和考虑预报预警的不确定性条件下，需要进一步探讨快速实时预警模式，以促进不确定性预警的实现与实施。

参考文献

［1］GRILLAKIS M G，KOUTROULIS A G，KOMMA J，et al. Initial soil moisture effects on flash flood generation-A comparison between basins of contrasting hydro-climatic conditions［J］. Journal of Hydrology，2016，541：206-217.

［2］LI M，YANG D，CHEN J，et al. Calibration of a distributed flood forecasting model with input uncertainty using a Bayesian framework［J］. Water Resources Research，2012，48(8)：W08510.

［3］LIU C，GUO L，YE L，et al. A review of advances in China's flash flood early-warning system［J］. Natural Hazards，2018，92(2)：619-634.

［4］MELISA A C，FRANCISCO B M，MARCOS M P，et al. Real-time early warning system design for pluvial flash floods—A review［J］. Sensors，2018，18(7)：2255.

［5］VIGLIONE A，MERZ R，SALINAS J L，et al. Flood frequency hydrology：3. A Bayesian analysis［J］. Water Resources Research，2013，49(2)：675-692.

［6］YANG D. Distributed hydrologic model using hillslope discretization based on catchment area function：Development and applications［D］. Tokyo：University of Tokyo，1998.

［7］陈瑜彬,杨文发,许银山.不同土壤含水量的动态临界雨量拟定方法研究[J].人民长江,2015,46(12):21-26.

［8］程卫帅.山洪灾害临界雨量研究综述[J].水科学进展,2013,24(6):901-908.

［9］程文聪,史小康,张文军,等.基于深度学习的数值模式降水产品降尺度方法[J].热带气象学报,2020,36(3):307-316.

［10］翟晓燕,郭良,刘荣华,等.前期土壤湿度和降雨对小流域山洪预警指标的影响评估[J].地理研究,2019,38(12):2957-2965.

［11］樊建勇,单九生,管珉,等.江西省小流域山洪灾害临界雨量计算分析[J].气象,2012,38(9):1110-1114.

［12］郭克伦,梁国华,何斌.基于API水文模型的动态临界雨量山洪预警方法及应用[J].水电能源科学,2016,34(12):74-77.

［13］韩俊太,王政荣,杨雨亭.基于动态临界雨量的小流域山洪灾害分级预警[J].水力发电学报,2022,41(9):67-76.

［14］李昌志,郭良,刘昌军,等.基于分布式水文模型的山洪预警临界雨量分析——以湋水南支小流域

为例[J].中国防汛抗旱,2015,25(1):70-76+87.

[15] 李姣,王丽荣,王洁,等.基于动态临界雨量的山洪灾害预警技术研究[J].自然灾害学报,2023,32(5):235-242.

[16] 李青,王雅莉,李海辰,等.基于洪峰模数的山洪灾害雨量预警指标研究[J].地球信息科学学报,2017,19(12):1643-1652.

[17] 李照会,郭良,翟晓燕,等.基于中国山洪水文模型的动态临界雨量研究及应用[J].南水北调与水利科技,2019,17(5):11-19.

[18] 刘淑雅,江善虎,任立良,等.基于分布式水文模型的山洪预警临界雨量计算[J].河海大学学报(自然科学版),2017,45(5):384-390.

[19] 刘潇忆.基于 MIKE 模型的西南山区小流域动态临界雨量研究[J].黑龙江水利科技,2022,50(5):16-19+34.

[20] 刘泽文,熊金和.动态临界雨量确定方法在山区性中小河流中的应用[J].人民长江,2021,52(S2):27-30.

[21] 刘志雨,刘玉环,孔祥意.中小河流洪水预报预警问题与对策及关键技术应用[J].河海大学学报(自然科学版),2021,49(1):1-6.

[22] 刘志雨,杨大文,胡健伟.基于动态临界雨量的中小河流山洪预警方法及其应用[J].北京师范大学学报(自然科学版),2010,46(3):317-321.

[23] 卢燕宇,谢五三,田红.基于水文模型与统计方法的中小河流致洪临界雨量分析[J].自然灾害学报,2016,25(3):38-47.

[24] 陆奕.基于水文模型的山洪灾害预警系统研究与应用[D].杭州:浙江工业大学,2020.

[25] 罗倩,李厚永,毛北平.降雨量空间分布对山洪临界雨量的影响[J].人民长江,2017,48(24):15-19+100.

[26] 沈澄,孙燕,尹东屏,等.江苏省暴雨洪涝灾害特征分析[J].自然灾害学报,2015,24(2):203-212.

[27] 王海英.基于降水大数据的不同区域洪水灾害特征统计系统设计[J].灾害学,2020,35(4):29-32.

[28] 王政荣,韩俊太,杨雨亭.耦合不确定性的山洪灾害风险预警方法及应用[J].水力发电学报,2023,42(6):30-39.

[29] 闫宝伟,刘昱,江慧宁,等.考虑降雨空间异质性的动态临界雨量预警指标推求[J].水利学报,2020,51(3):342-348.

[30] 叶金印,李致家,常露.基于动态临界雨量的山洪预警方法研究与应用[J].气象,2014,40(1):101-107.

[31] 俞彦,张行南,张鹏,等.基于 SCS 模型和新安江模型的雨量预警指标综合动态阈值对比[J].水资源保护,2020,36(3):28-33+51.

[32] 芮孝芳.水文学原理[M].北京:高等教育出版社,2013.

[33] 陈元芳,钟平安,李国芳,等.工程水文及水利计算[M].北京:中国水利水电出版社,2013.

第十章

展望

10.1 变化环境下缺资料地区洪水预报面临的挑战

洪涝灾害是世界上最严重的自然灾害之一,根据 https://floodlist.com 的新闻报道,结合国内媒体报道,仅 2023 年全球共发生了 79 场较大洪水,死亡人数 11 518 人,受灾居民 125.5 万人,401.5 万人受到影响。

以气候变暖为主要特征的全球变化已成为当前世界最重要的环境科学问题之一。《气候变化 2021:自然科学基础》指出,2020 年全球平均温度较工业化前水平(1850—1900 年平均值)高出 1.2℃,2011—2020 年是 1850 年以来最暖的 10 年,到 2040 年,地球温升将超过 1.5℃。全球气候变化对水资源时空循环格局产生较大程度的影响,对暴雨洪水极值发生频率、时空分配特征以及强度特征产生不同程度的影响,使得区域洪涝灾害的风险程度加重。人类活动对流域下垫面的改变也加剧了洪涝灾害风险,气候变化大背景下人们对河流流域和河岸带的干扰、不良的土地实践(如森林砍伐、上游土地退化和耕种方法造成的地表水过多)日益增加,这被认为是许多地方经常性洪水的主要驱动力。当前气候变化和人类活动对水资源序列非一致影响可造成人为的水文资料短缺,是水文学科亟待解决的难题和热点问题,对洪水预报预警提出了新的挑战。

洪水预报预警是进行洪涝灾害防控的关键,但在水文资料短缺地区进行洪水预报预警困难,使得该地区成为洪涝灾害防控的薄弱地带。本书针对中小河流流域、高原高寒区和城市化流域等水文资料短缺地区,构建了一系列洪水预报预警关键技术,并提出通过纳入不确定性预报信息构建洪水预报预警系统提高洪水应急管理决策的可靠性。但全球气候变化加剧和人类活动影响日益强烈,洪涝灾害风险加剧,未来水文资料短缺地区洪水预报预警问题尚待进一步深入研究,详细如下:

(1)尽管已有一些新的关键方法和技术(如人工智能方法)用于解决水文资料短缺地区洪水预报预警问题,但其预报预警能力的提升仍然依赖于实测资料,因而,增加水文资料短缺地区观测资料尤其是实时监测资料,是提升水文资料短缺地区洪水预报预警能力的关键。

(2)从减轻洪涝灾害影响的角度,如何准确地确定洪涝灾害的淹没情况和受灾面积等信息对洪涝灾害防控具有重要意义,应拓展以光学遥感影像、城市区域摄像头、无人机等新型监测技术在洪灾灾害监测中的应用,以提高洪涝灾害实时预报预警能力。

(3)水文资料短缺地区洪水预报预警过程存在复杂的不确定性,应基于深度不确定性稳健决策等方法进一步探讨不确定性预警方法,提高洪水应急管理中决策的稳健性和可靠性。

(4)洪涝灾害的防控成本需要进一步降低,面对全球气候变化下极端降水事件增多增强的态势,洪涝灾害将会更加频繁出现,应把保障人民生命财产安全放到第一位,做好统筹协调,综合评估洪涝灾害防控成本和防洪效益之间的关系,做出更为科学、合理的决策。

(5)需要加强对洪涝灾害中共同致灾因素的综合防控的研究,除了极端暴雨引发的洪水以外,水流中携带泥沙、石块、树枝等可在局部造成淤积淤堵从而抬升水位引发淹没致灾,需要关注水流中携带泥沙等因素的共同致灾作用,这在中小河流和山洪灾害防控中尤为关键。同时,需要关注污染物、管道淤积物等对城市排涝、行洪能力的影响,从而综合提升洪水预报预警能力。

此外,随着全球变化持续推进,暴雨增多增强,洪水的发生发展机理发生变化,其中山地丘陵地区的山洪地质灾害、城市洪涝是更加突出的问题,未来应加强对洪水发生发展机理、预报预警、智慧调度和科学减灾等的研究。

10.2 变化环境下洪水预报方法的七点转变

1. 从集总模型向分布式模型转变

针对下垫面的剧烈变化,流域预报模型要从集总模型向分布式模型转变,以考虑下垫面及气象要素的空间不均匀性。下垫面的剧烈变化对流域水文过程有重要影响,传统的集总模型在处理这种变化时存在局限性。集总模型将整个流域的水文过程简化为数学方程,忽略了流域内部下垫面和气象要素的空间不均匀性。当下垫面稳定时,集总模型能给出较好的近似结果,但在下垫面剧烈变化下,预测精度会大幅下降。分布式模型针对每个子区域建立数学模型,考虑了空间不均匀性,提供更精确的参数和边界条件,能更好地模拟和预测水文过程,尤其在变化显著的区域。考虑植被、土地利用、土壤类型等变化对水文过程的影响,分布式模型能通过特定参数更好地反映下垫面变化,如区分森林和城市的径流形成机制,还能更好地考虑气象要素的空间不均匀性,如降雨分布和风速。随着气候变化和人类活动的影响,下垫面的不均匀性可能增加,因此流域预报模型需向分布式转变,提高水文预报精度,为水资源管理提供更准确的信息。

2. 从单一观测源向多源数据的同化融合转变

为了降低监测数据观测误差的影响,预报要从单一观测源数据向多源数据的同化融合转变,从而提高输入数据的可靠性,进而提高预报精度。利用地面雨量站、降雨雷达站和卫星遥感信息进行数据同化,采用卡尔曼滤波校准、最优插值、变分校准和统计权重集成等方法,分析计算面平均雨量,以提高预报精度。这种改变可提高输入数据的可靠性,进一步提升洪水预报的精度和可靠性,为防洪减灾提供更准确的信息。单一观测源数据可能因误差、异常值或数据丢失等问题影响预报结果的精度和可靠性,尤其在复杂或动态变化的流域系统中。多源数据融合增加了数据的冗余性、互补性和可靠性,减少了单一数据源的误差和异常值的影响。例如,利用卫星遥感数据、地面站点数据和传感器数据进行同化融合,可以更全面地了解流域的降雨分布、水流运动和洪水情况。已有研究证明多源数据同化融合在洪水预报中的有效性和优越性,其明显提升了预报的精度和可靠性。随着技术的发展,多源数据的获取和处理能力将进一步提高,为洪水预报提供更丰富、更准确的数据支持,同时基于多源数据的洪水预报模型和方法也将得到进一步优化和改进,提高预报的精度和时效性。

3. 从洪水预报向洪水、内涝、山洪和水环境多业务转变

为适应新时期防汛减灾需求,洪水预报要拓展业务内涵,从流域洪水预报向流域洪水、城市内涝、山洪地质灾害和水环境预报多业务转变。随着社会经济的发展和气候变化的影响,防汛减灾需求不断演变。通过整合多种数据源和先进技术,提高预报精度和反应

时间,为防汛决策提供更精准和及时的信息支持。城市内涝预报将是重要业务拓展方向,建立城市排水系统模型,结合气象和地形数据,可预测暴雨条件下城市内涝趋势,为防涝决策提供支持。山洪和地质灾害预报利用遥感、地理信息和数值模拟,提供灾害预警和应对措施。水环境预报关注水质、生态变化等,并为水环境管理提供决策依据。以上预报业务涉及气象学、水文学、地理学和环境科学等跨学科合作,需综合利用各种数据和技术手段,提高预报精度和可靠性,推动相关领域技术创新和应用发展。同时,密切与城市规划、地质灾害防治、环境保护等部门合作,开展信息共享、技术交流和联合行动,更好地满足防汛减灾需求,提高应对自然灾害能力。

4. 由单一洪水预报向滚动预报的方式转变

为了增强"四预"能力,洪水预报要由单一的洪水预报向降水预报-洪水预报-预报调度-洪水滚动预报相结合的方式转变,这种转变考虑了边界条件变化并加强多部门协同合作,可提供更全面准确的洪水信息,延长了预见期。通过使用先进技术和方法,洪水预报准确性和时效性将进一步提升,为防汛减灾提供可靠信息。增强"四预"能力需要提前对降水进行预报,以便决策者有充足时间做出应对措施。结合流域调度方案进行综合分析,通过对水利设施的调度来减轻或避免洪水危害。滚动预报不断更新和修正结果,实时反映水文和边界条件的变化,提供实时准确的洪水信息。洪水预报准确性与输入边界条件密切相关,如流域地形、植被覆盖、土壤类型和降雨分布,要提高预报精度,需定期更新这些边界条件信息,并考虑它们对洪水预报的影响。随着技术的发展,洪水预报可借助大数据分析、人工智能和机器学习等技术从海量数据中提取有价值信息,以提高预报精度。数值模型的发展也为洪水预报提供更多工具和方法,通过改进和优化模型,可更好地模拟和预测洪水过程。

5. 由有资料流域的长系列率定识别法向资料缺乏流域地理信息参数提取法和相似流域法转变

随着洪水预报任务由大江大河到中小流域的拓展,以及气候变化和人类活动导致的水文系列一致性破坏,预报模型参数的确定要由有资料流域的长系列率定识别法向资料缺乏流域地理信息参数提取法和相似流域法转变。传统的洪水预报模型参数确定方法依赖于长期水文观测数据进行率定和识别,但在缺乏数据的中小流域可能不再适用。因此,需发展基于地理信息的参数提取方法,利用地理数据推导模型参数,减少对传统水文数据的需求。对于没有水文观测数据的流域,可以考虑使用相似流域法,基于流域相似性获取参数信息并应用到目标流域。气候变化和人类活动对水文系列一致性有影响,在确定预报模型参数时需要考虑这些因素。无论使用何种方法确定模型参数,都需要充分验证和改进,评估预测精度和可靠性,采取进一步验证措施,如实地考察、数据收集和模型敏感性分析。随着洪水预报任务向中小流域的拓展,以及气候变化和人类活动的影响,预报模型参数的确定方法需要进行相应转变,以适应数据缺乏和一致性问题,提高预报准确性和可靠性。未来,随着技术进步和多学科合作加强,预报模型参数确定将变得更精确可靠,为防汛减灾提供科学支持。

6. 要从流域控制节点断面向数字孪生流域全水文要素转变

随着数字技术和 AI 技术的发展,洪水预报要从流域控制节点断面预报向数字孪生流域全水文要素预报转变,以提高流域洪水预报、仿真和科学调度管理的能力。数字孪生流域是基于数字技术的虚拟流域,可以模拟流域内的水文过程、水流运动和环境因素。通过数字孪生流域,可实时监测和预测水位、流量、降雨量和水质等全水文要素的变化。构建数字孪生流域需要整合多源数据,如卫星遥感数据、气象观测数据和水文站点数据,通过融合和模型算法实现对流域的全面模拟和预测。数字孪生流域可用于洪水预报和仿真模拟,评估不同防洪措施的效果,为决策提供科学依据。它还能支持流域的智能调度管理,提高水资源利用和防洪减灾的效率。AI技术在洪水预报中扮演重要角色,通过训练模型自动提取有用信息,提升洪水预报的自动化和智能化水平。AI技术还可优化洪水预测和控制,如基于AI的决策支持系统预测趋势,并提供最优调度方案。未来,随着技术进一步发展,洪水预报将更智能、自动和精细,为防汛减灾提供全面高效的信息支持。同时,需加强技术研发和跨学科合作,迎接日益复杂的洪水灾害挑战。

7. 从确定性预报向概率性预报或集合预报转变

为了降低洪水预报不确定性的影响,洪水预报要从确定性预报向概率性预报或集合预报转变。洪水预报的不确定性主要来自模型参数和输入数据的不确定性。模型参数不确定性源于模型简化假设和参数率定困难;输入数据不确定性来自观测数据误差和气象条件随机性。传统确定性预报只提供单一洪水预测结果,而概率性预报或集合预报提供可能的结果及对应概率。决策者可根据这些结果和概率评估洪水可能的影响范围与发生概率,更全面考虑洪水灾害风险。实现概率性预报或集合预报需要提高模型透明度和验证能力,以理解不确定性来源和传播机制,帮助决策者更好地理解和应对洪水灾害,提高防汛减灾效率。模型的验证是确保预报结果可靠性和准确性的关键一环。集合预报通常采用概率模型或模糊逻辑模型处理不确定性,生成一系列可能的洪水预测结果,并附带对应的概率或可信度。概率性预报或集合预报还需要与气象预报系统、水文监测系统等进行集成,通过数据共享和系统集成提高预报准确性和可靠性,降低不确定性对决策的影响。然而,这种转变也带来挑战,如模型验证、数据共享和系统集成将变得更为复杂。未来需要加强技术研发和跨学科合作,优化预报方法,降低不确定性对决策的影响,促进与决策者的沟通和合作,确保预报结果满足实际需求。